U0237579

第一本红木家具制作完全解析
囊括古典/新古典家具最全款式
传承家具历史/传递工艺匠心/发扬古典文化

3

中国红木家具制作与解析百科全书

沙发床榻类

朱志悦 马建房 李岩 主编

中国林业出版社

图书在版编目（CIP）数据

中国红木家具制作与解析百科全书. 3, 沙发床榻类 /朱志悦, 马建房, 李岩主编.
-- 北京：中国林业出版社,2014.1(2016.6重印)
ISBN 978-7-5038-7328-7

Ⅰ. ①中… Ⅱ. ①朱… ②马… ③李… Ⅲ. ①红木科—沙发—基本知识—中国②红木科—床—基本知识—中国 Ⅳ. ①TS664.1

中国版本图书馆CIP数据核字(2013)第319905号

【中国红木家具制作与解析百科全书3】（沙发床榻类）

主　　编：朱志悦　马建房　李　岩
策　　划：纪　亮
木工总设计：马建房　李　岩
内容编辑：栾卫超　邵梦茹　王双浦
三维设计：卢海华　佟晶晶　栾卫超
版面编辑：郭晓强　程亚恒　孟　娇
编　　委：刘　辛　赵　杨　徐慧明
技术顾问：张玉林
参编成员：李　岩　马建房　栾卫超　赵　杨　卢海华　佟晶晶
栾卫超　刘　辛　刘　君　贾　濛　李通宇　姚美慧
李晓娟　刘　丹　张　欣　钱　瑾　翟继祥　王与娟
李艳君　温国兴　曾　勇　黄京娜　罗国华　夏　茜
张　敏　滕德会　周英桂　朱　武

责任编辑：李丝丝

出版：中国林业出版社　（100009 北京西城区德内大街刘海胡同 7 号）
http://lycb.forestry.gov.cn/
E-mail：cfphz@public.bta.net.cn
电话：（010）8322 5283
发行：中国林业出版社
印刷：北京利丰雅高长城印刷有限公司
版次：2014年2月第1版
印次：2016年6月第2次
开本：787mm×1092mm　1/16
印张：20
字数：150千字
本册定价：220.00 元（全4册）

前言

中式古典家具温润而优雅，不仅是我国古典艺术的代表，而且渗透着传统古典的文化气息。本书将灵动着现代气息的古典家具款式做了详尽的解析。现代社会居家生活追求时尚与高雅，若能在厅堂、卧室等场所陈设几件雅致而精巧的现代风格古典家具，能把居室的儒雅氛围渲染得淋漓尽致。

为了发扬古典传统家具文化，诠释古典家具文化与现代气息相融合的趋势，我们特别推出了本套百科全书，书中各类家具款式清新脱俗，摆脱了盲目复古与盲目崇洋的误区，在传统工艺的基础上融入了现代风格，书中家具款式不仅齐全而且配有翔实的施工图，详细而深入的内容讲解，包括了每件家具的款式、雕刻图寓意，以及相关的文化点评。本书的推出希望能为推动新式古典家具向前迈进做出贡献。

图书是用来传播知识、弘扬文化最好的媒介，我们希望凝结心血而诞生的这部书能够得到读者的认可，能对广大古典文化学习爱好者有所帮助，若能实现一二，我们将会感到由衷的欣慰。同时，我们也会虚心、恳切地听取来自各方的不同意见，拾遗补漏，纠正谬误，以期相互学习，共同进步，把中华古典文化发扬光大。真诚期待读者的指正，我们将不胜荣幸。

书中家具款式主要来源于市场，若有雷同，注册专利产品权利则属于原合法注册公司所有，本书纯属介绍学习之用，绝无任何侵害之意。本书主要给家具爱好者学习参考之用，也可作为古典家具研究、学习者之辅助教材。

本书编委会

目录

※ 宝马沙发

◆图纹寓意：

八骏图是我国常见的传统纹样之意，图中刻画的是周穆王的八匹骏马。在《穆天子传》中就有关于这八匹马的记载，“天子之骏：赤骥、盗骊、白义、逾轮、山子、渠黄、华骝、绿耳。”这些便是按照这些马的颜色所做的描述。在《拾遗记》中也有类似的记录，“王驭八龙之骏：一名绝地，足不践土；二名翻羽，行越飞禽；三名奔霄，夜行万里；四名超影，逐日而行；五名逾辉，毛色炳耀；六名超光，一行十影；七名胜雾，乘云而奔；八名挟翼，身有肉翅。”虽然这些都是传说，但是不难看出人们对八骏图的喜爱。在民间传统木雕、砖刻上这些图案也不时的出现。

◆款式点评：

此沙发造型端庄大气，主沙发背后雕有八骏图，气势磅礴。搭脑向后倾斜，雕有如意宝石纹样，两侧雕有回纹。搭脑旁雕有骏马、祥云、如意、元宝等纹样。沙发面板下束腰，牙板和沙发腿之间雕有回纹装饰。牙板处雕有卷草纹和缠枝莲图案。

◆文化点评：

中式沙发的特点在于完全裸露，雕饰精美的木质框架，给人一种厚重的感觉；沙发可以根据需求加上柔软的坐垫，更人性化。木质的中式沙发摆放在厅堂之中，既能给家居增添端庄厚重的感觉，又不至于让家居变得沉闷。沙发上的雕刻给房间增添了活力。

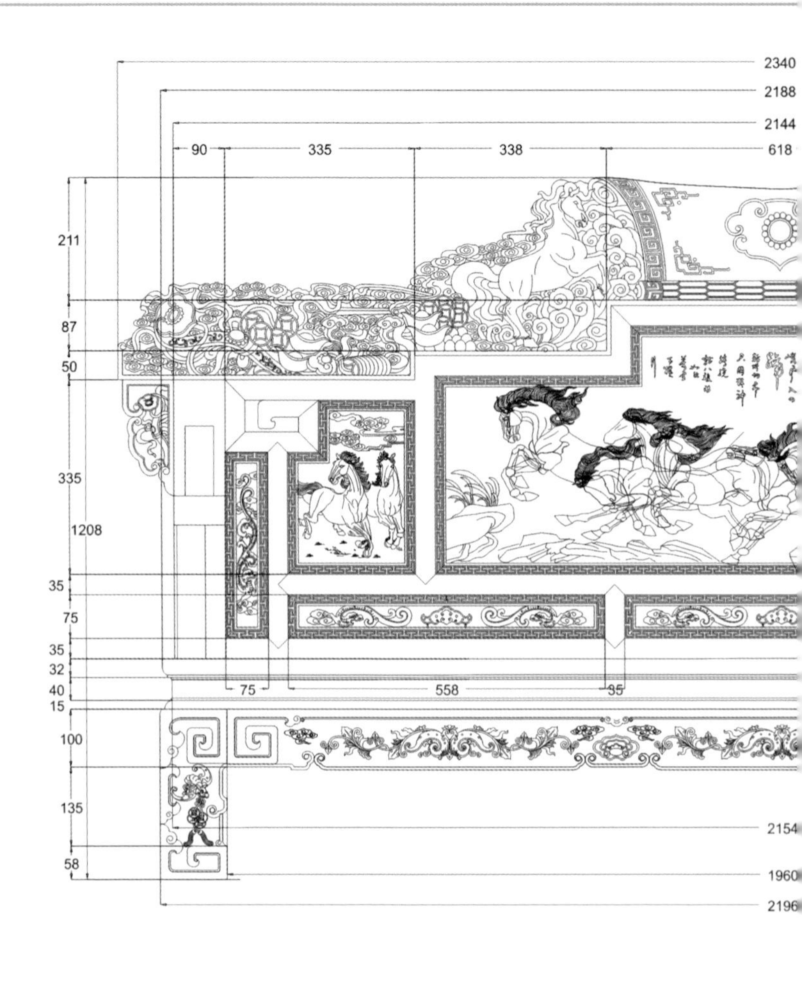
2340
2188
2144
90
335
338
618
211
87
50
335
1208
35
75
35
32
40
15
100
135
58
75
558
35
2154
1960
2196

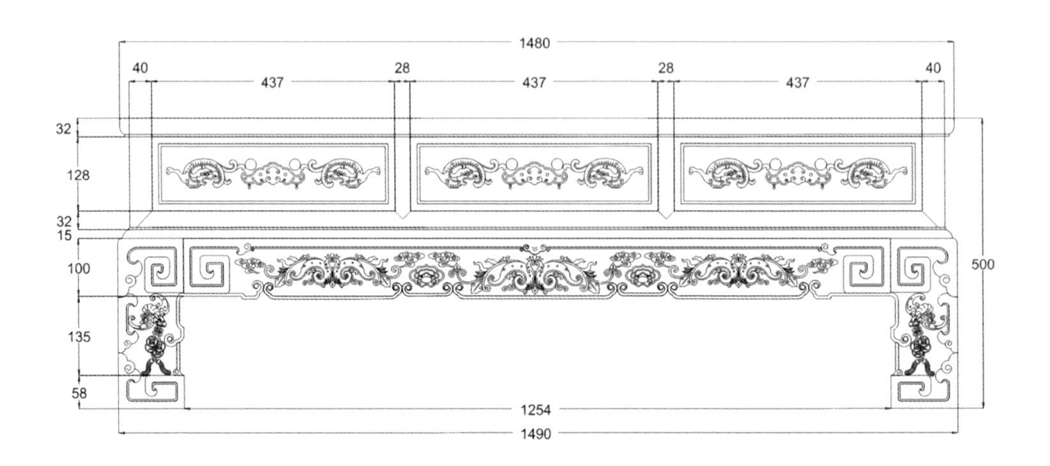
1480
40
437
28
437
28
437
40
32
128
32
15
100
135
58
500
1254
1490

宝马沙发

——cad 图

338
335
90
200
50
230
380
八
駿
圖

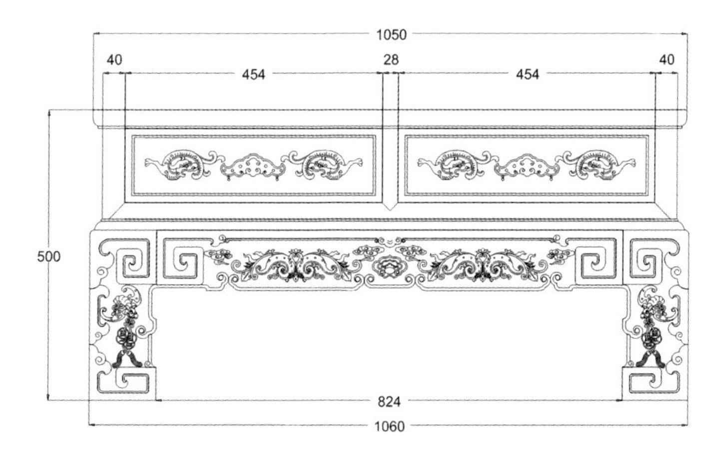
1050
40
454
28
454
40
500
824
1060

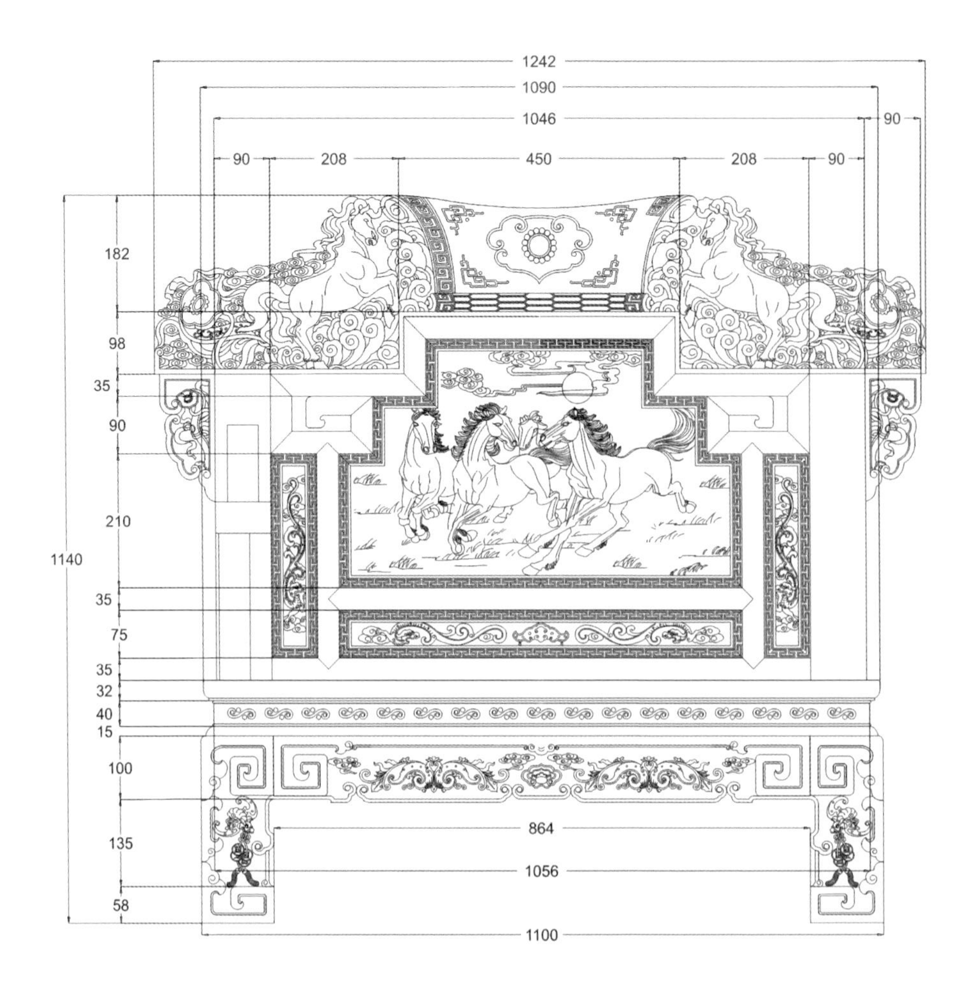
1242
1090
1046
90
90
208
450
208
90
182
98
35
90
210
1140
35
75
35
32
40
15
100
135
58
864
1056
1100

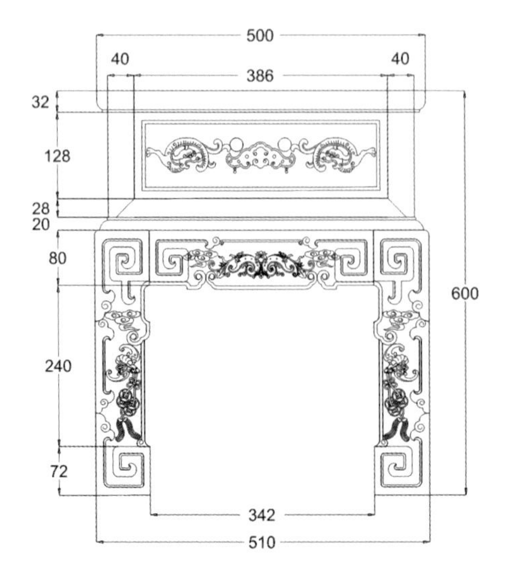
500
40
386
40
32
128
28
20
80
600
240
72
342
510

宝马沙发

——cad 图

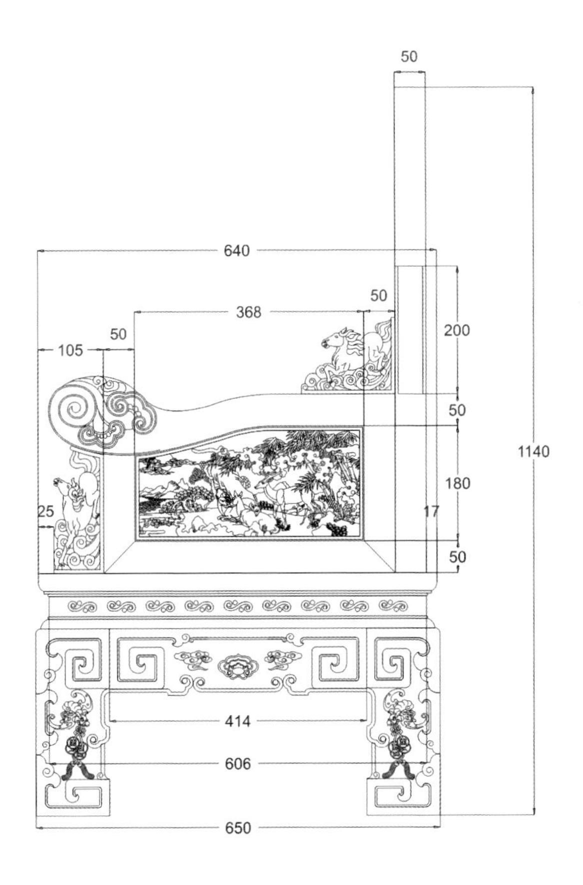
50
640
368
50
200
105
50
50
1140
180
25
17
50
414
606
650

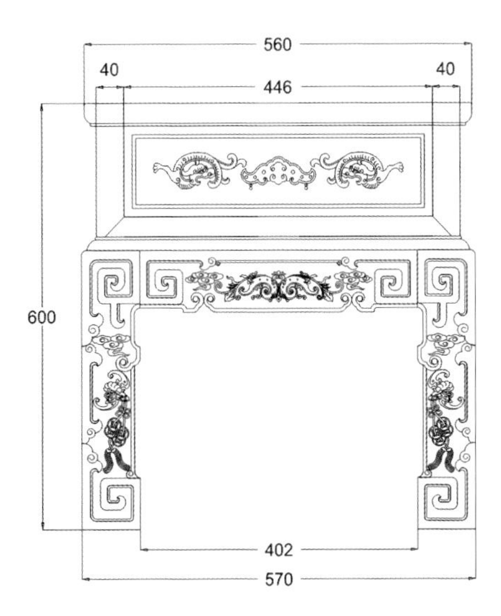
560
40
446
40
600
402
570

※ 宝马沙发雕刻图

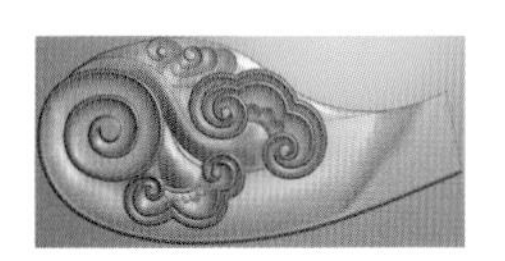

灵芝扶手

骏马图

卷草纹牙板

八骏马

福在眼前

骏马图

卷草龙

鹿竹图

※ 和谐之春沙发

◆文化点评：

“新中式沙发”是指运用现代技术、设备、材料与工艺，既符合现代沙发的标准化与通用化的要求，体现时代气息，又带有浓郁的中国传统文化内涵和民族特色，适应工业化批量生产的沙发。其主要特性是“中而新”，民族性和时代性兼备，本土化且国际化。“新中式沙发”要以现代的生活习惯和意识形态为出发点，创新性地传承延续中国传统文化的精髓。

◆款式点评：

此沙发造型严谨，外形端庄。搭脑略微倾斜，两侧以仙桃作为装饰，背板处雕有仙童闹春的图样，装饰以卷草纹。扶手处雕有蝙蝠和云纹图样。沙发面下束腰，牙板和沙发腿处雕有回纹、卷草纹等图样。腿上方装有角花。整器大方优雅，庄重严谨。

◆图纹寓意：

缠枝纹，又名“万寿藤”，明代称为“转枝”，是以一种藤蔓卷草经提炼概括变化而成的图案。缠枝纹常以常青藤、扶芳藤、紫藤、金银花、爬山虎、凌霄、葡萄等藤蔓植物为原型。常见的形式有“缠枝莲”、“缠枝菊”、“缠枝牡丹”、“缠枝葡萄”、“缠枝石榴”、“缠枝百合”、“缠枝宝相花”，以及“人物鸟兽缠枝纹”等。取其“生生不息”之意，寓意吉庆、万代绵长。

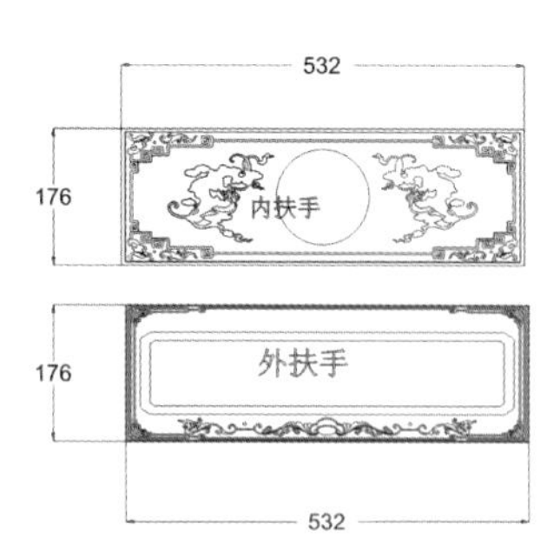
532
176
内扶手
176
外扶手
532

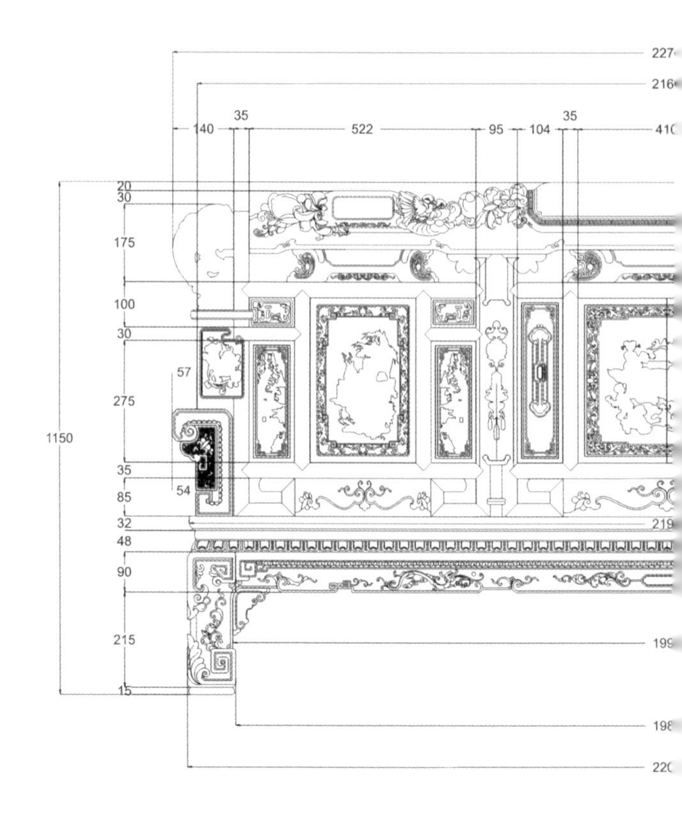
140
35
522
95
104
35
20
30
175
100
30
275
57
1150
35
54
85
32
48
90
215
15

和谐之春沙发

——cad 图

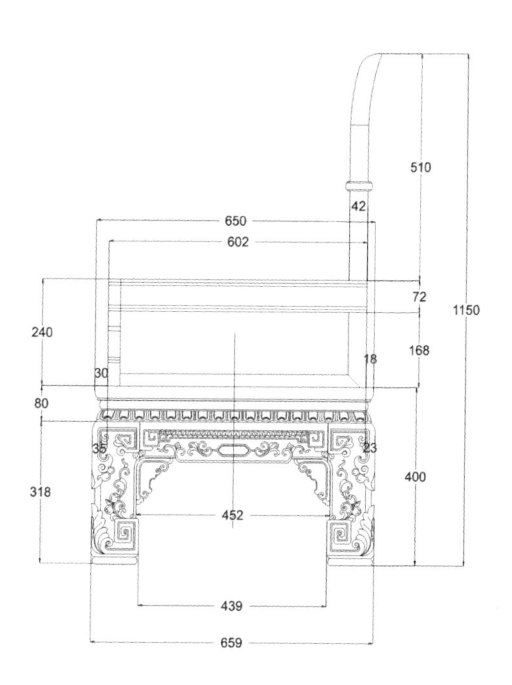
650
602
510
42
72
1150
240
168
18
30
80
35
23
400
318
452
439
659

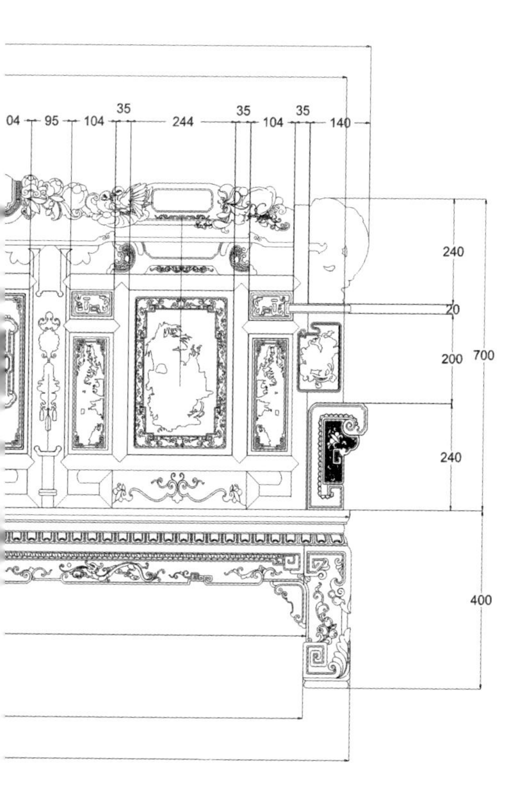
04
95
104
35
244
35
104
35
140
240
20
200
700
240
400

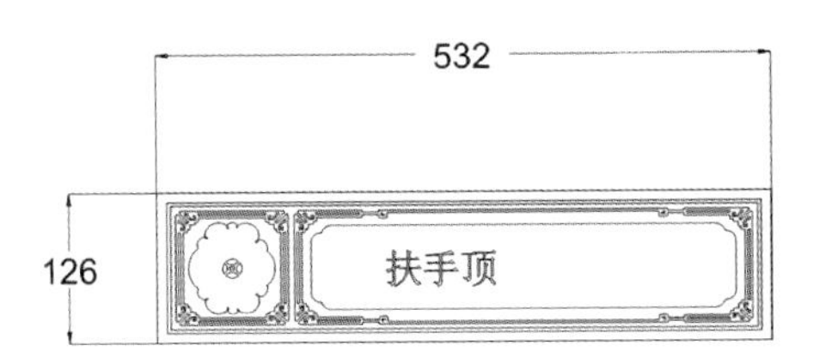
532
126
扶手顶

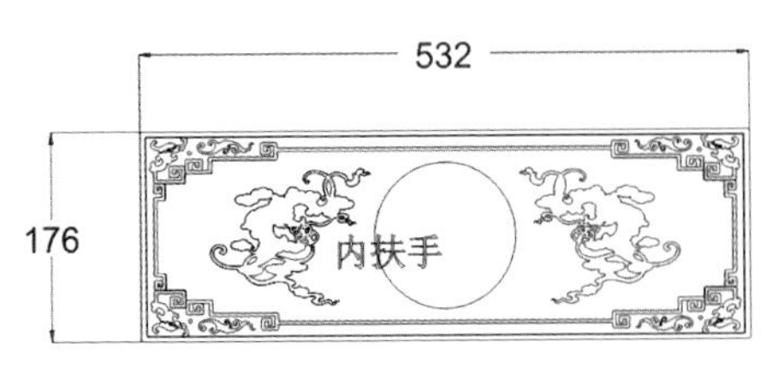
532
176
内扶手

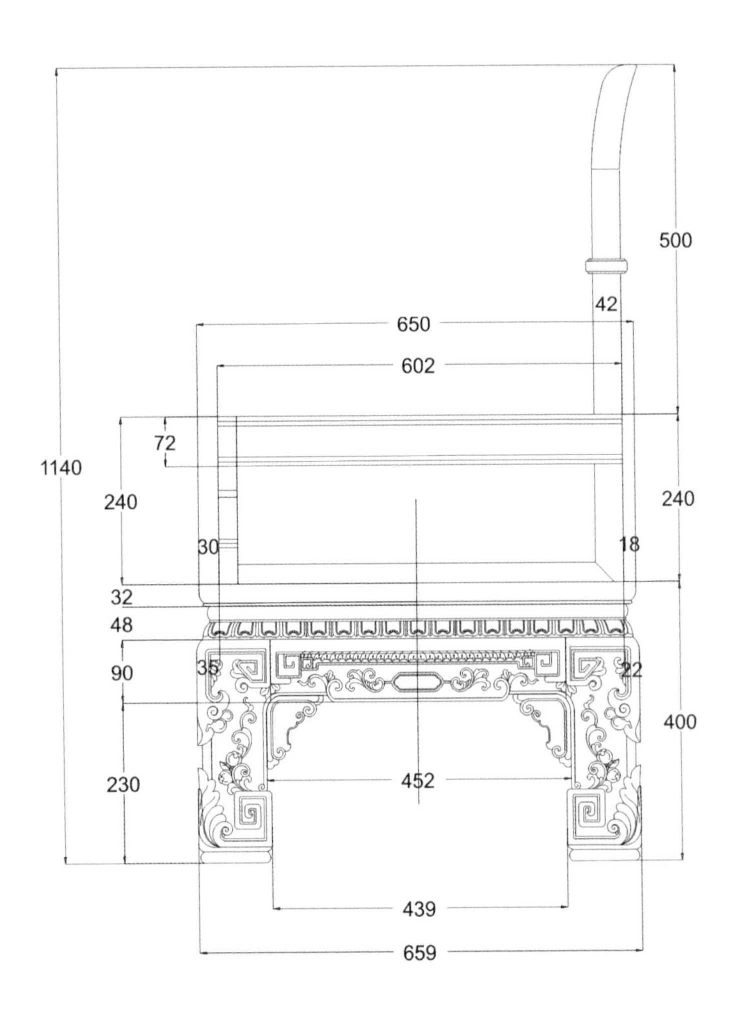
1140
500
42
650
602
72
240
240
30
18
32
48
90
35
22
400
230
452
439
659

和谐之春沙发

——cad 图

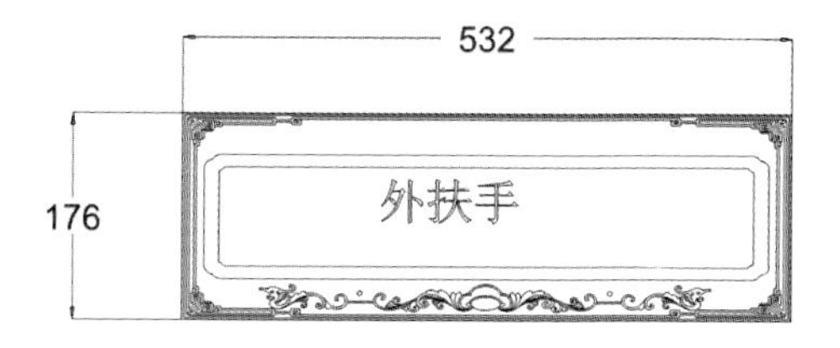
532
176
外扶手

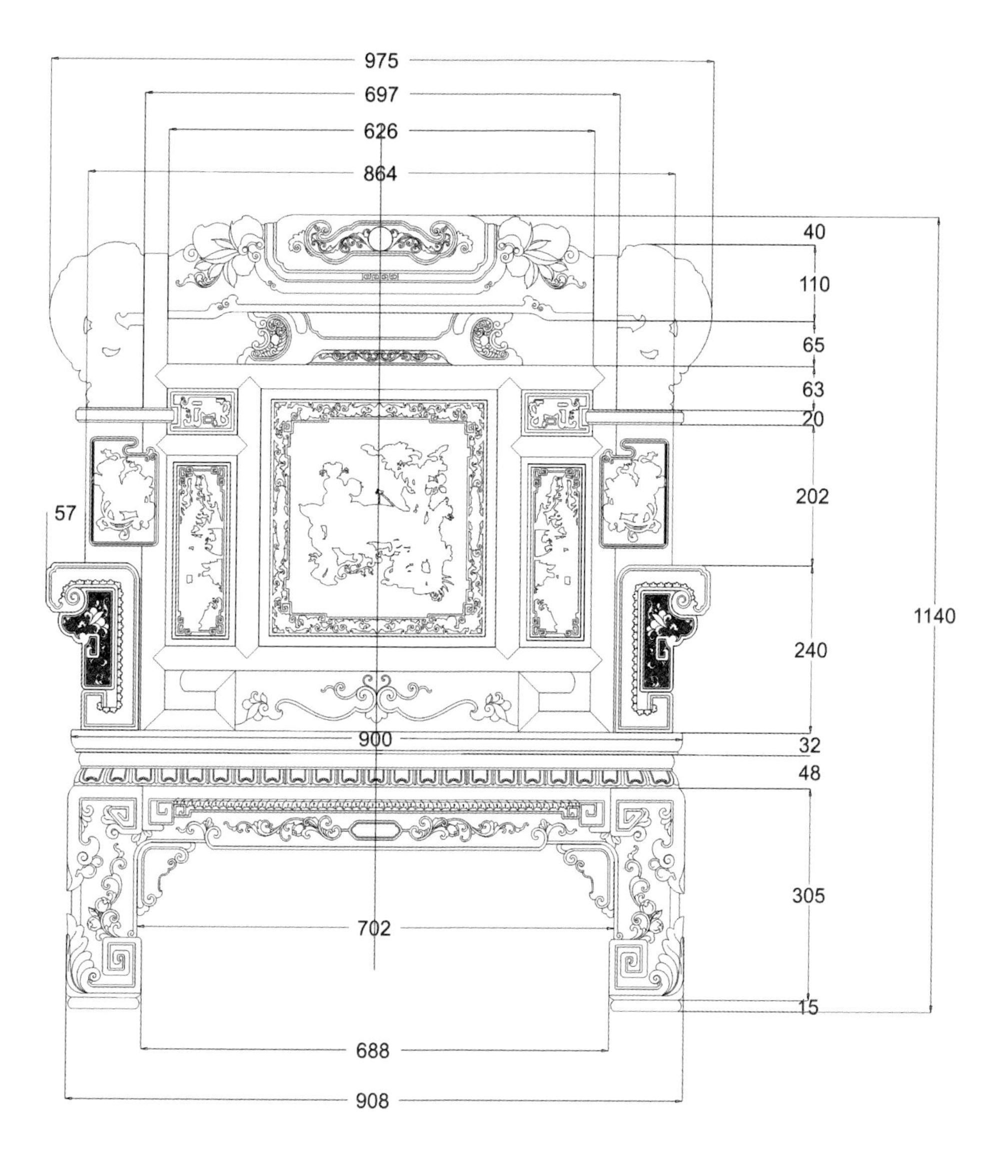
975
697
626
864
40
110
65
63
20
202
57
240
1140
900
32
48
305
702
15
688
908

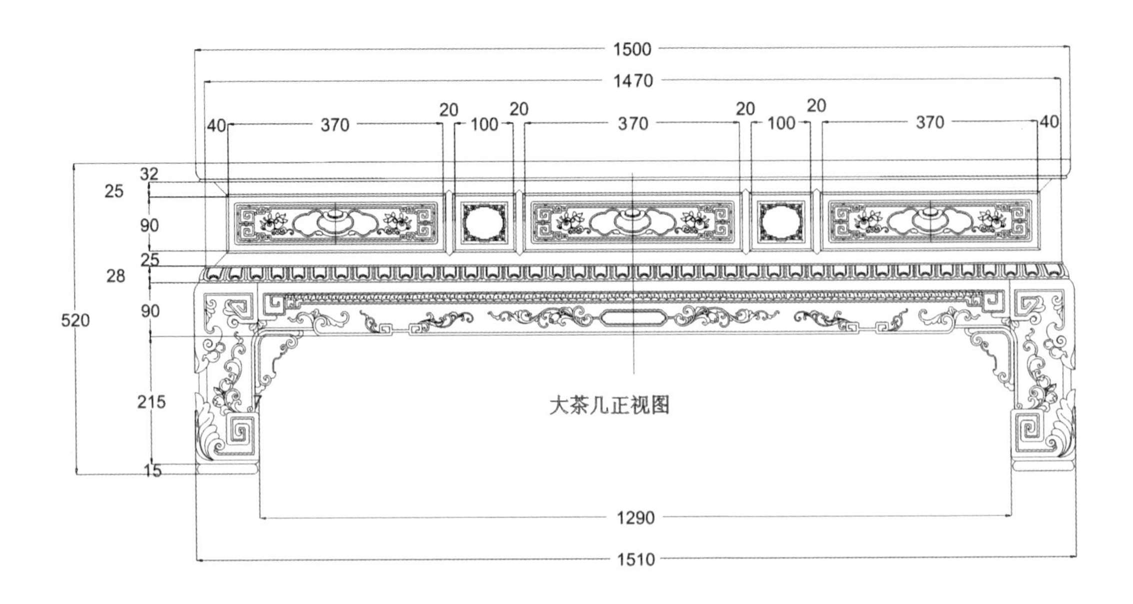
1500
1470
40
370
20
100
20
370
20
100
20
370
40
32
25
90
25
28
90
520
215
15
1290
1510
大茶几正视图

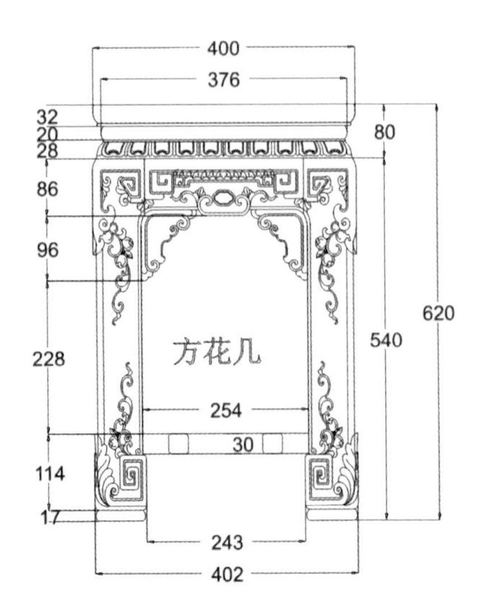
400
376
32
20
28
80
86
96
228
114
17
620
540
方花几
254
30
243
402

和谐之春沙发

——cad 图

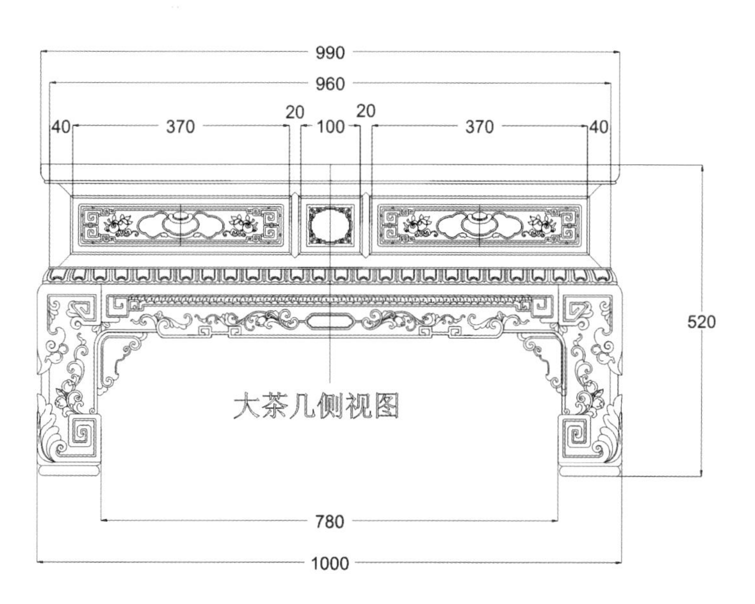
990
960
40
370
20
100
20
370
40
520
大茶几侧视图
780
1000

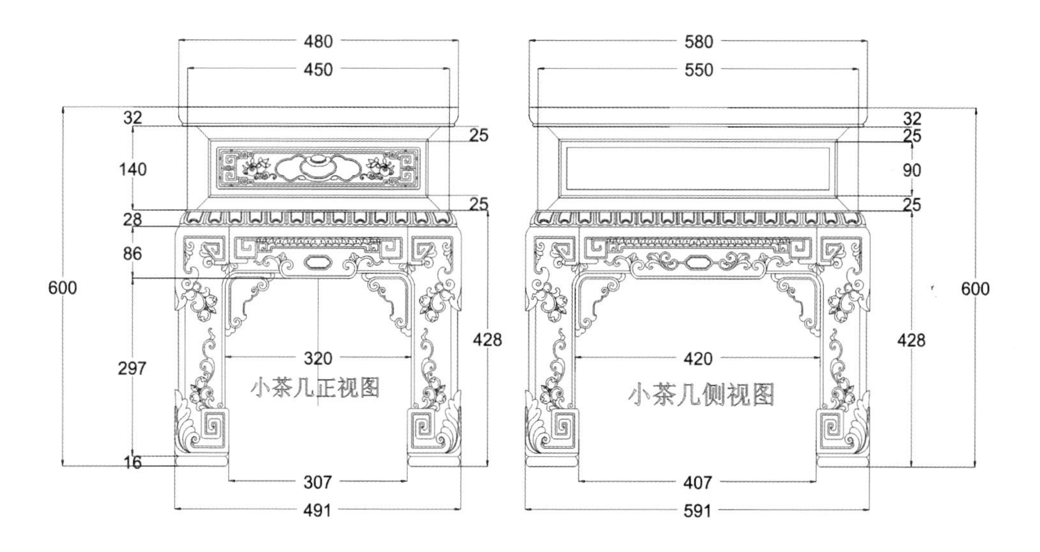
480
450
32
25
140
25
28
86
600
297
320
428
小茶几正视图
16
307
491
580
550
32
25
90
25
600
428
420
小茶几侧视图
407
591

※ 和谐之春沙发雕刻图

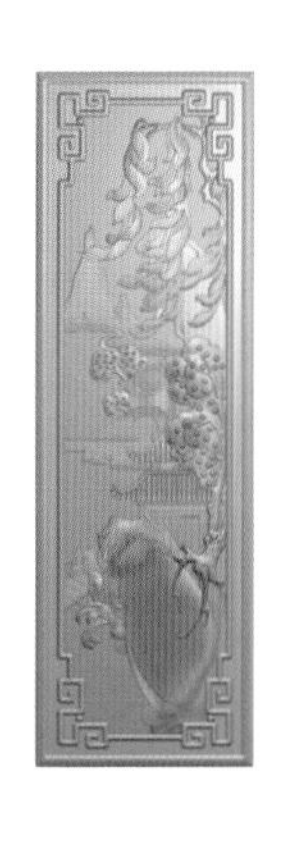
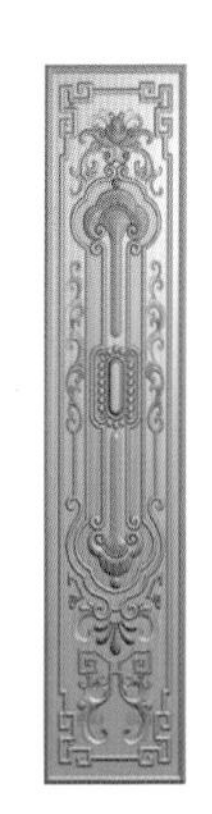

狮子

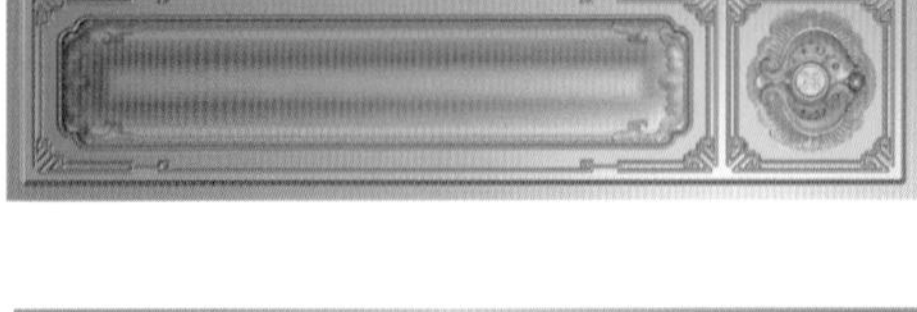

蝙蝠纹

仙童闹春图

角花

螭龙卷草纹牙板

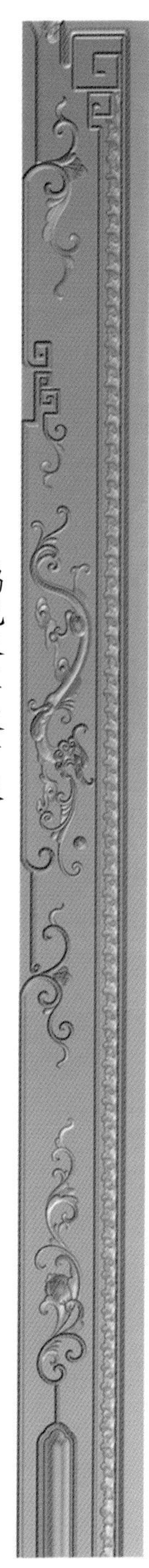

抽屉面

※ 富贵祥和沙发

◆文化点评：

中式沙发在不经意间体现的是中国传统文化的深渊和博大。中国传统文化体系是以儒家和道家思想为核心，其他思想作为补充的多元文化体系。儒家与道家的哲学思想和美学理念反应在艺术领域，其精髓归结为以下五点。第一，根本思想“天人合一”，讲求万物和谐；重视人的核心价值，即以人为本。第二，主张“文质兼备”，即要求功能与形式的高度统一。第三，认为“少则多，多则惑”、“大道至简”、“朴素而天下莫能与之争美”，倡导简约风格。第四，主张“道法自然”，崇尚自然之美。第五，追求“韵外之致”和“境生象外”，追求空灵、虚无、含蓄的意蕴和艺术境界。

◆款式点评：

此沙发造型精美，雕饰繁缛。搭脑处雕有“富贵祥和”字样。背板处大面积雕刻了牡丹和喜鹊的图样。背板两侧雕有象征品质高洁的梅花和菊花。装饰以仙桃和回纹等纹样，富丽堂皇。面下高束腰，牙板与腿相连，沙发脚装饰以回纹。牙板处雕有如意宝石话和灯笼等纹样。整器高贵大方，端庄高雅。

◆图纹寓意：

卷草纹最早出现在汉代，风格简练朴实，节奏感强。到了唐代，卷草纹开始变得繁复华丽，富有动感。明清两代的唐草纹风格趋向繁缛、纤弱，柔和的卷草纹常常出现在家具雕刻上。牡丹是我国特有的木本名贵花卉，因为瑰丽的色泽硕大的花型而被世人所喜爱，有“国色天香”、“花中之王”的美称。作为家居装饰的牡丹图案，不仅具有人们赋予的象征性和寓意，而且还具有浓郁民族气息。牡丹纹样以富丽饱满的形态和艳丽夺目的色泽，在我国人民心目中享有特殊的地位。人们把对生活的美丽憧憬和良好祝愿融入了牡丹图案之中，因此牡丹纹样意寓着繁荣昌盛，渊源流长、美好幸福。

2160
2130
118
326
80
1037
72
91
92
40
415
1140
40
28
28
20
85
229
202
224

1045
1020
990
945
738
1128
390
880
110
1100

富贵祥和沙发

——cad 图

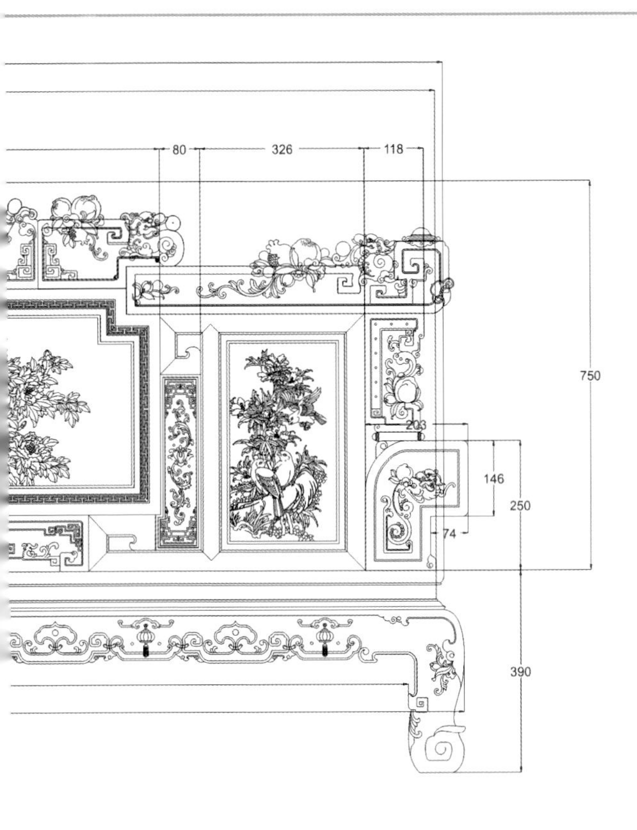
80
326
118
750
203
146
250
74
390

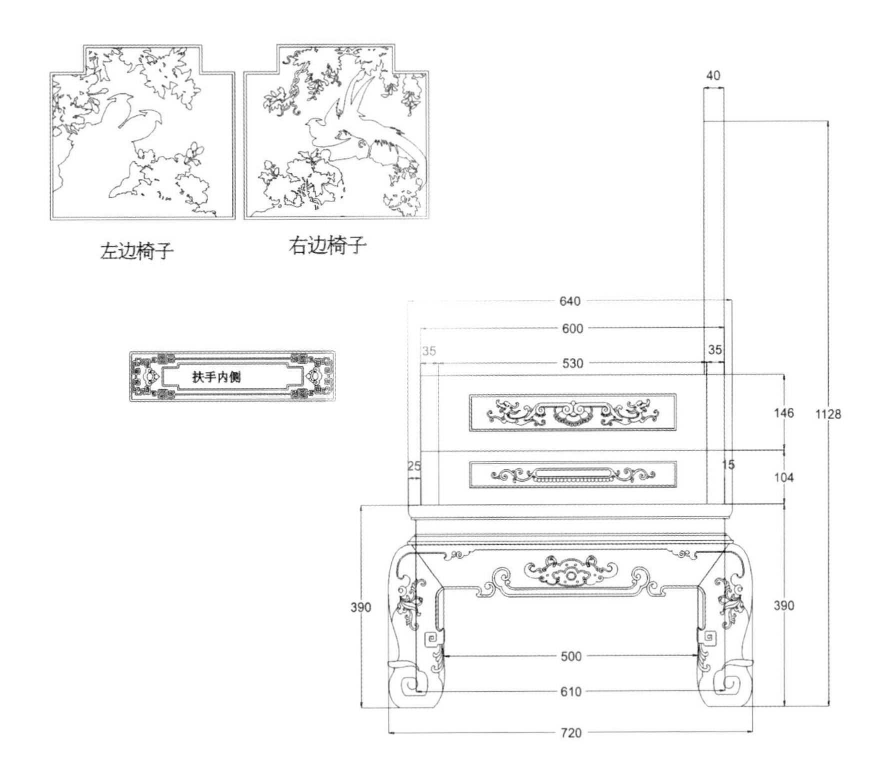
左边椅子
右边椅子
扶手内侧
40
1128
640
600
35
35
530
146
25
15
104
390
390
500
610
720

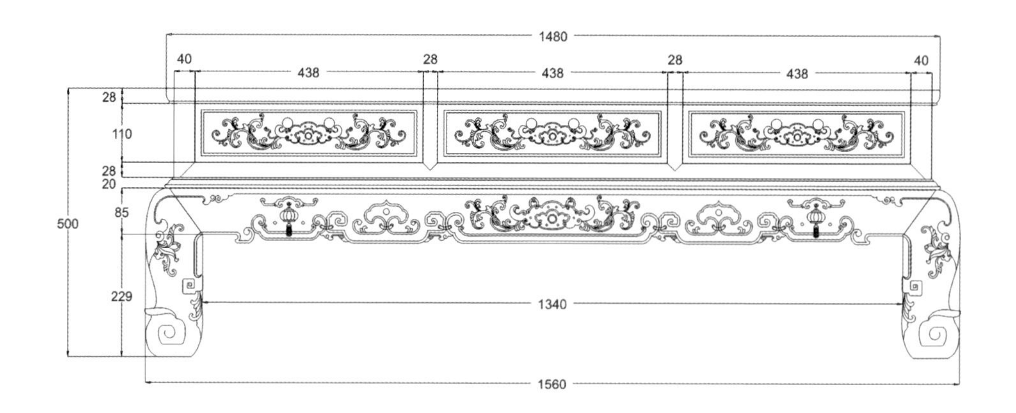
1480
40
438
28
438
28
438
40
28
110
28
20
500
85
229
1340
1560

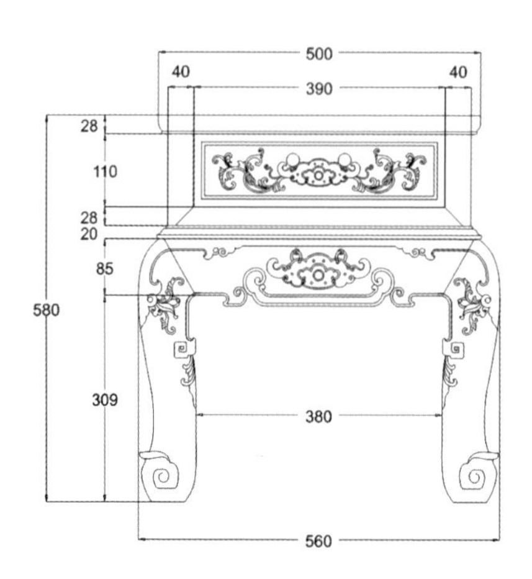
500
40
390
40
28
110
28
20
580
85
309
380
560

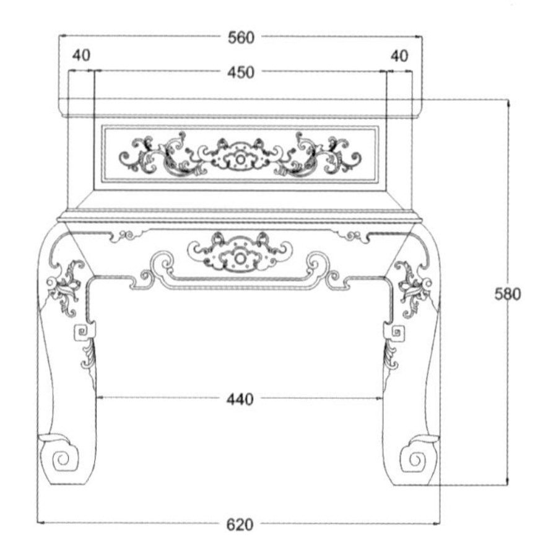
560
40
450
40
580
440
620

富贵祥和沙发

——cad 图

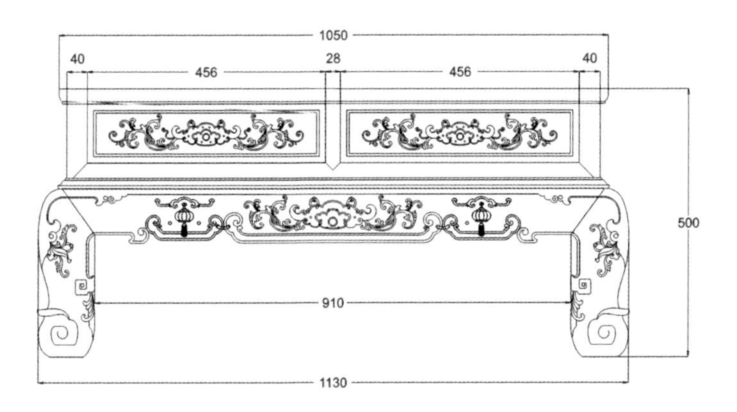
1050
40
456
28
456
40
500
910
1130

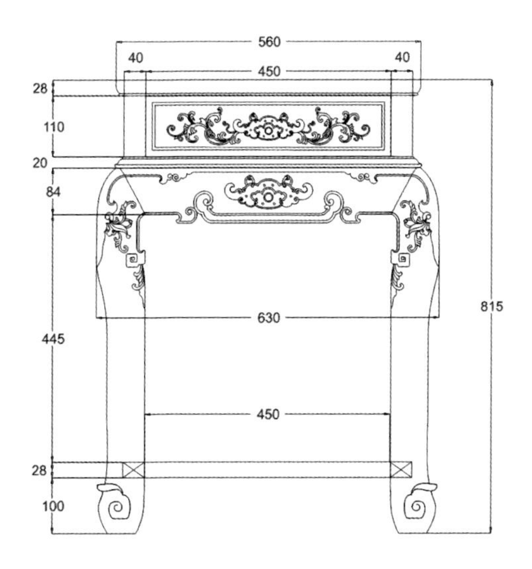
560
40
450
40
28
110
20
84
630
815
445
450
28
100

※ 富贵祥和沙发雕刻图

富贵祥和搭脑

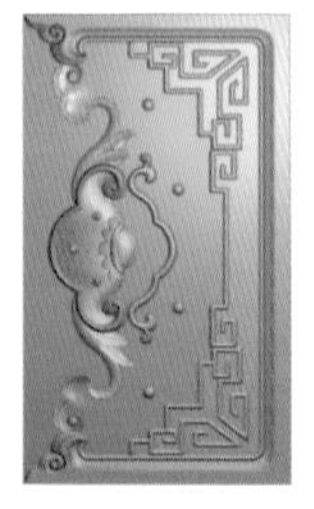

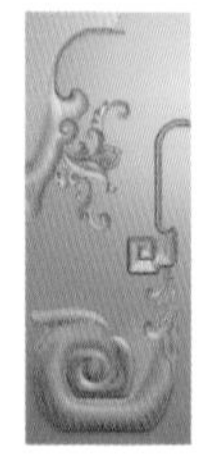

搭脑

花鸟图

牙板

回纹

螭龙

腿面雕刻

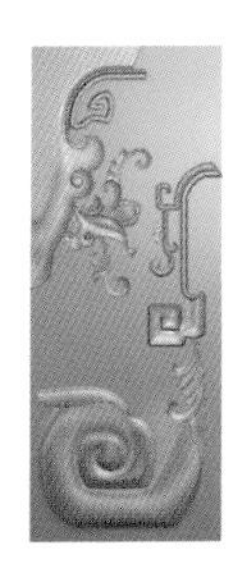

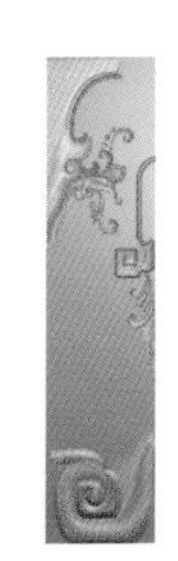

※ 百狮沙发

◆文化点评：

随着全球各国文化之间同质化的加速，发掘地域文化精华和民族传统艺术也愈显迫切，现代家具的地区化与传统家具的现代化殊途同归，共同推动着现代家具的进步和丰富多彩。也正是由于这点，一个民族或国家几千年积淀下来的文化底蕴和传统艺术成了现代家具设计取之不尽，用之不竭的源泉和宝库。中华民族博大精深的传统文化底蕴是新中式沙发的设计源泉，对其创新性的继承是对新中式沙发“中而新”这一特性的最优化诠释。

◆款式点评：

此沙发造型庄重威严，搭脑上方雕有狮子纹样。背板中间一屏雕有嬉戏的仙童，两旁以宝相花纹作为装饰。扶手自然向下倾斜，雕有狮子。沙发面下束腰，内翻马蹄足，腿上雕有卷草纹样，牙板处雕有造型各异的狮子纹样。整器端庄大方，威严华贵。

◆图纹寓意：

狮子纹作为我国古代装饰的常见纹样，积淀了一定的人文内涵和美学特质。人们利用富有象征、寓意的狮纹图案、造型或符号表达某种生活观念和精神追求，通过象征、隐喻、谐音、比拟、寓意等手法表现出来。诸如追求幸福喜庆、多子多孙、长寿平安、功名利禄、驱邪禳灾以及体现文人的高洁情怀等。人们运用象征和寓意手法托物言志、借物抒怀，间接含蓄地体现出不同历史时期和地域文化中的风土人情、人文精神和生活理想，呈现出中国传统文化中审美与劝善、生活与艺术相统一的特点。

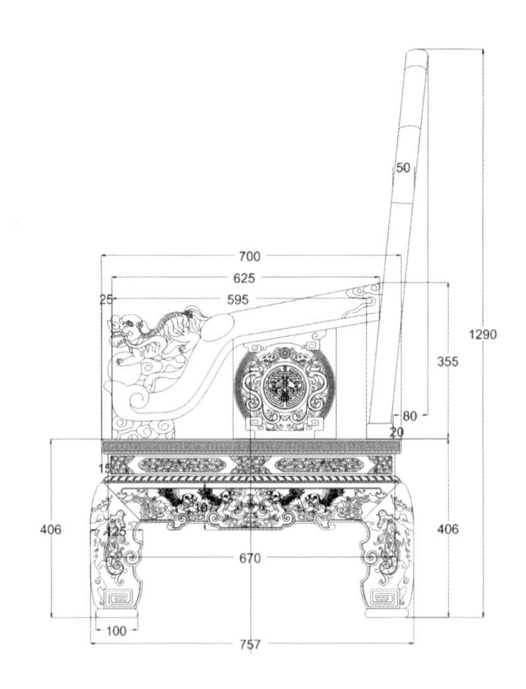

50
700
625
25
595
1290
355
80
20
15
107
406
125
406
670
100
757

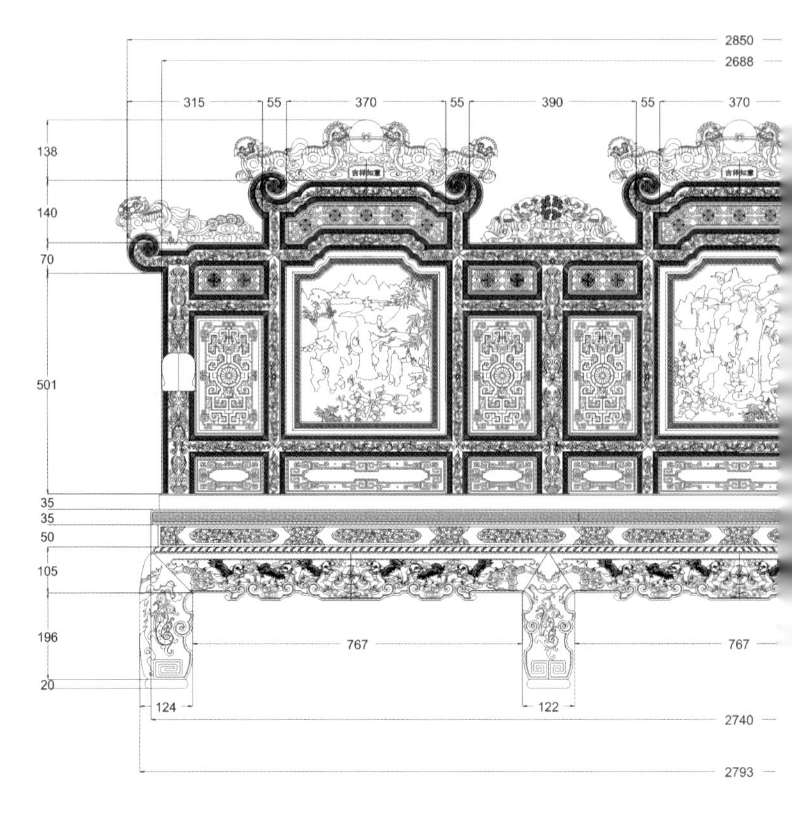

2850
2688
315
55
370
55
390
55
370
138
140
70
501
35
35
50
105
196
20
767
767
124
122
2740
2793

百狮沙发

——cad 图

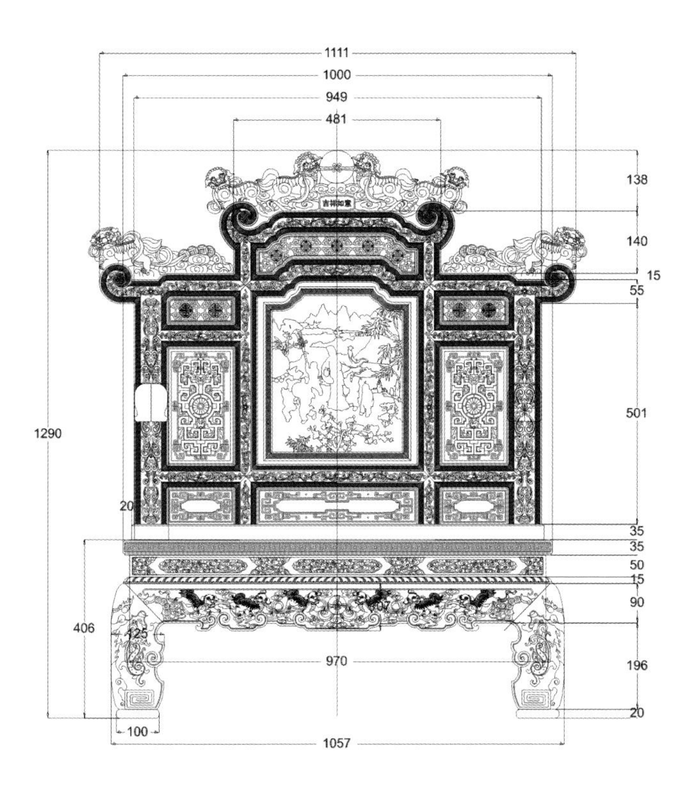
1111
1000
949
481
138
吉祥如意
140
15
55
501
1290
20
35
35
50
15
90
406
125
970
196
20
100
1057

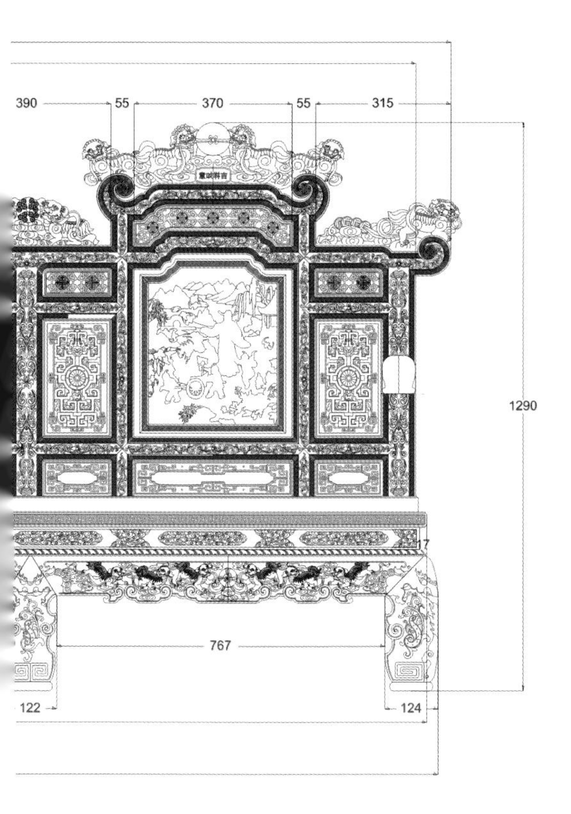
390
55
370
55
315
意如祥吉
1290
17
767
122
124

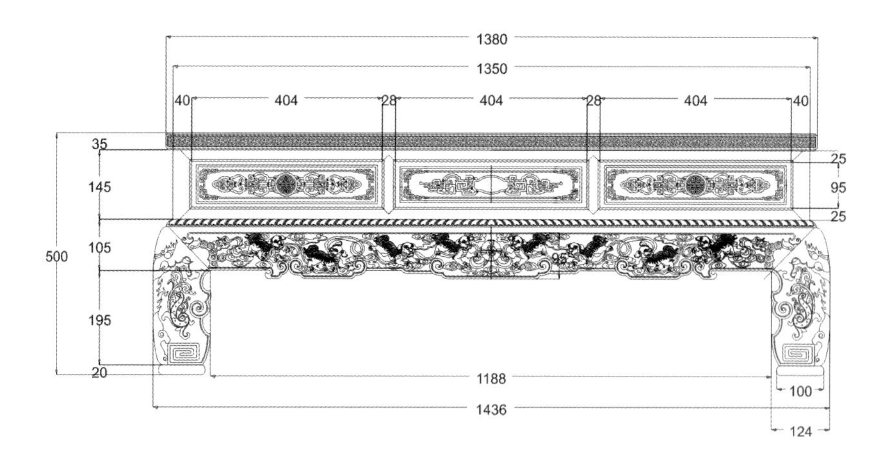
1380
1350
40
404
28
404
28
404
40
35
145
105
195
20
500
25
95
25
95
1188
100
1436
124

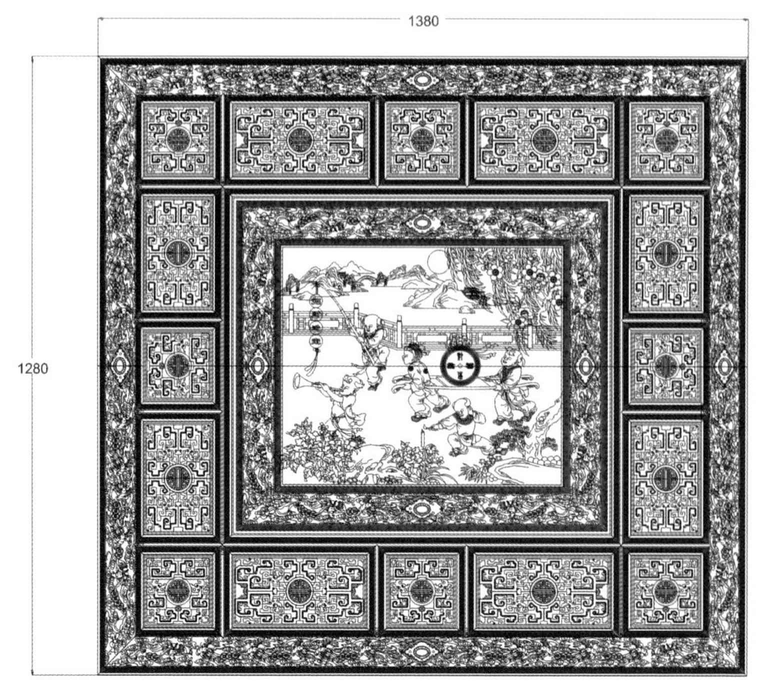
1380
1280

百狮沙发

——cad 图

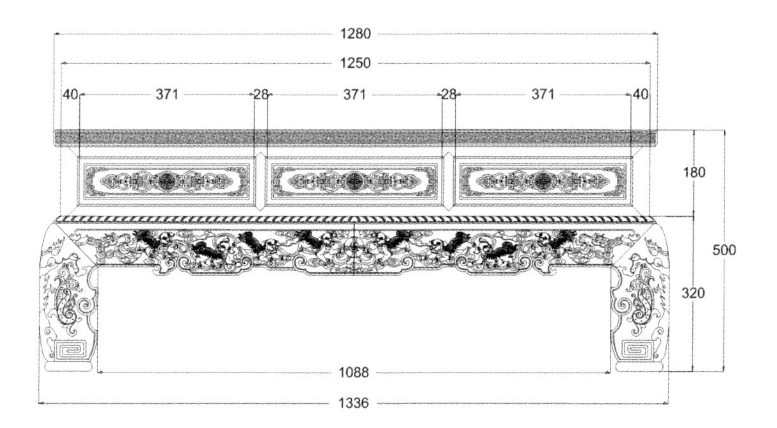
1280
1250
40
371
28
371
28
371
40
180
500
320
1088
1336

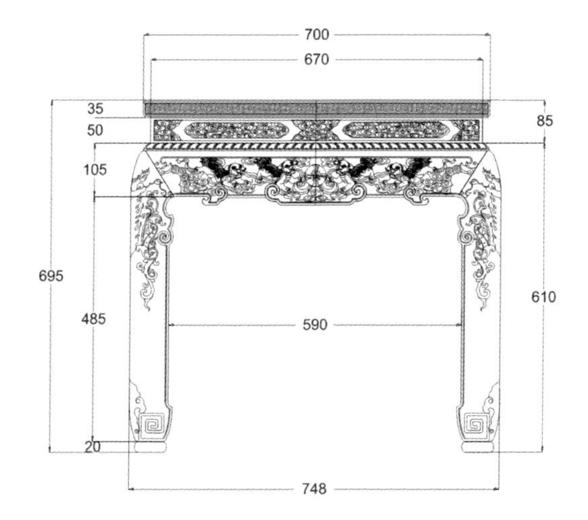
700
670
35
50
85
105
695
485
610
590
20
748

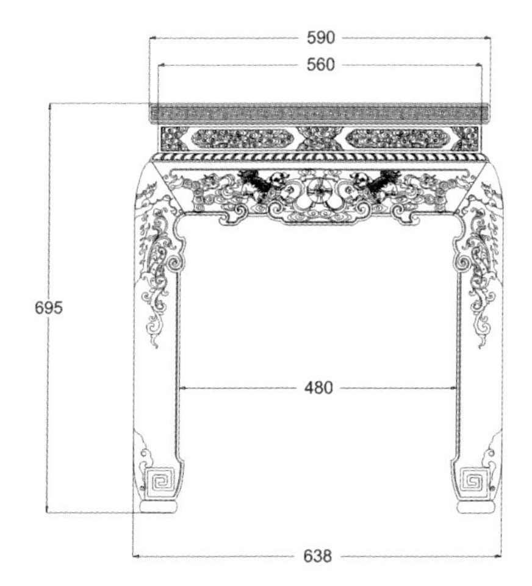
590
560
695
480
638

※ 百狮沙发雕刻图

事事如意搭脑

群仙送福

螭龙团寿

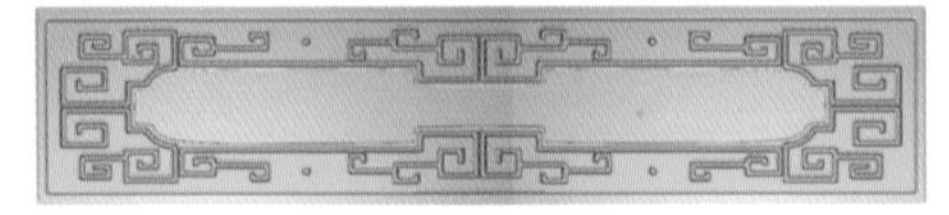

回纹

卷草纹

狮子纹

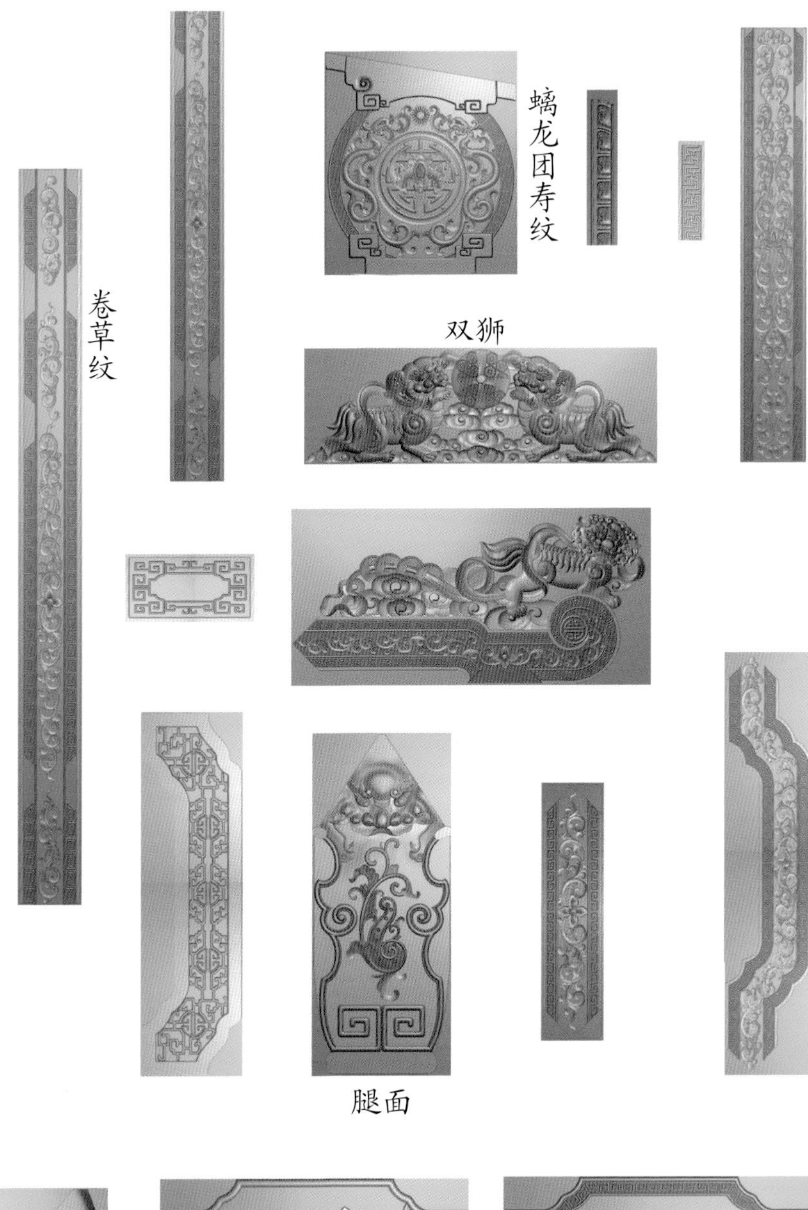

卷草纹

螭龙团寿纹

双狮

腿面

腿足

背板雕刻图

※ 百狮沙发雕刻图

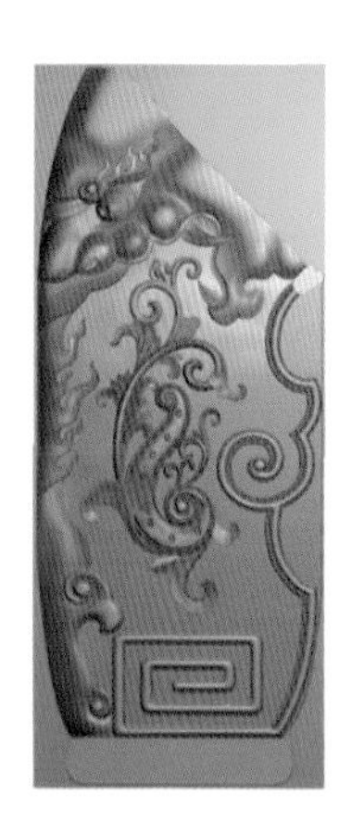

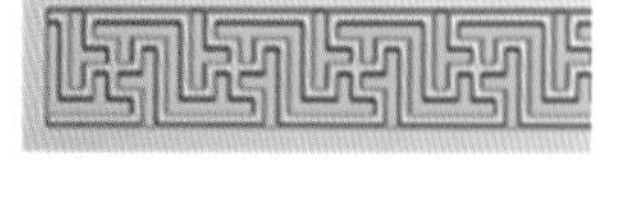

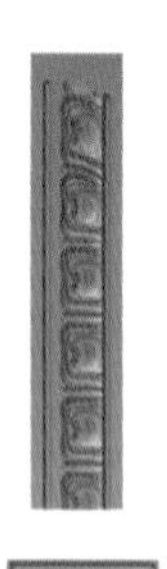

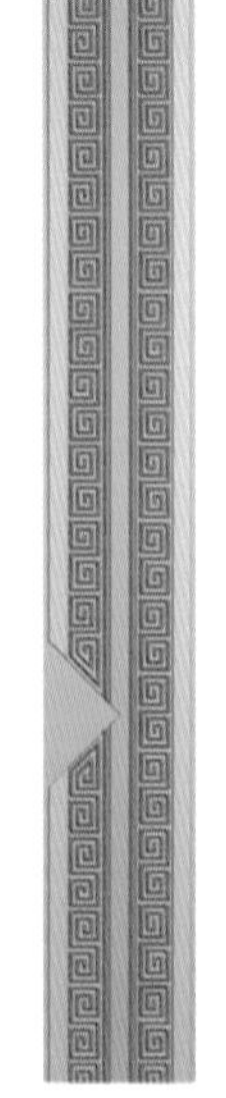

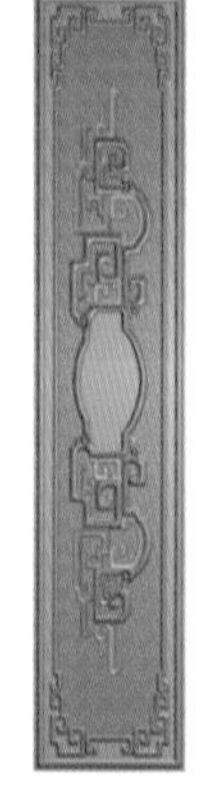

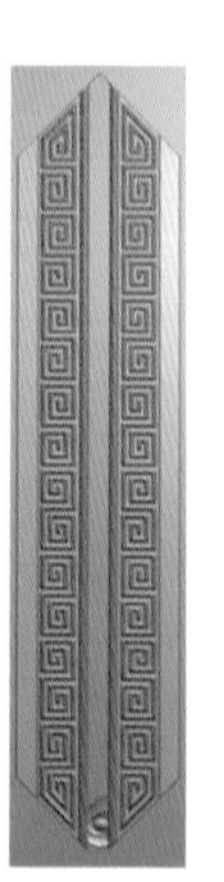

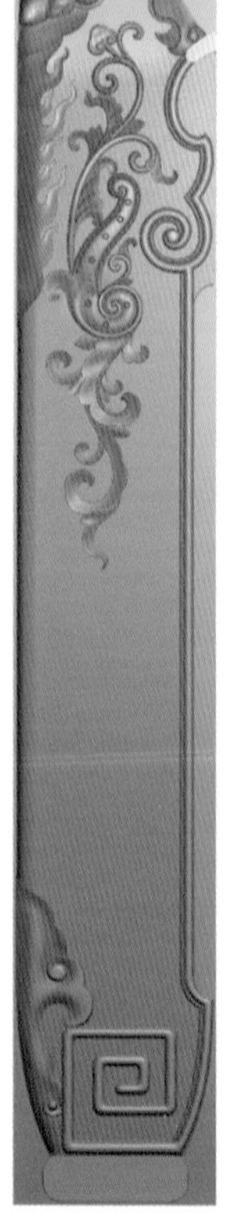

浮雕狮头配卷草纹腿面

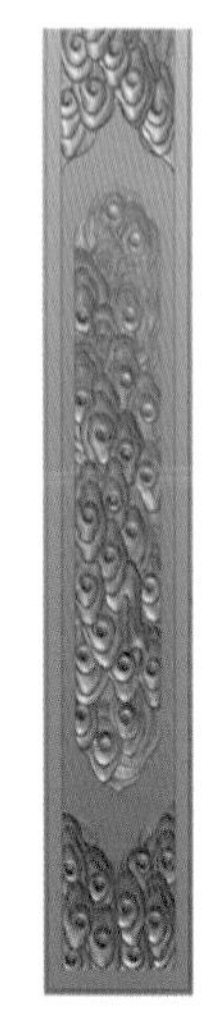

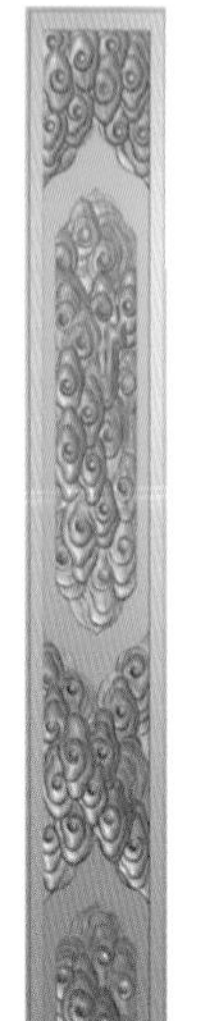

蟠龙团寿纹

福寿背板

福寿背板

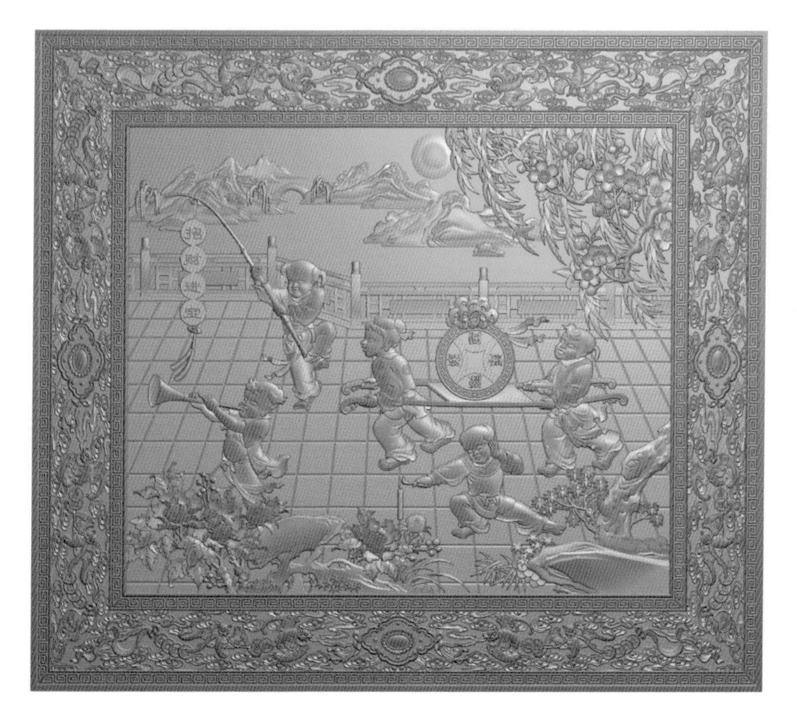

仙童送财

※ 五福捧寿沙发

◆图纹寓意：

蝙蝠纹是传统寓意纹样。在我国传统的装饰艺术中，蝙蝠的形象被当作幸福的象征，习俗运用“蝠”、“福”字的谐音，并将蝙蝠的飞临，结合成“进福”的寓意，希望幸福会像蝙蝠那样自天而降。蝙蝠纹样变化相当丰富，有倒挂蝙蝠、双蝠、四蝠捧福禄寿、五蝠等。传统纹饰中将蝙蝠与“寿”字组合，曰“五蝠捧寿”。通常所言的五福分别为：一日寿、二日富、三日康宁、四日修好德、五日考终命。蝙蝠、寿山石加上如意或灵芝，名日“平安如意”。福寿如意纹，织金“寿”字下部两个如意云托，托下是一倒飞的蝙蝠。万寿福禄纹，将鹿巧妙地画成团形，北负如意灵芝捧寿字，寿字间饰展翅飞翔的蝙蝠，构图十分简洁大方。

◆款式点评：

此沙发背板大片镂空，搭脑处以卷草纹镂空。扶手与背板相连，亦有卷草纹镂空，装有雕饰卷草纹的侧枨。背板中间雕有团寿纹，四周环绕五只蝙蝠。两款背板之间雕有倒挂的蝙蝠和双鱼纹样，寓意美好，造型优雅沙发面下束腰，腿部略呈鼓状，牙板处雕有博古线。

◆文化点评：

明式家具的隽永之美来自于中国民族性的设计意识和表现——线条韵律的张力，愉悦完美的比例，朴素和谐的形式，适度的由结构限定的“负空间”，精致的装饰和打磨，还有极其精妙的榫卯构造，结合紧密又易于拆除，每个节点的两个部分有机的结合，彼此留有余地但又互补。同时，充分考虑结构的逻辑性和功能。

2120
2072
768
647
30
715
1185
35
35
25
65
280
2080

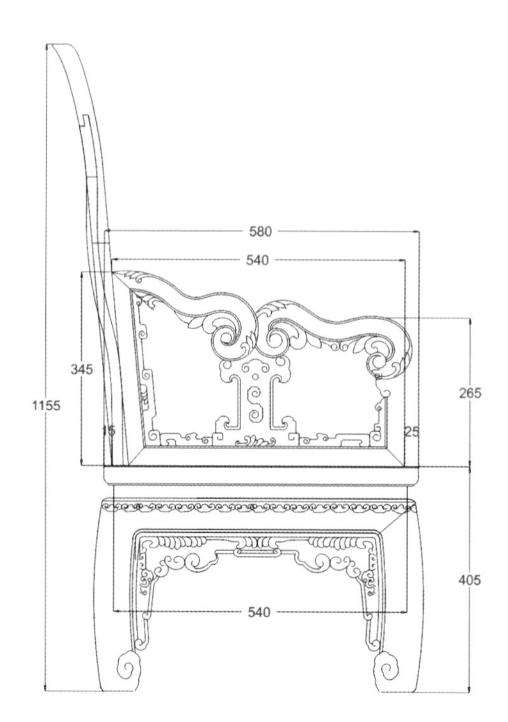
580
540
345
1155
265
15
25
405
540

五福捧寿沙发

——cad 图

768
1155

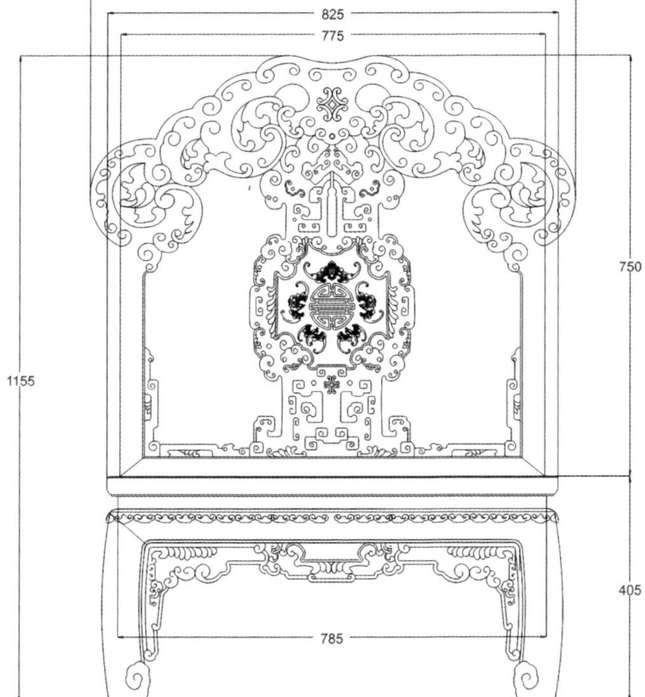
888
825
775
750
1155
405
785

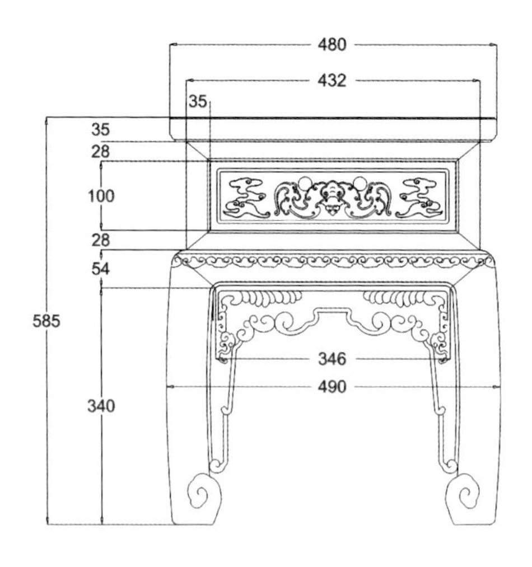

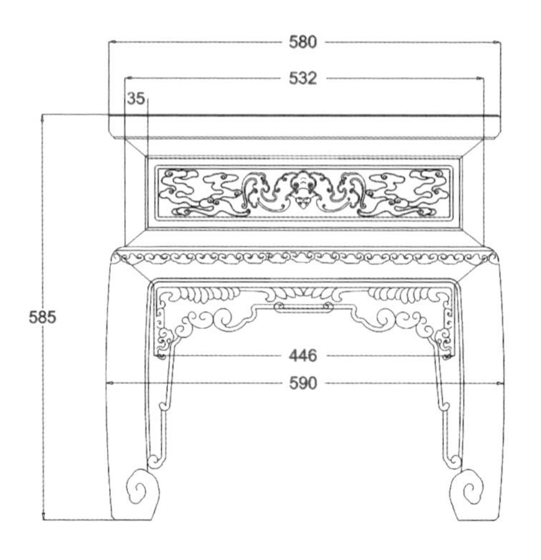

五福捧寿沙发

——cad 图

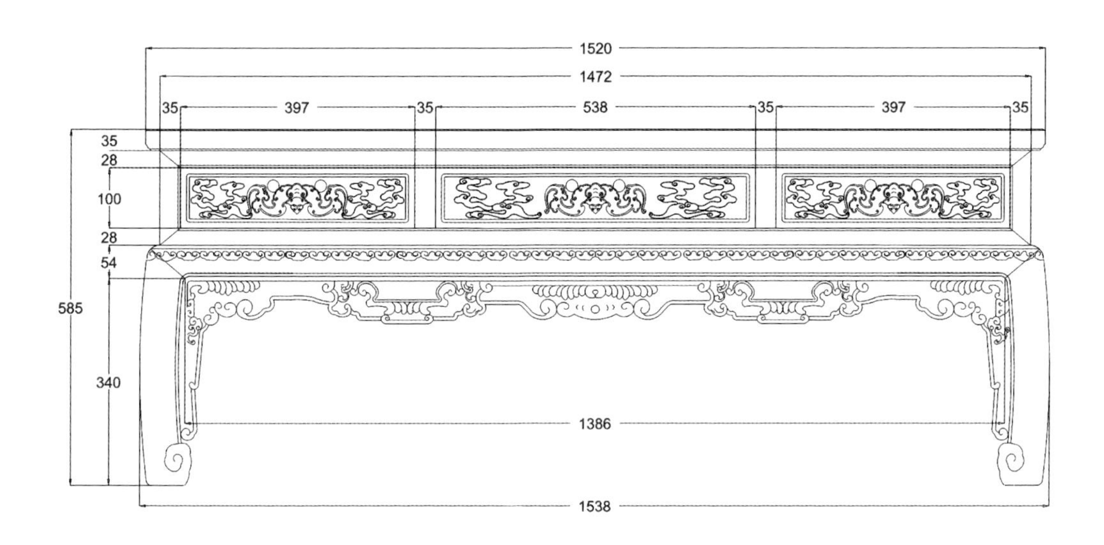
1520
1472
35
397
35
538
35
397
35
35
28
100
28
54
585
340
1386
1538

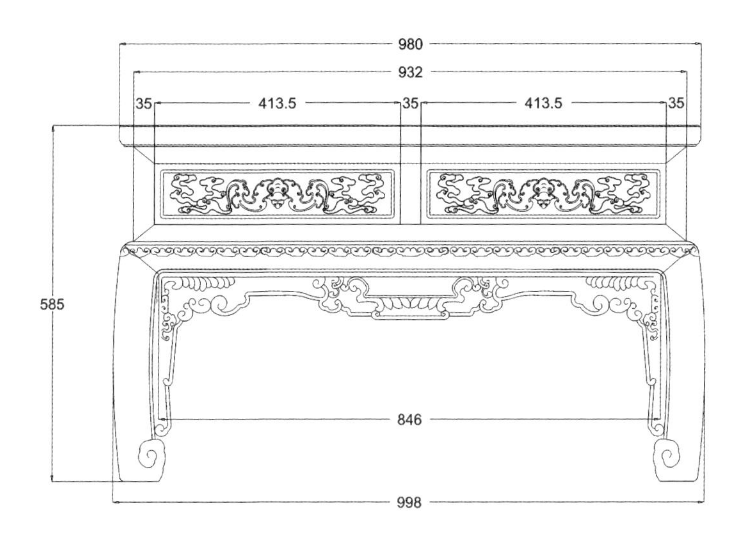
980
932
35
413.5
35
413.5
35
585
846
998

※ 五福捧寿沙发雕刻图

福庆有余

五福捧寿靠背板

如意蝠纹

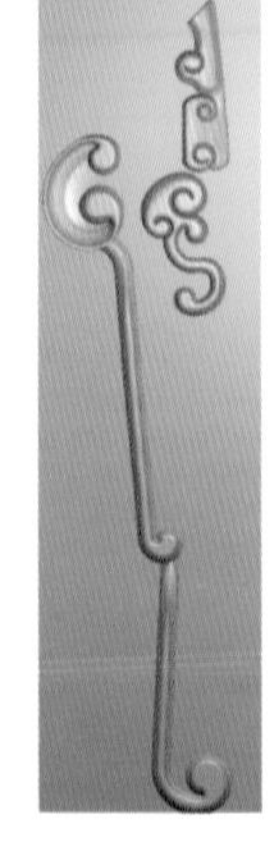

卷草纹

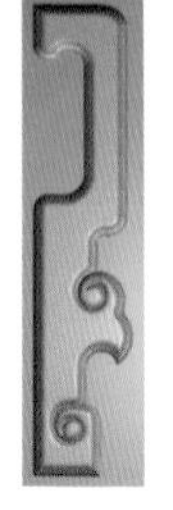

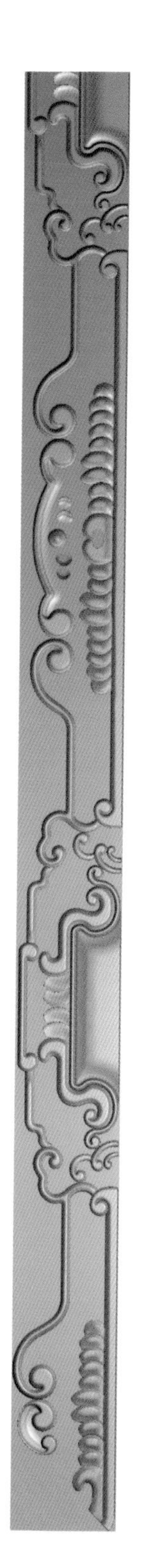

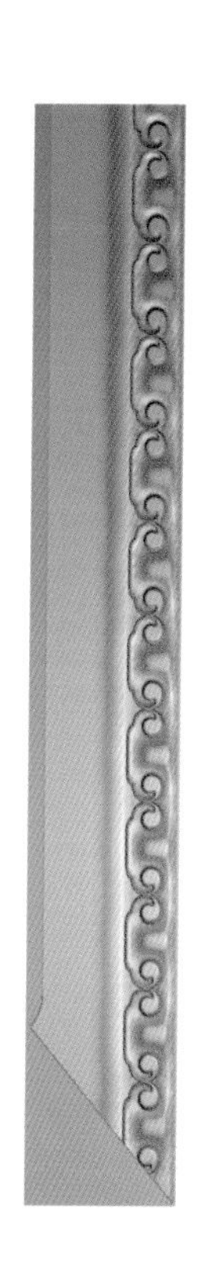

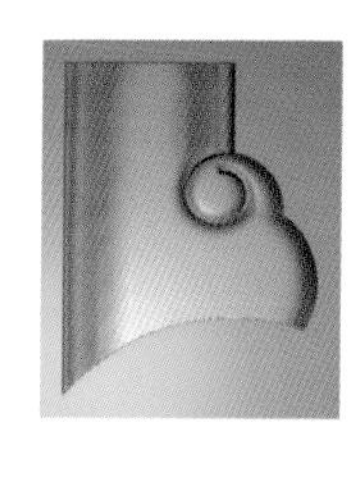

牙角

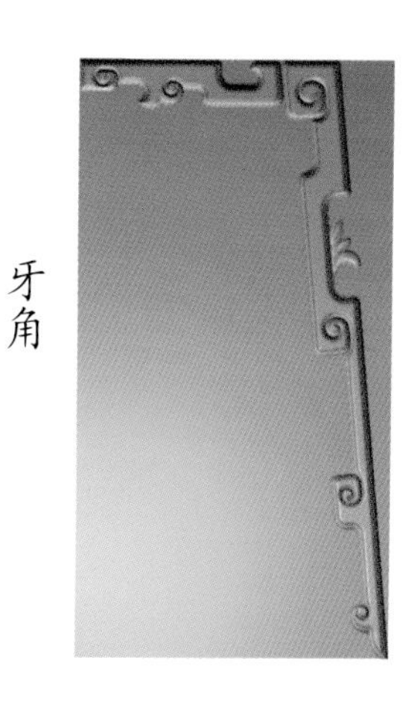

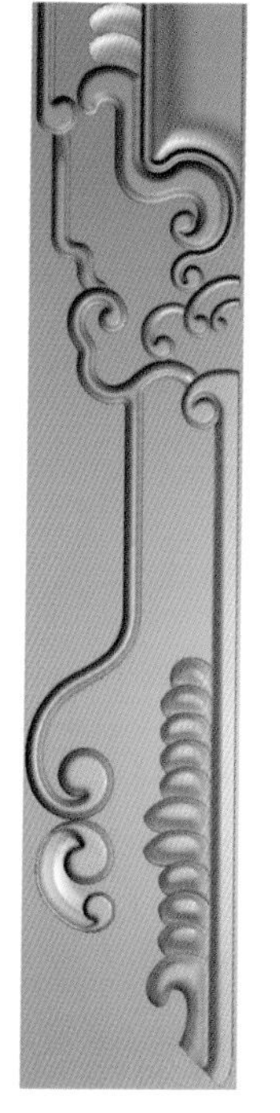

卷草纹牙条

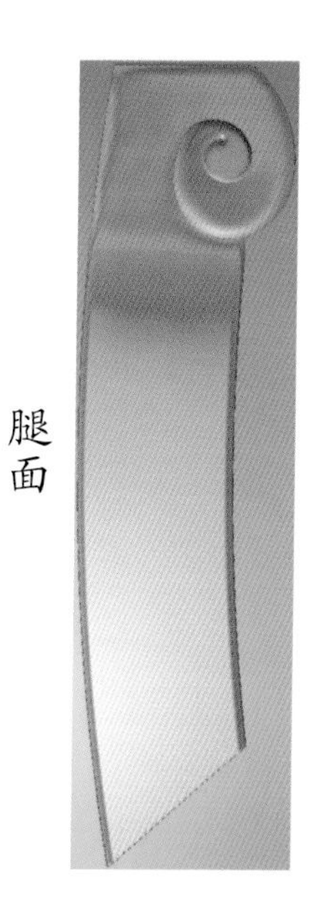

腿面

※ 五福临门沙发

◆文化点评：

沙发上雕有丰富多彩的传统图案。这些传统图案主要包括具有传统象征内涵和比喻意义的图形和纹样，图腾和宗教纹饰和民族服饰纹样等。它传达着语义信息，蕴藏文化底蕴，对其符号化的提炼则会产生易辨认和易传播的效果。具有画的形质美，笔调的韵律美，用笔的力度美，结构的形式美，章法的布局美，通篇的气势美，和风格的个性美等。符号性和表意性的完美融合就成为了装饰。

◆款式点评：

沙发搭脑呈罗锅状，搭脑下方装饰有卷草纹、回纹、仙桃以及福报双全纹样。背板呈三屏，中间雕有日出山间的风景纹样；左右两侧雕有宝瓶和牡丹。扶手呈卷书样式，两侧雕有仙桃以及福报双全纹样。沙发面下束腰，内弯马蹄腿，牙板和腿部皆雕有铜钱纹样，牙板中间雕有金鱼纹样。

◆图纹寓意：

蝙蝠纹是一种传统的祝福装饰纹样，有单独蝙蝠纹和以蝙蝠纹组合的图案，蝠和福同音，借喻福气和幸福之意。如一只蝙蝠飞在眼前，称为“福在眼前”，蝙蝠和马组成了“马上得福”，器物上部一圈红色的蝙蝠纹，也称洪福齐天。松树象征了长寿的寓意，云则代表了风调雨顺，亦有平步青云、步步高升的寓意。

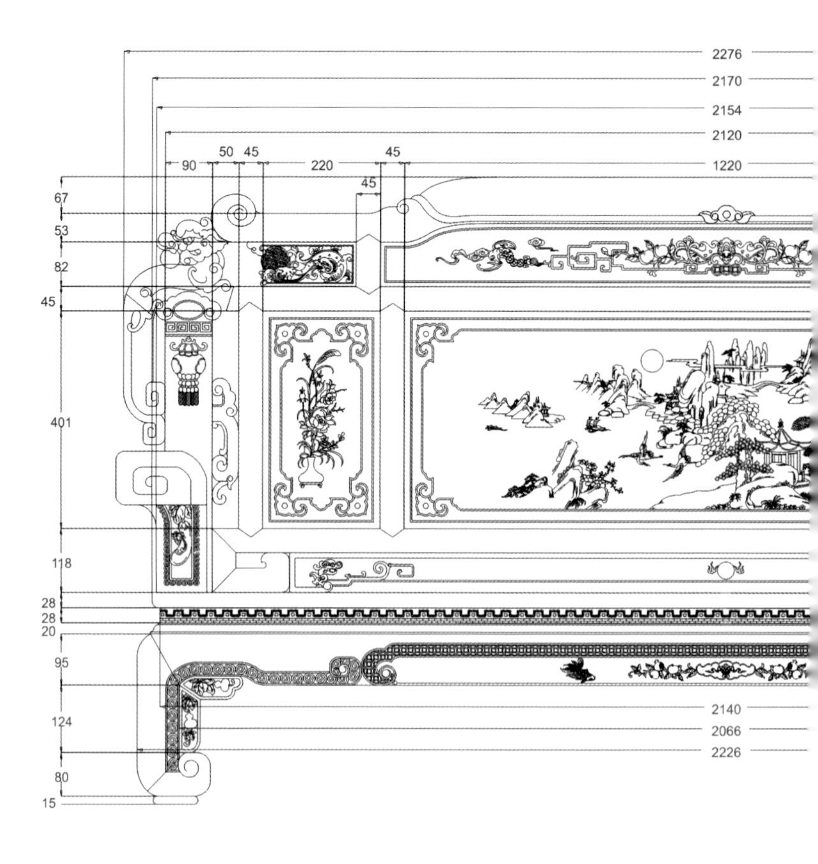
2276
2170
2154
2120
90
50
45
220
45
1220
45
67
53
82
45
401
118
28
28
20
95
124
80
15
2140
2066
2226

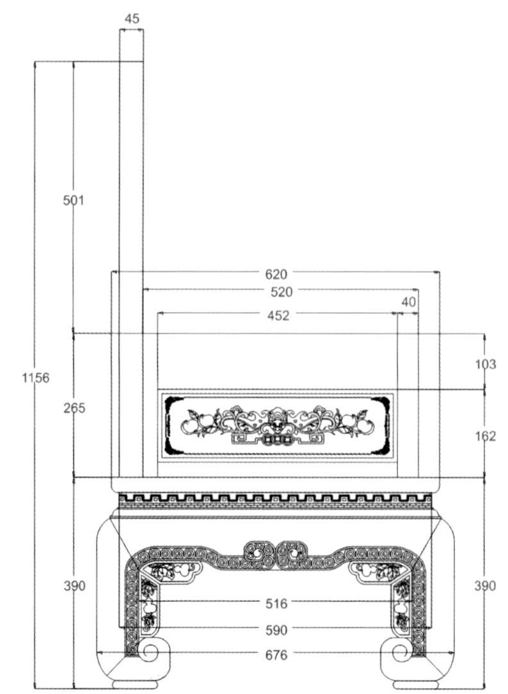
45
501
620
520
40
452
1156
103
265
162
390
516
590
676
390

五福临门沙发

——cad 图

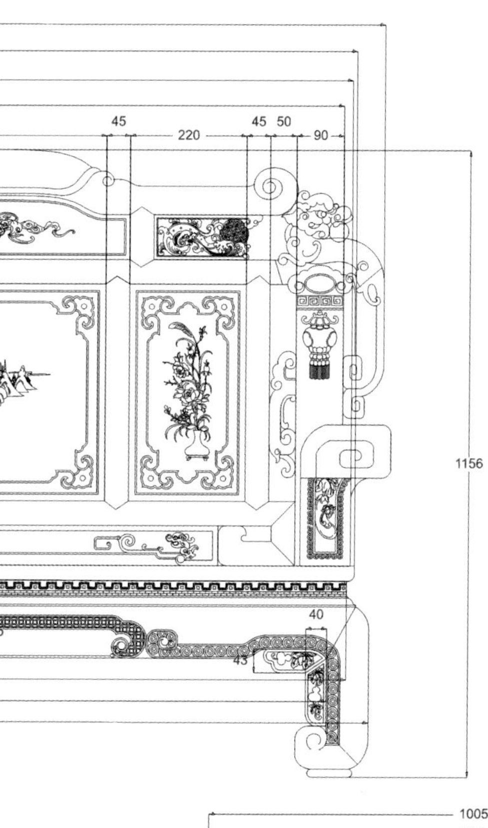
45
220
45
50
90
1156
40
43

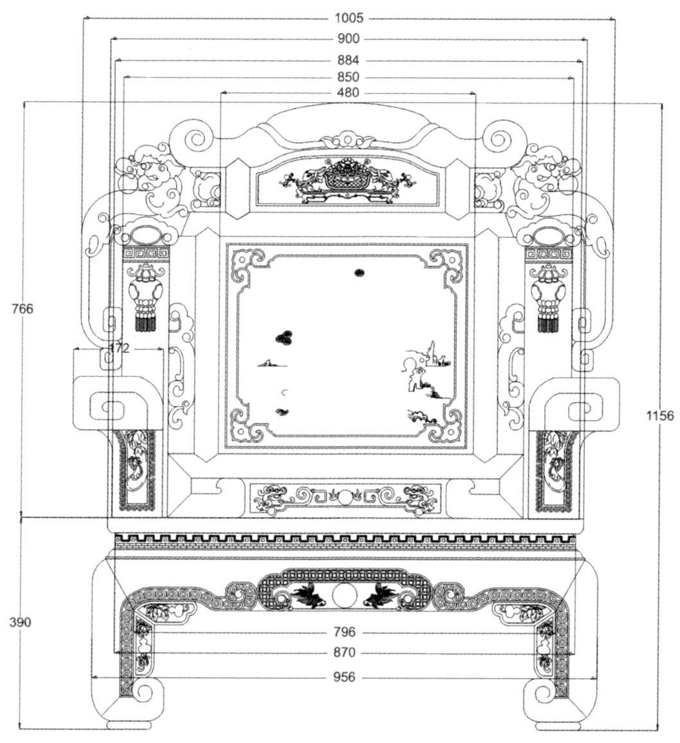
1005
900
884
850
480
766
172
1156
390
796
870
956

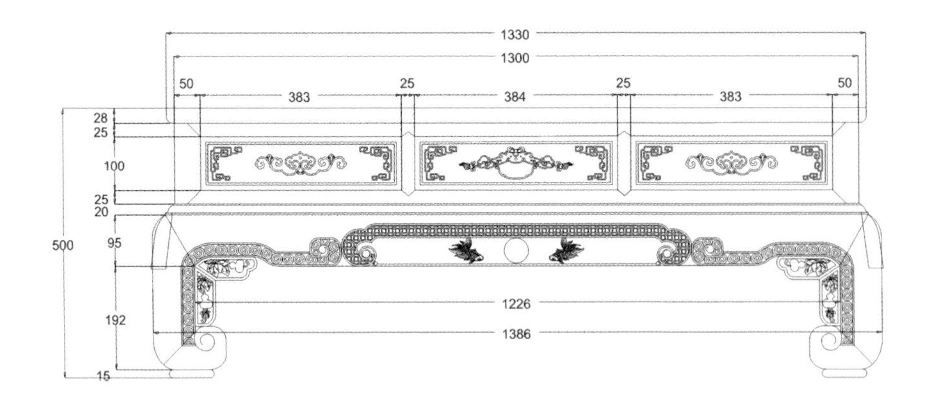
1330
1300
50
383
25
384
25
383
50
28
25
100
25
20
500
95
192
15
1226
1386

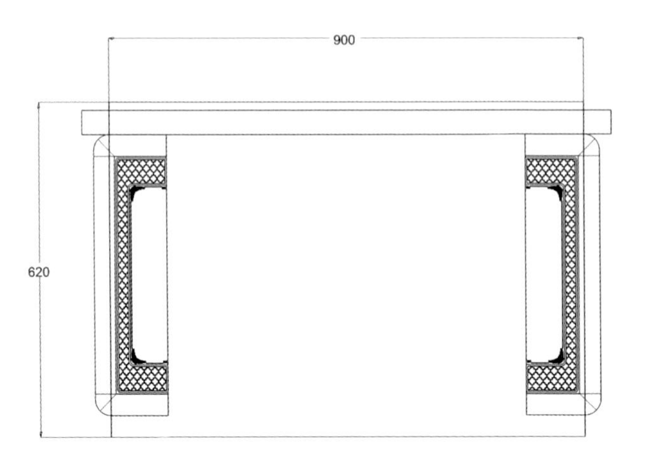
900
620

五福临门沙发

——cad 图

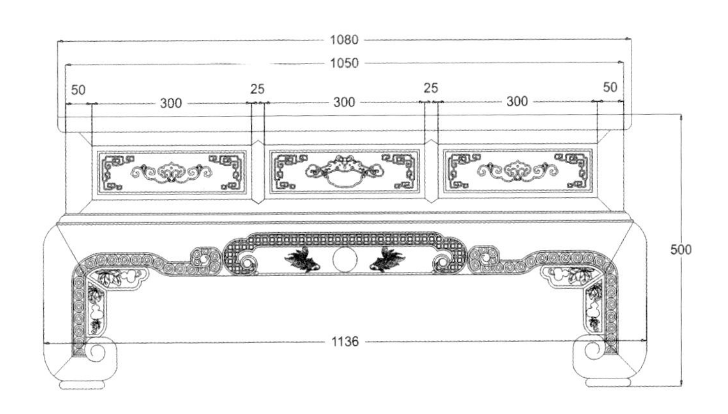
1080
1050
50
300
25
300
25
300
50
500
1136

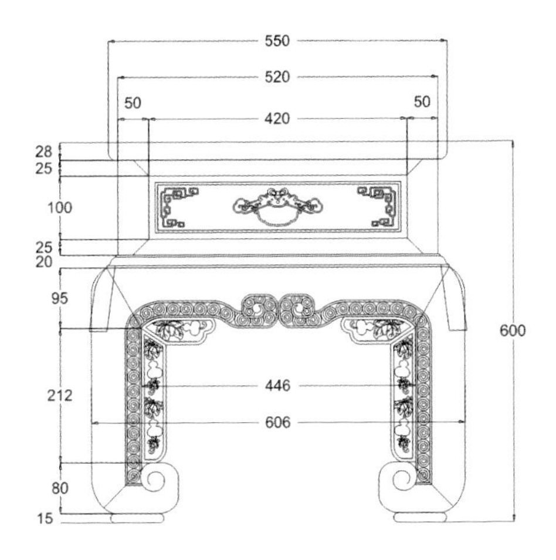
550
520
50
420
50
28
25
100
25
20
95
212
80
15
446
606
600

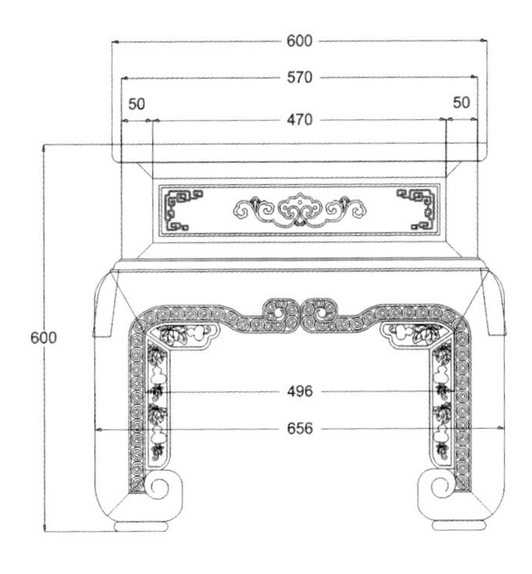
600
570
50
470
50
600
496
656

※ 五福临门沙发雕刻图

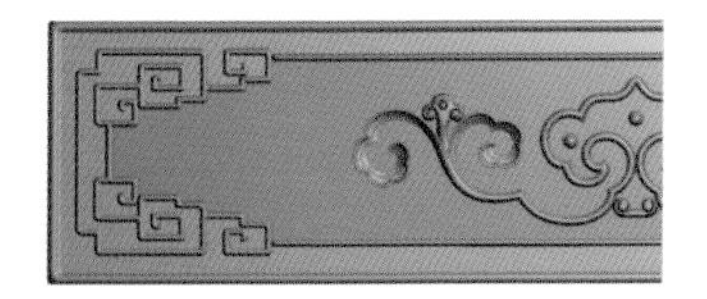

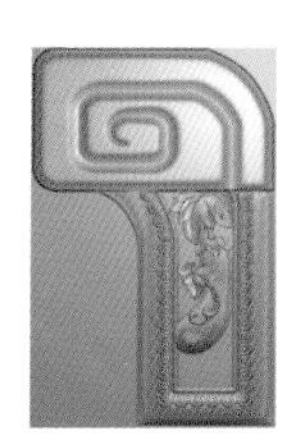

宝象

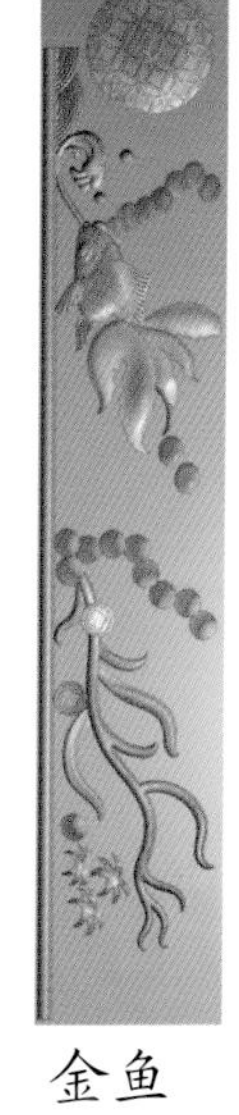

蝠纹牙板

金鱼

花瓶

景韵图

※ 福禄寿喜沙发

◆文化点评：

沙发上雕有丰富多彩的传统图案。这些传统图案主要包括具有传统象征内涵和比喻意义的图形和纹样，图腾和宗教纹饰和民族服饰纹样等。它传达着语义信息，蕴藏文化底蕴，对其符号化的提炼则会产生易辨认和易传播的效果。具有画的形质美，笔调的韵律美，用笔的力度美，结构的形式美，章法的布局美，通篇的气势美，和风格的个性美等。符号性和表意性的完美融合就成为了装饰。

◆款式点评：

此沙发造型精美，搭脑呈弧形，雕有卷草和铜钱纹样，搭脑两侧雕有兽首和云纹，与靠背相连。背板雕有福禄寿三星，之间的立柱上雕有瑞兽。两侧雕有石榴、仙桃等纹样。面下束腰，束腰处雕有回纹，彭牙三弯腿，牙板上雕饰缠枝纹样，三弯腿上装饰有卷草纹样。

◆图纹寓意：

蝙蝠纹是传统寓意纹样。在我国传统的装饰艺术中，蝙蝠的形象被当作幸福的象征，习俗运用“蝠”、“福”字的谐音，并将蝙蝠的飞临，结合成“进福”的寓意，希望幸福会像蝙蝠那样自天而降。福禄寿喜四位星君象征了人们期盼的福禄寿喜。团寿纹代表了长命百岁；沙发上装饰使用的云纹不仅象征了平步青云，还代表了一年四季风调雨顺。

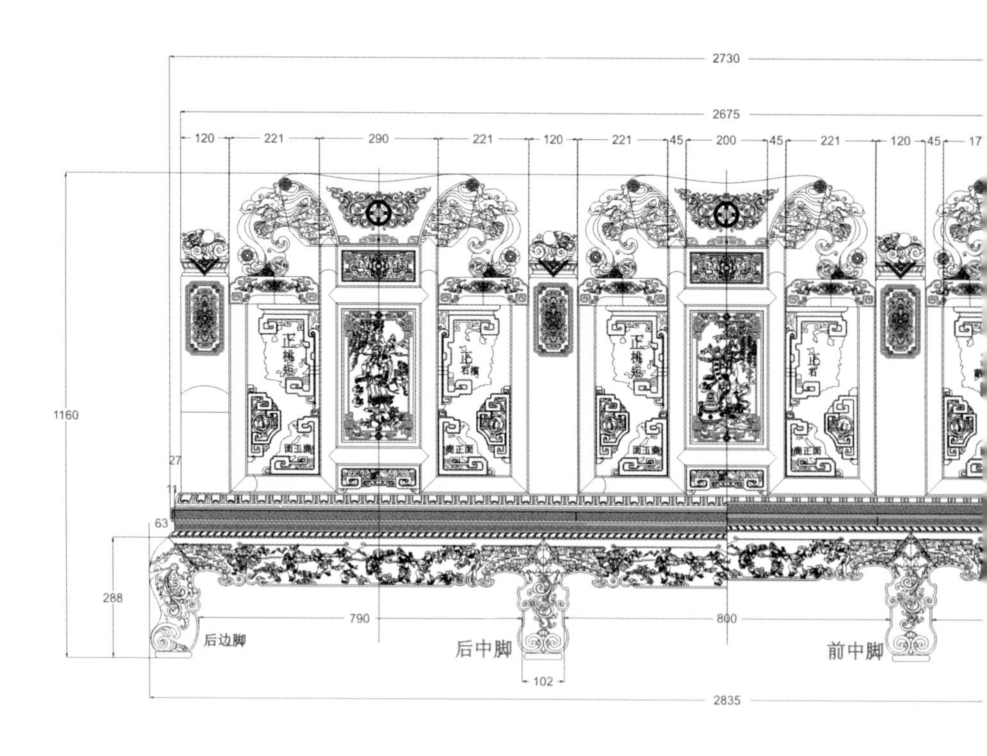
2730
2675
120
221
290
221
120
221
45
200
45
221
120
45
17
1160
27
11
63
288
790
800
后边脚
后中脚
前中脚
102
2835

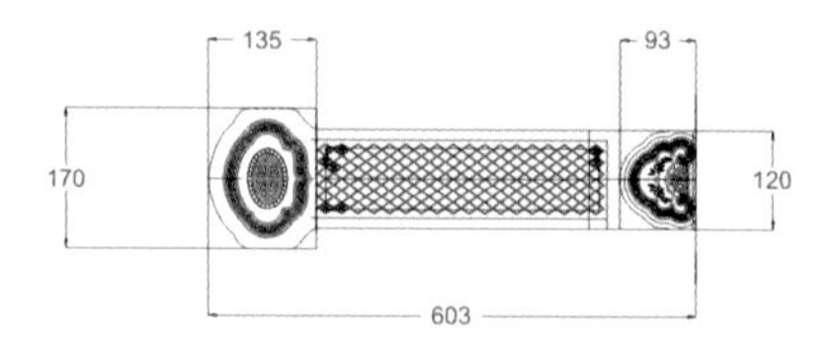
135
93
170
120
603

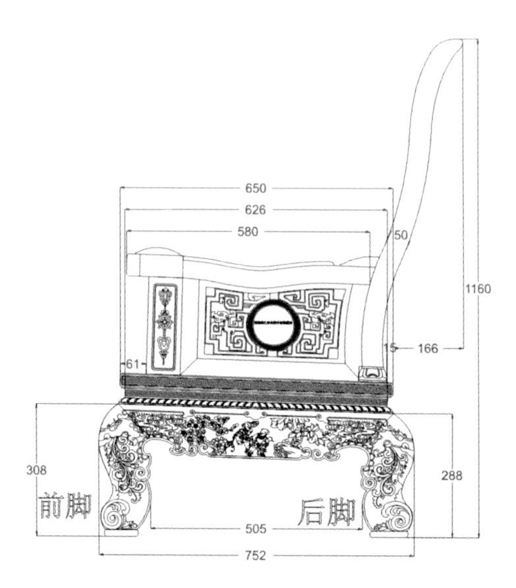
650
626
580
50
1160
15
166
61
308
288
前脚
后脚
505
752

福禄寿喜沙发

——cad 图

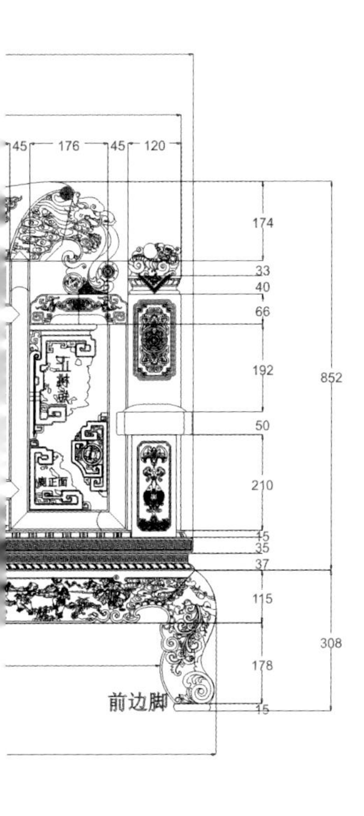
45
176
45
120
174
33
40
66
192
852
50
210
15
35
37
115
308
178
前边脚
15

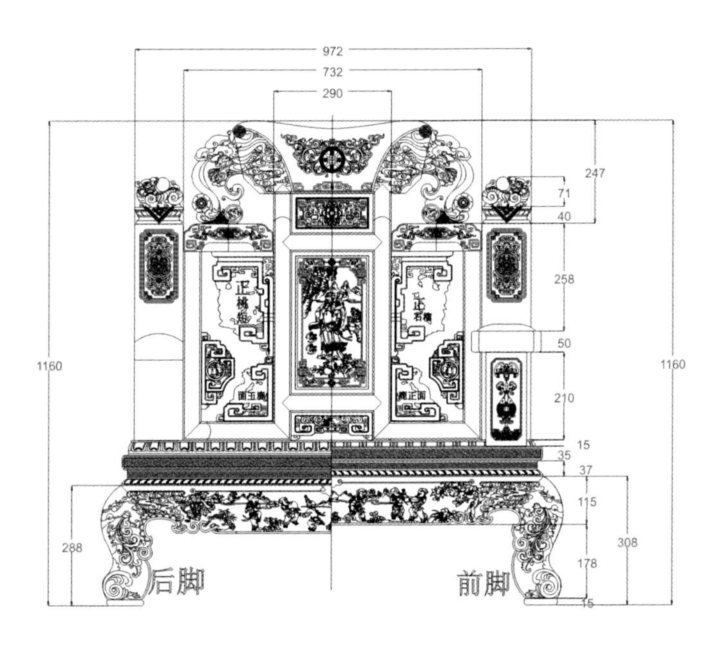
972
732
290
247
71
40
258
50
1160
1160
210
15
35
37
115
288
308
后脚
前脚
178
15

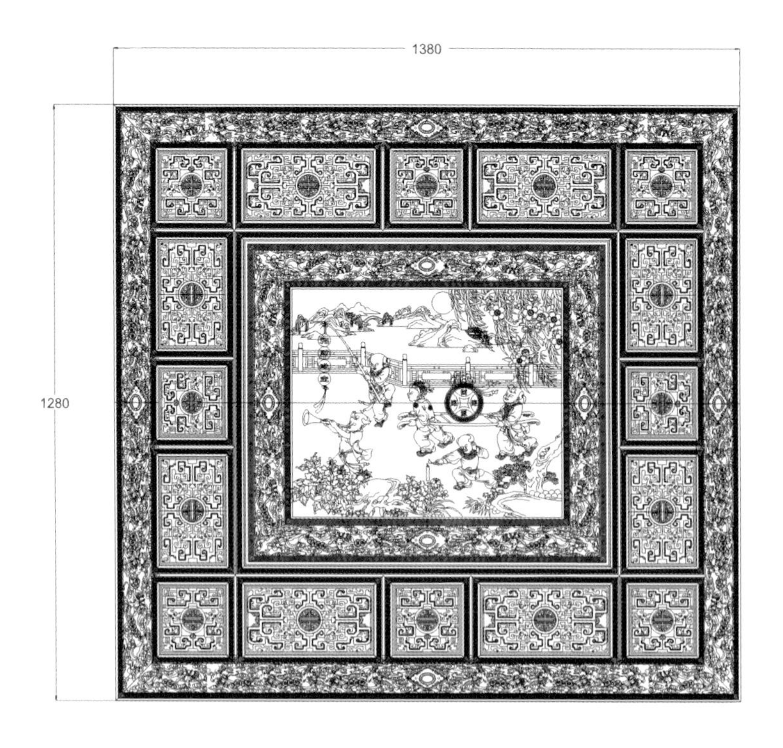
1380
1280

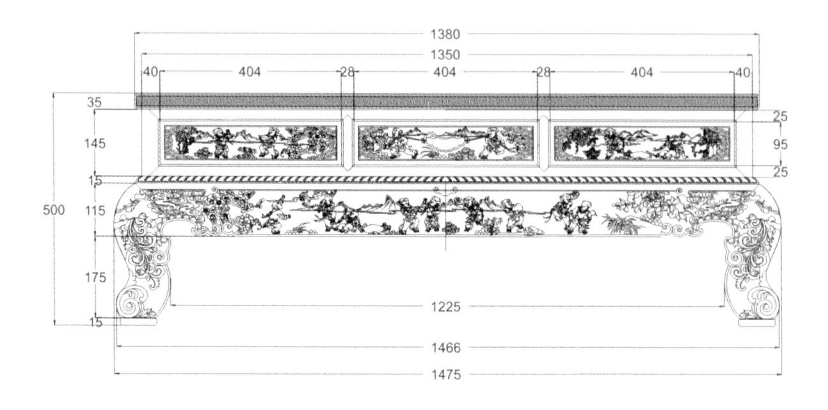
1380
1350
40
404
28
404
28
404
40
35
145
25
95
25
15
500
115
175
15
1225
1466
1475

福禄寿喜沙发

——cad 图

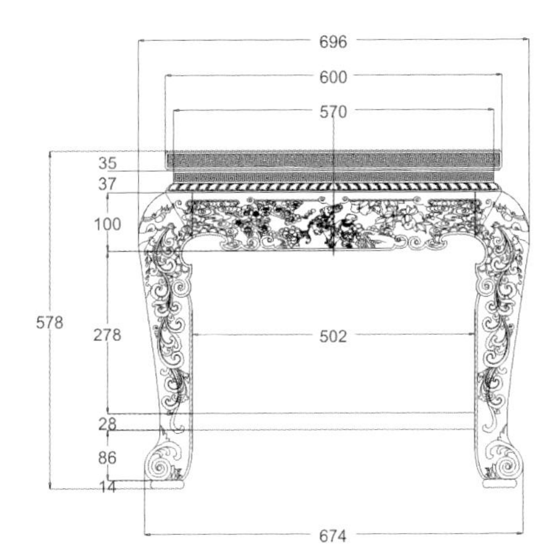
696
600
570
35
37
100
578
278
502
28
86
14
674

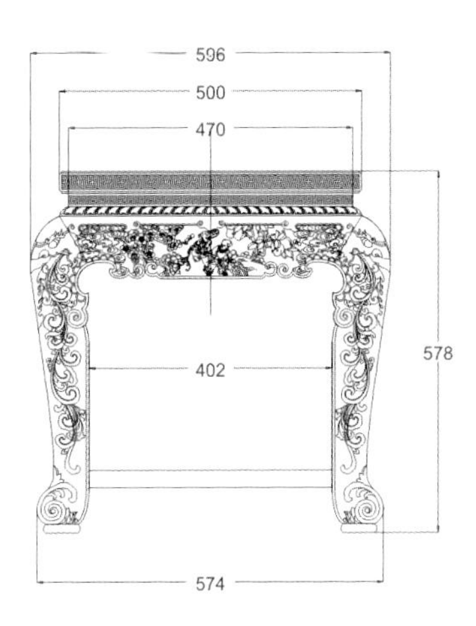
596
500
470
578
402
574

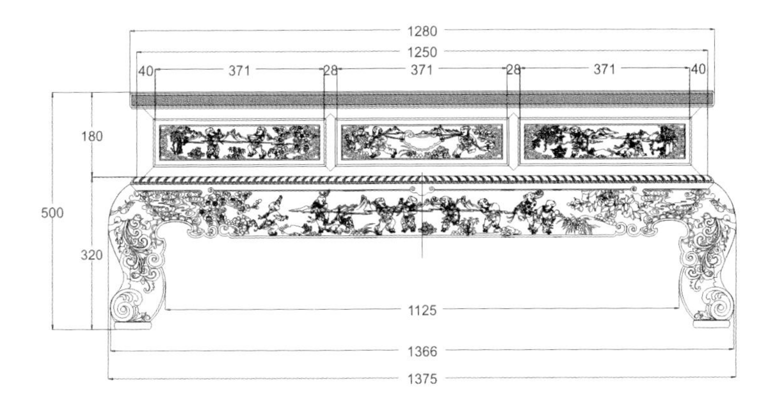
1280
1250
40
371
28
371
28
371
40
180
500
320
1125
1366
1375

※ 福禄寿喜沙发雕刻图

搭脑雕刻

福庆有余

腿面雕刻

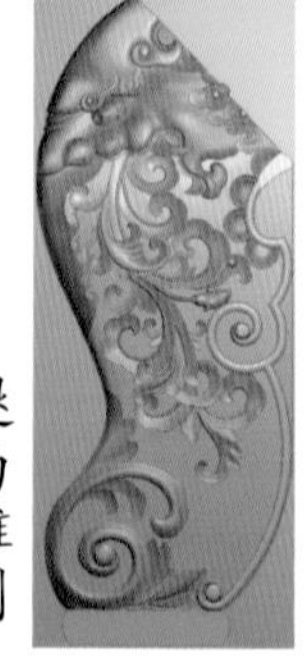

腿面雕刻

福禄寿图

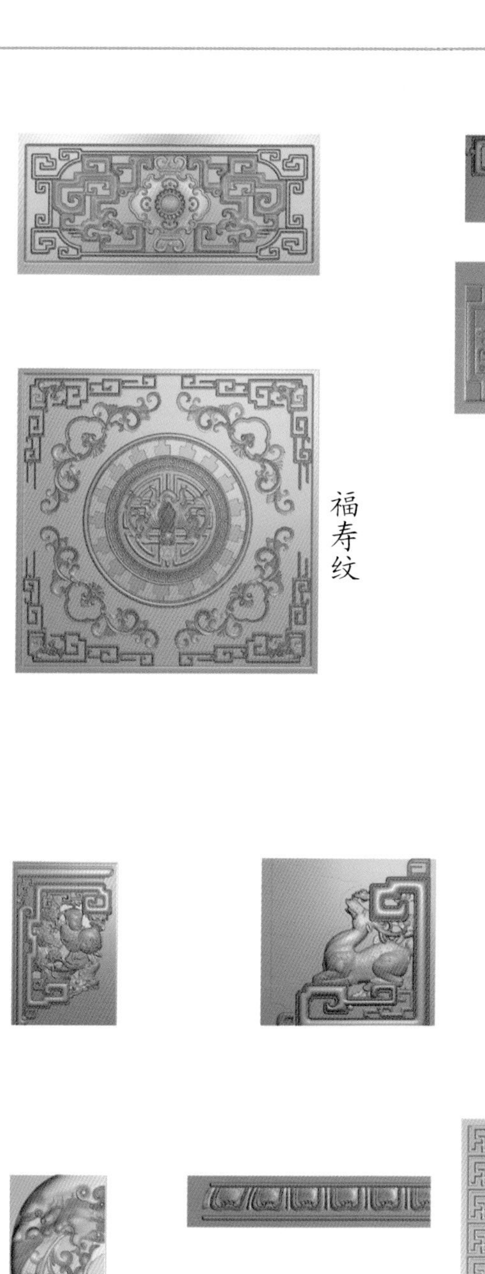

福寿纹

福寿纹

牙板

万字纹

回纹

腿面雕刻

※ 福禄寿喜沙发雕刻图

团寿纹

抽屉面

腿面

仙童送财

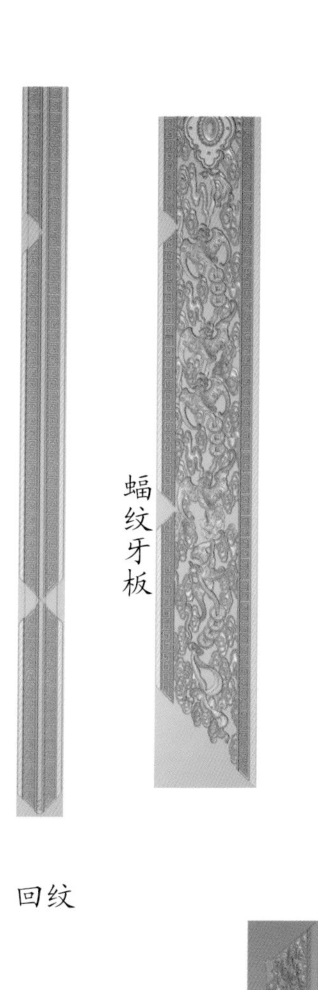

回纹

蝠纹牙板

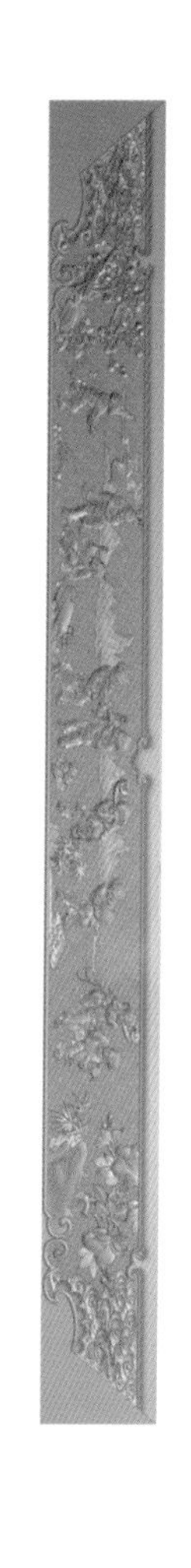

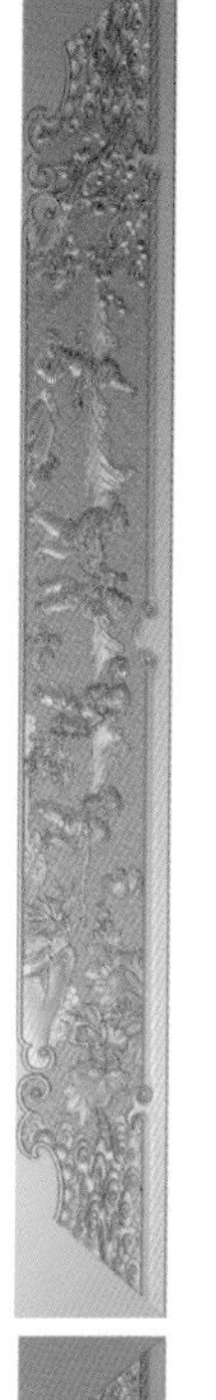

牙板

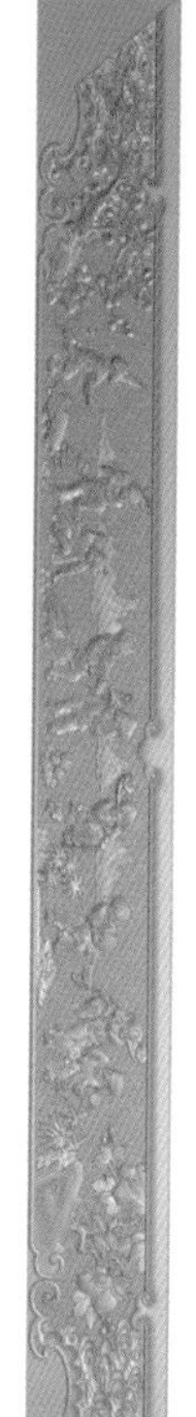

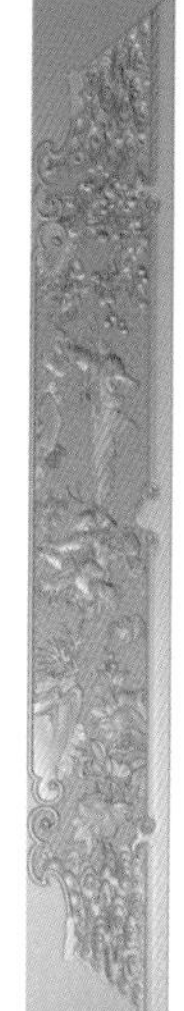

※ 荷花宝座沙发

◆文化点评：

新中式沙发不仅仅是沙发而已，其造型、色彩都是深含寓意的，充满着文化内涵，暗喻居家待客之道。在注重功能尺度、靠背曲线和软垫性能的前提下，中式沙发更追求造型的多样变化和个性特征。如软垫层的组合，过渡和叠加，外形的变异，色彩的搭配，以及采用非结构性木材构件的外装饰等，均为现代居室沙发造型开拓了视野。

◆款式点评：

此沙发外形呈宝座样式，搭脑雕有缠枝莲纹样，整块背板外缘雕有卷草纹样，背板中心雕有荷花图案。面下束腰，束腰处雕有西番莲，彭牙鼓腿，整体雕有卷草纹饰。腿下有托泥，托泥下接龟足。整器雕饰繁复华丽，造型优美，富丽堂皇。

◆图纹寓意：

莲花品质高洁，并蒂莲的纹饰是指在一支茎上长出两朵莲花，称为并蒂，比喻男女好合，有情爱之意。唐代徐彦伯《采莲曲》中：既觅同心侣，复采同心莲。并蒂莲还有同心莲、合欢莲等叫法。荷花有的开得正旺，有的已经结了莲蓬。寓意花开富贵，多子多福。缠枝纹，又名“万寿藤”，明代称为“转枝”，是以一种藤蔓卷草经提炼概括变化而成的图案，取其“生生不息”之意，寓意吉庆、万代绵长。

167
128
344
128
35
134
628
20
50
40
101
141
45
25

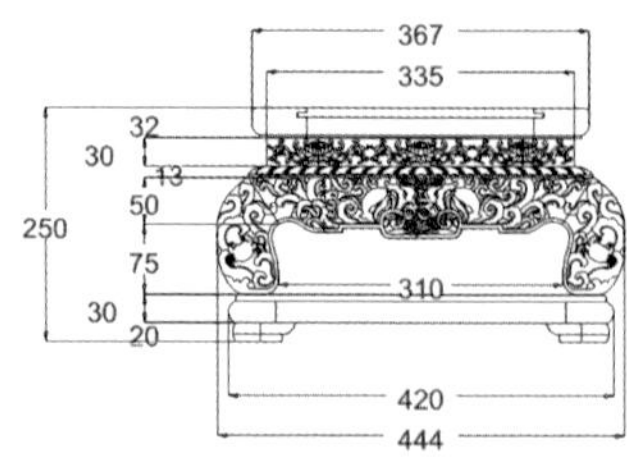
367
335
32
30
13
250
50
75
310
30
20
420
444

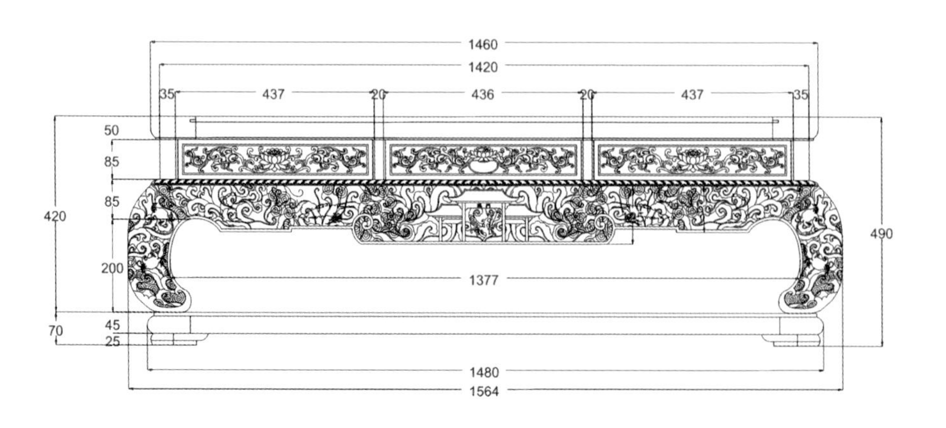
1460
1420
35
437
20
436
20
437
35
50
85
85
420
490
200
1377
70
45
25
1480
1564

荷花宝座沙发

——cad 图

4
35
128
344
128
167
36
394
1030
70

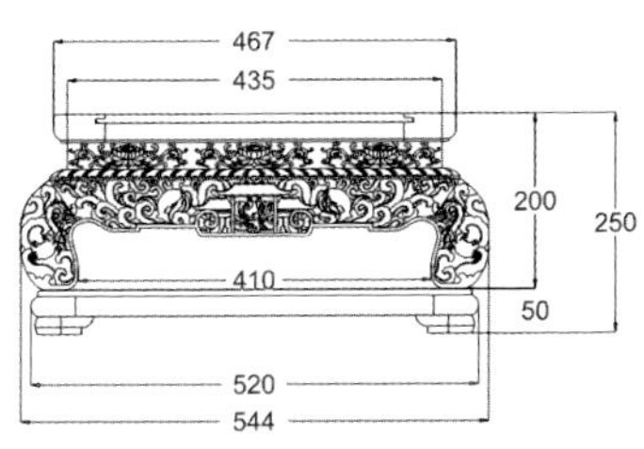
467
435
200
250
410
50
520
544

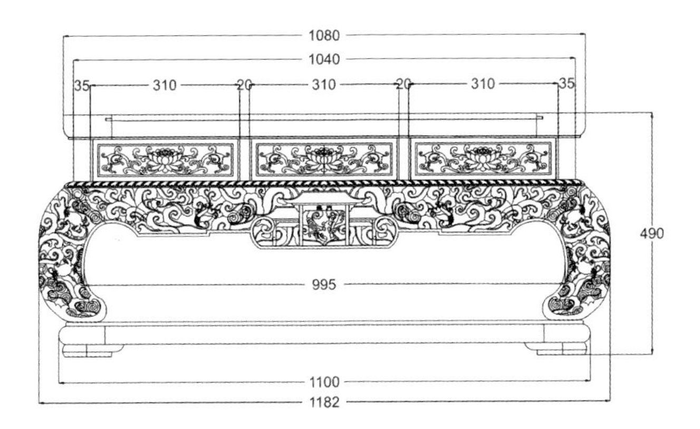
1080
1040
35
310
20
310
20
310
35
490
995
1100
1182

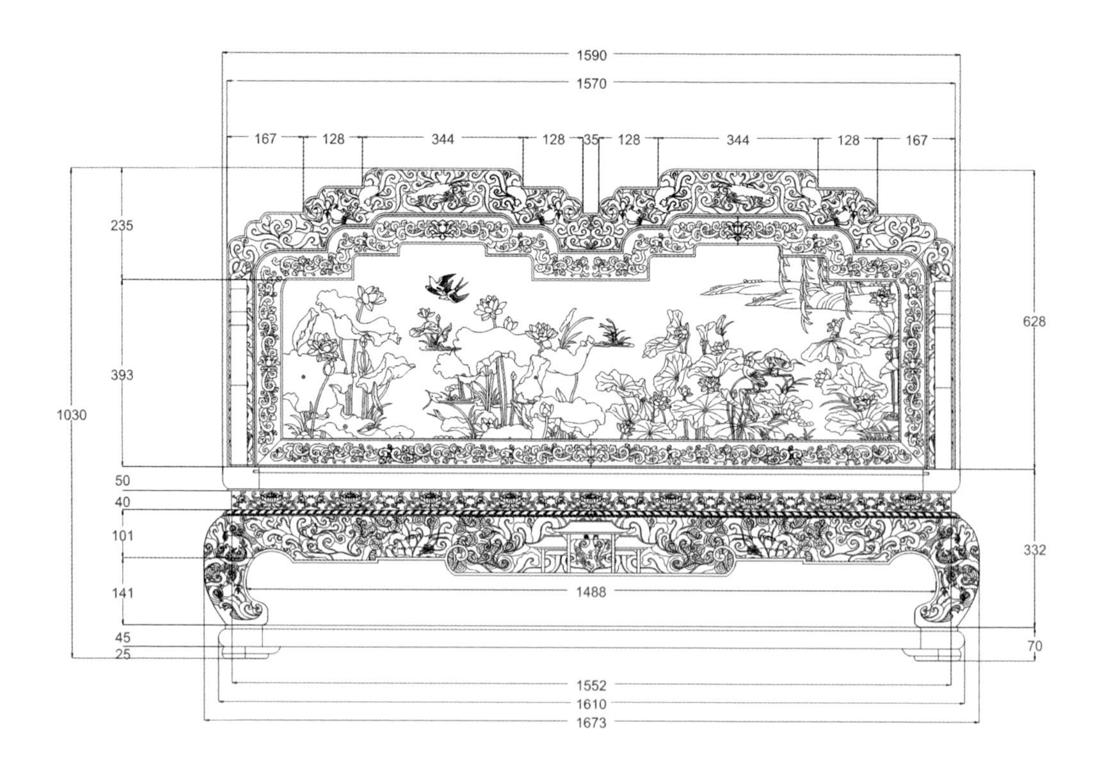
1590
1570
167
128
344
128
35
128
344
128
167
235
393
1030
628
50
40
101
141
45
25
332
70
1488
1552
1610
1673

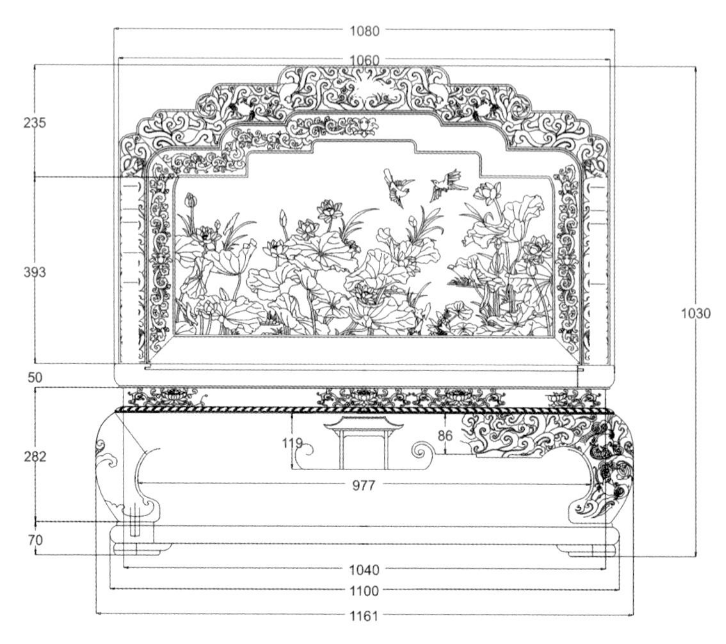
1080
1060
235
393
1030
50
282
119
86
977
70
1040
1100
1161

荷花宝座沙发

——cad 图

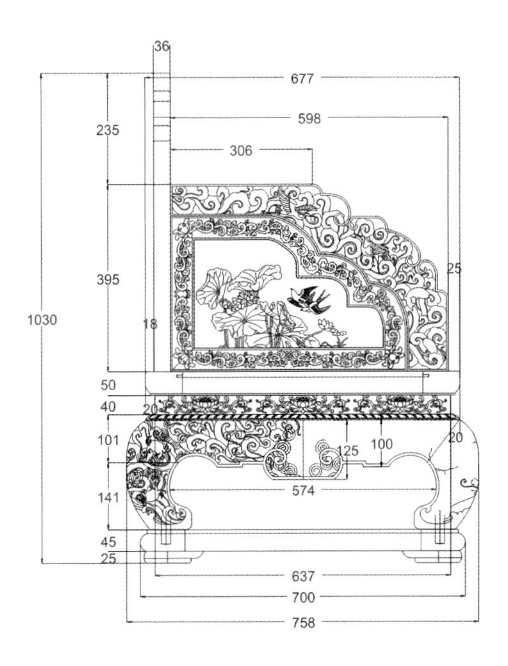
36
677
598
235
306
395
25
1030
18
50
40
20
101
125
100
20
574
141
45
25
637
700
758

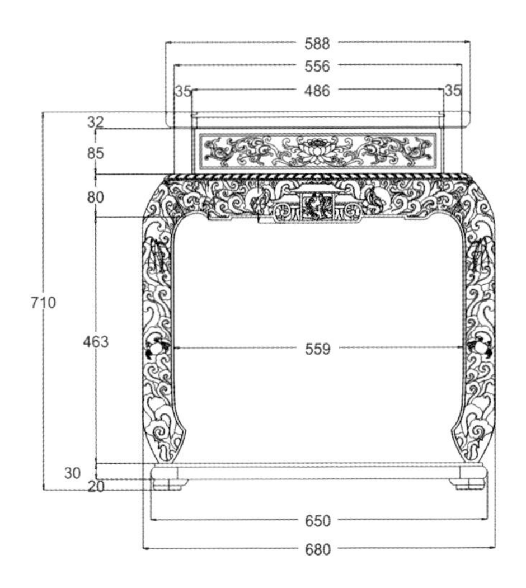
588
556
35
486
35
32
85
80
710
463
559
30
20
650
680

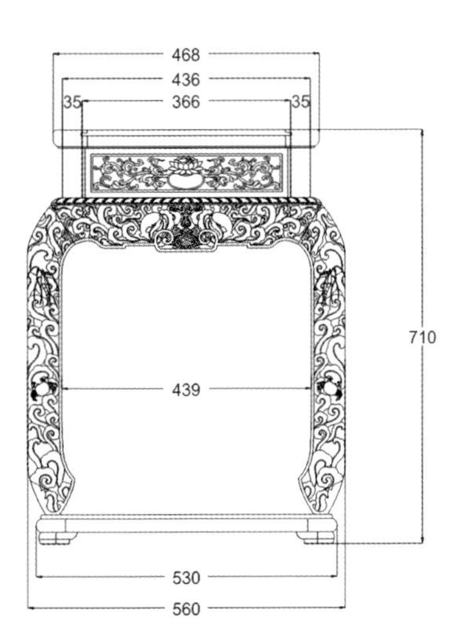
468
436
35
366
35
710
439
530
560

※ 荷花宝座沙发雕刻图

荷花图

缠枝莲纹

荷花图

荷花图

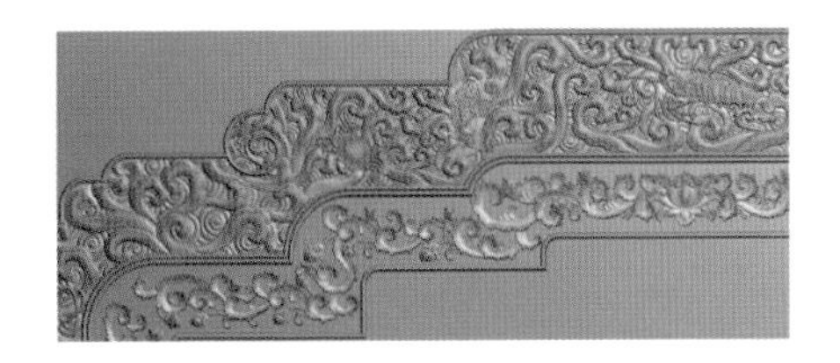

缠枝莲纹

※ 荷花宝座沙发雕刻图

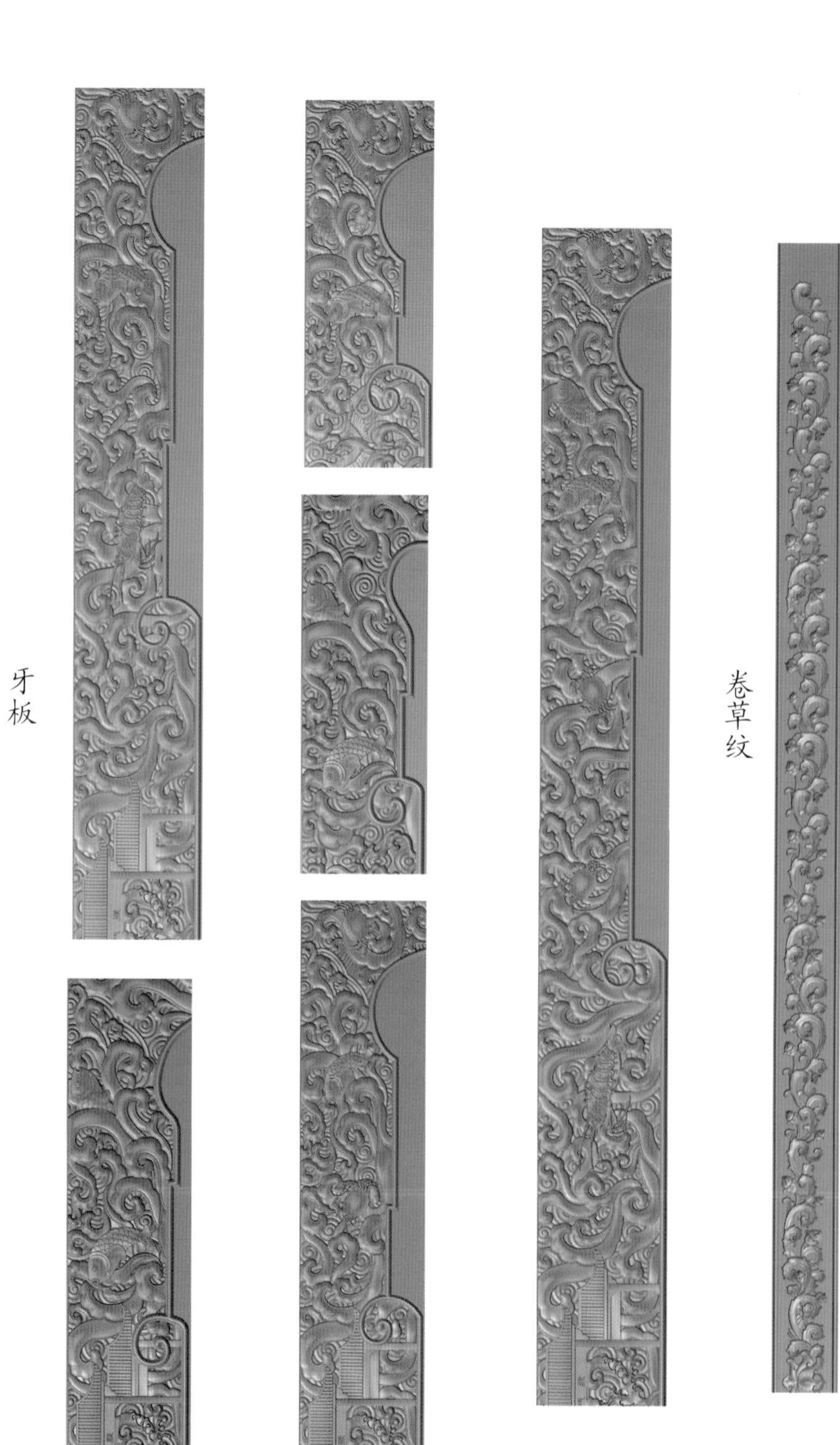

莲

腿面雕刻

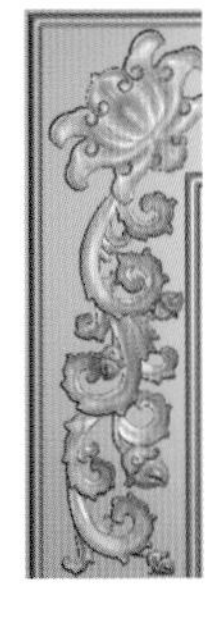

腿面雕刻

※ 盛世宝鼎沙发

◆图纹寓意：

鹤是中国珍稀禽类，它的叫声高亢响亮。《诗经》有云：“鹤鸣于九霄，声闻于天。”说它能飞得很高，在天上鸣叫。鹤被道家看成神鸟，在鹤前加仙，又称仙鹤。鹤的寿命一般在五六十年，是长寿的禽类。道教故事中就有修炼之人羽化后登仙化鹤的典故。沙卷草纹最早出现在汉代，风格简练朴实，节奏感强。到了唐代，卷草纹开始变得繁复华丽，富有动感。明清两代的唐草纹风格趋向繁缛、纤弱，柔和的卷草纹常常出现在家具雕刻上。沙发上雕有这样的纹样，不仅寓意美好，更为房间增色不少。

◆款式点评：

此沙发搭脑呈罗锅状，两侧雕有仙桃纹样。立柱顶端呈球状，两旁雕有瑞兽。扶手向外弯曲，与背板相连。背板分三屏，装饰有回纹，左右两侧背板雕有仙鹤纹样。背板中心以回纹勾勒如意云头形状，中间雕有博古图样。下方装饰有卷草纹样。面板下束腰，束腰下接牙板和沙发腿。腿部和牙板相连，雕有回纹装饰，牙板处镶绦环板。

◆文化点评：

中式沙发将古朴的造型和人体工程学巧妙结合，一古一今相得益彰。人体工程学的宗旨是必须以达到舒适、安全和高效为目的进行设计。充分考虑人体尺度和使用者的姿势等要素，使人在沙发上的状态最佳。沙发在功能设计上趋向于追求可调性、可变性和可组合性，如适合几种坐姿、增设一些附属设施，扩大使用范围等。

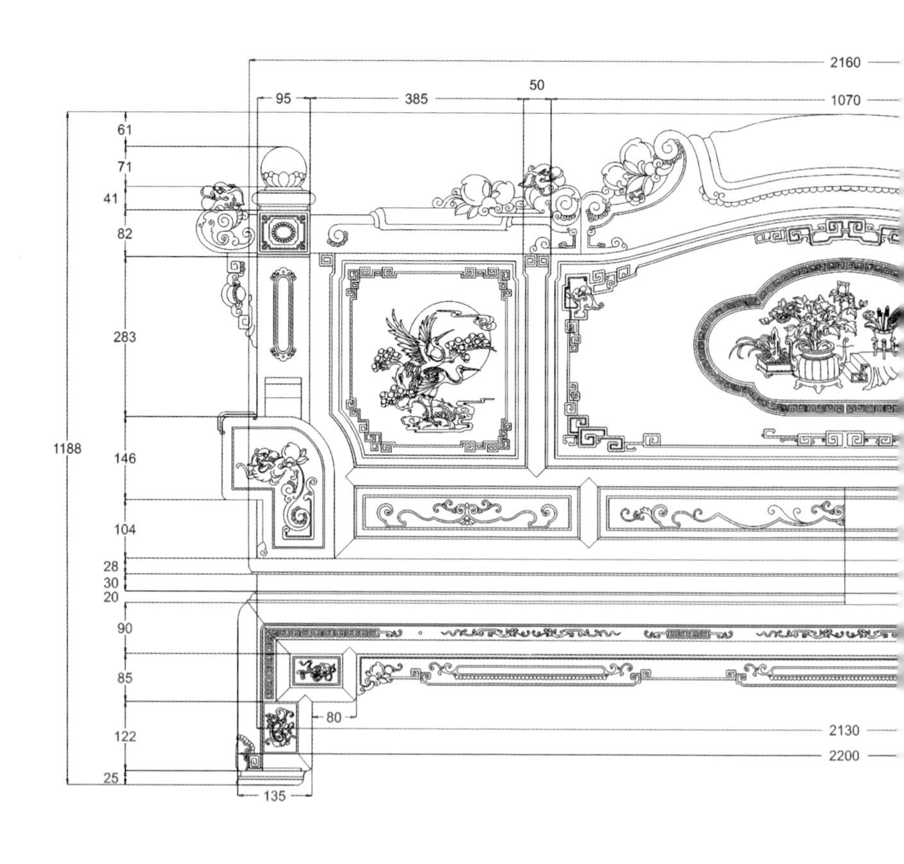

2160
95
385
50
1070
61
71
41
82
283
1188
146
104
28
30
20
90
85
80
122
2130
2200
25
135

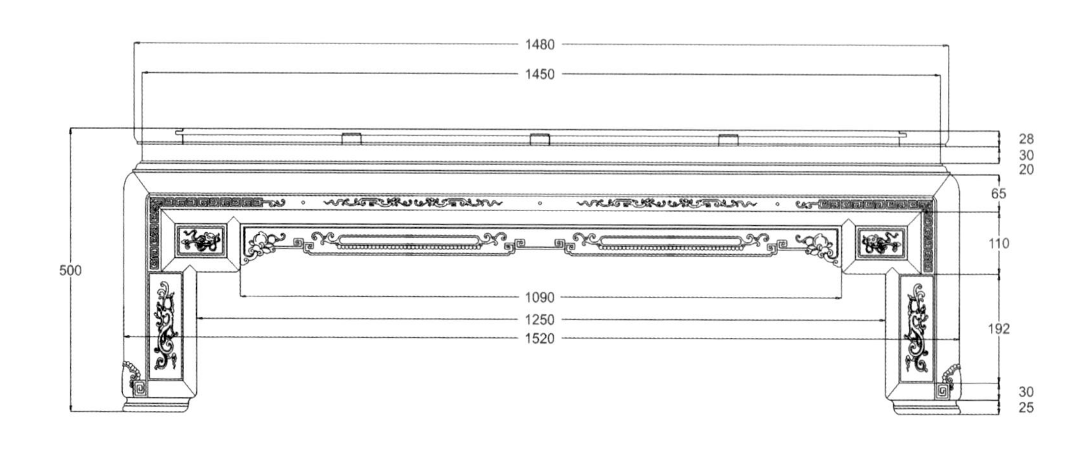

1480
1450
28
30
20
65
110
500
1090
1250
1520
192
30
25

盛世宝鼎沙发

——cad 图

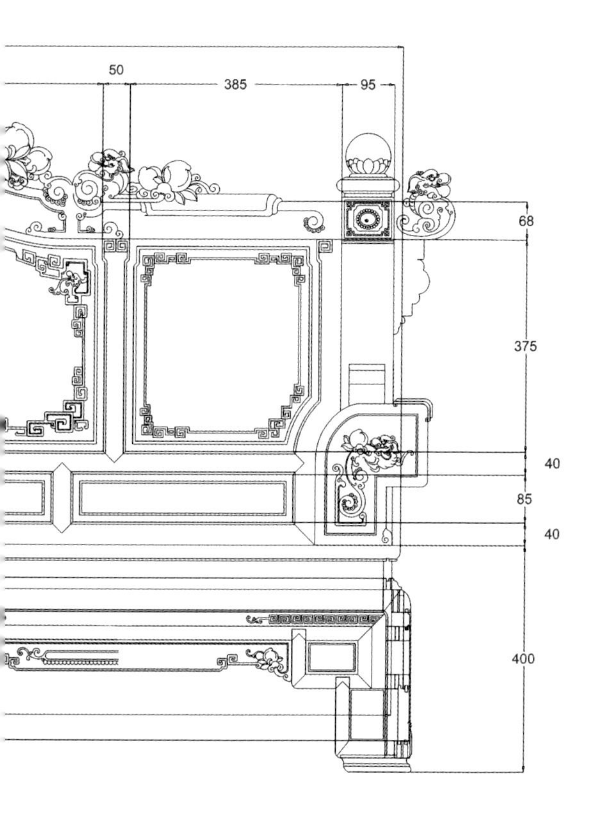

50
385
95
68
375
40
85
40
400

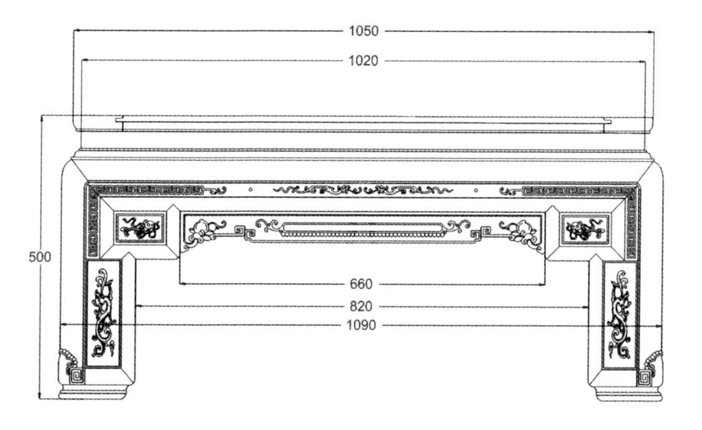

1050
1020
500
660
820
1090

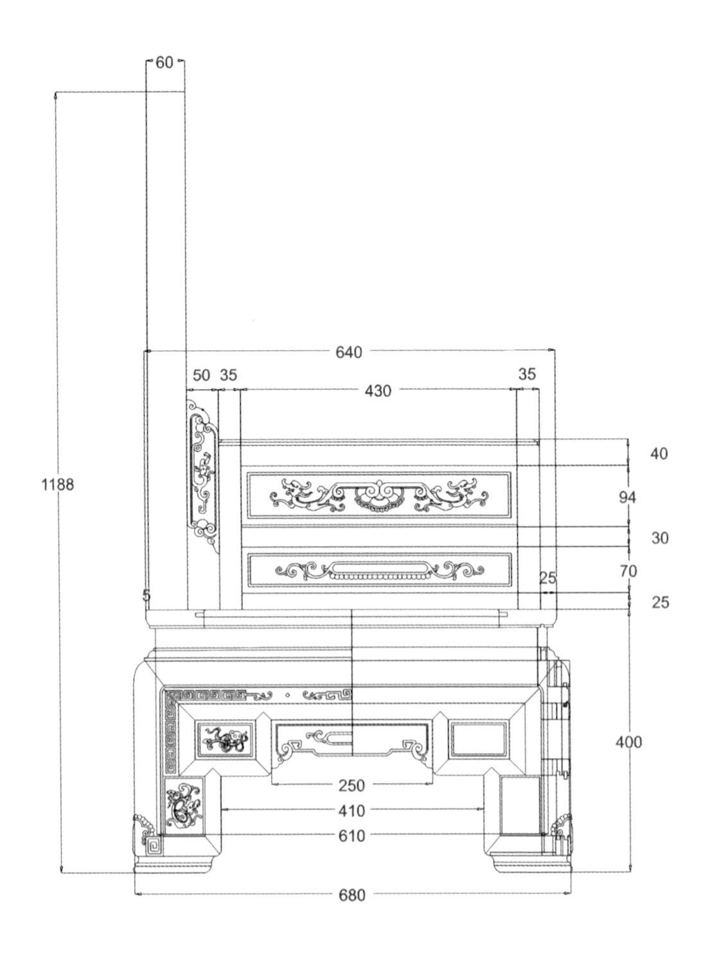
60
640
50
35
430
35
1188
40
94
30
70
25
25
5
400
250
410
610
680

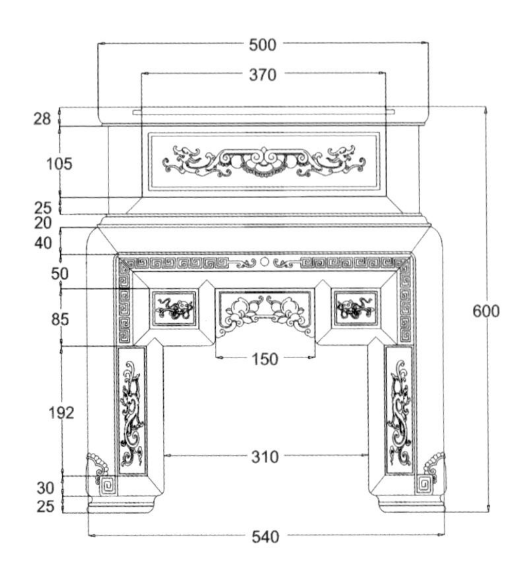
500
370
28
105
25
20
40
50
85
150
192
310
30
25
600
540

盛世宝鼎沙发

——cad 图

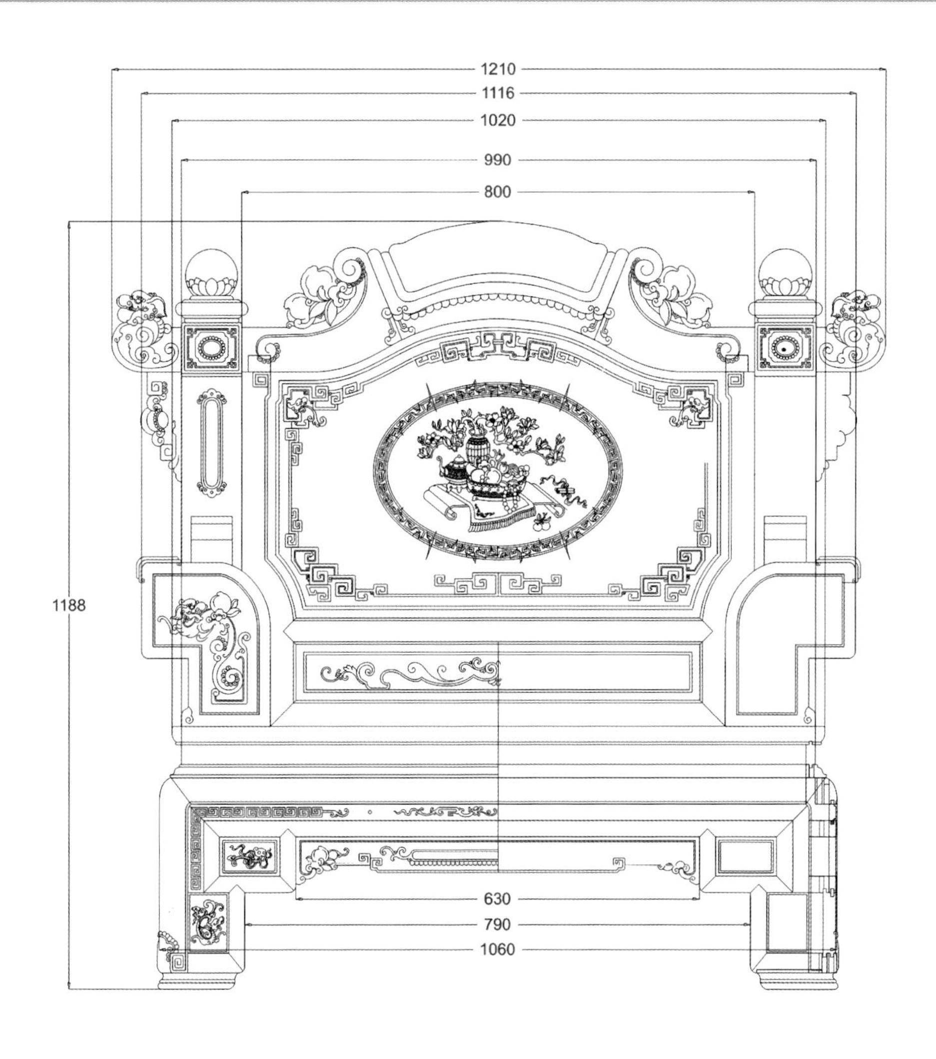
1210
1116
1020
990
800
1188
630
790
1060

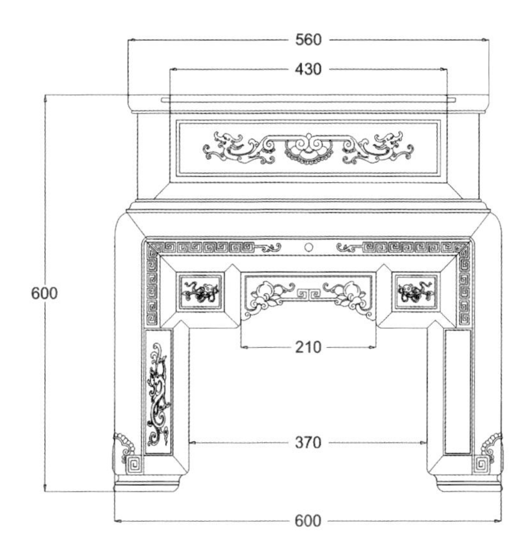
560
430
600
210
370
600

※ 盛世宝鼎沙发雕刻图

背板雕刻

回纹

仙桃

龙

仙鹤

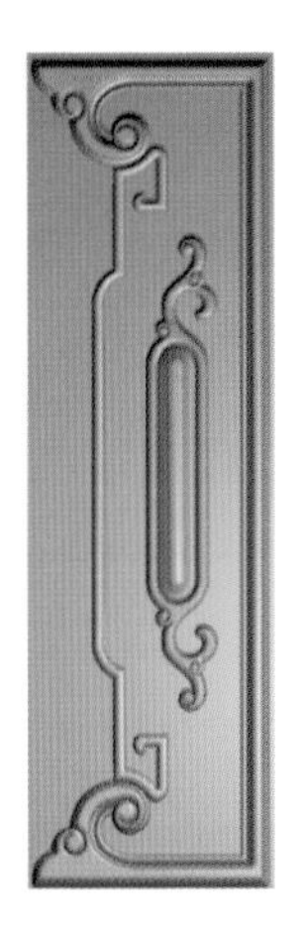

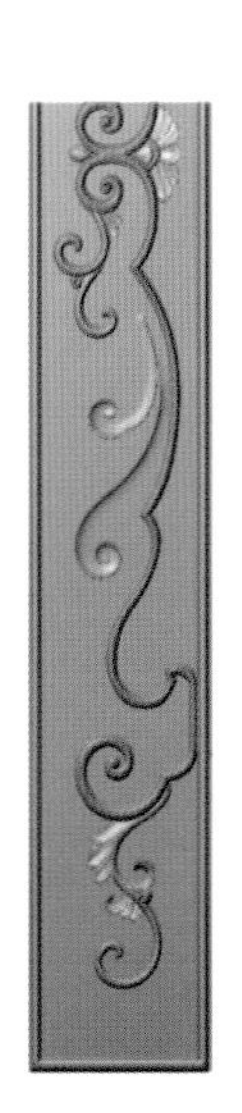
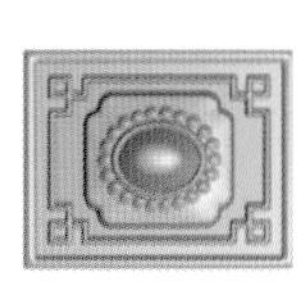
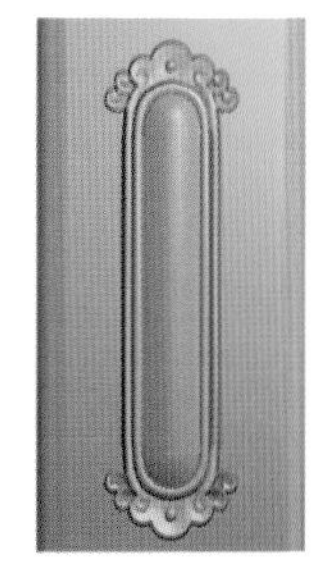

※ 金龙沙发

◆图纹寓意：

龙是中华文化里的主要图腾、主要象征，汉族等大多数华人自称龙的传人。在封建时代，龙是中国帝王的象征。龙在中国传统的十二生肖中排第五，与白虎、朱雀、玄武并称为四神兽。在中华古代神话传说中，龙是神异动物，是行云布雨的天使，传说里龙能大能小，能升能隐，大则兴云吐雾，小则隐介藏形，升则飞腾于宇宙之间，隐则潜伏于波涛之内。中国的龙以东方神秘主义的特有形式，通过复杂多变的艺术造型，蕴涵着中国人、中国文化中特有的龙的观念。从中国龙的形象中蕴涵着中国人所重视的天人合一的宇宙观；是仁者爱人互主体观的诉求；阴阳交合的发展观；兼容并包的多元文化观。

◆款式点评：

沙发搭脑成卷书状，搭脑两侧雕有龙纹。背板分三屏，每屏的四角都装饰以回纹。三屏皆雕有龙纹图案。下方是卷草纹镂空。扶手弧度自然，中间镂空雕饰龙纹。面板下束腰，彭牙处雕有龙形花纹，腿部笔直，下接内翻马蹄足。整器高贵典雅，线条舒展流畅，造型优美。

◆文化点评：

新中式设计中的沙发不像一般的布艺、皮质沙发，它是运用现代技术、材料、设备和工艺制造出的，既带有浓郁的中国传统文化又富有现代沙发的气息，两种风格完美结合，民族性和时代性兼备。新中式沙发无疑是新中式装修最好的搭配，不但省去了您挑选沙发的时间而且又很贴切的诠释了新中式设计的理念，是您客厅装修必不可少的关键物品。

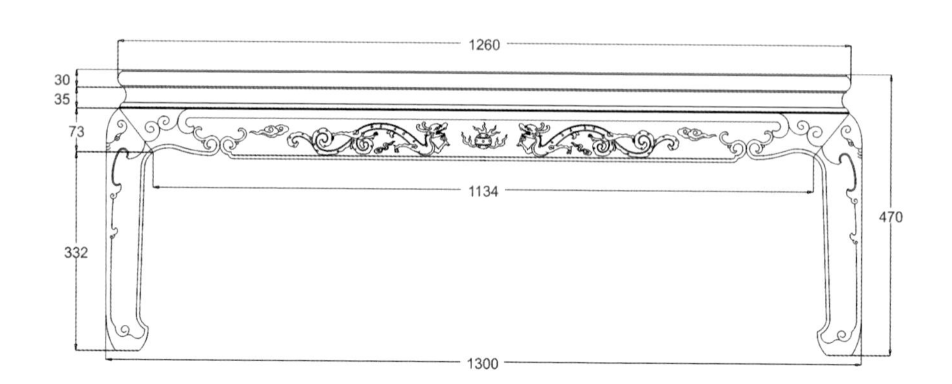

金龙沙发

——cad 图

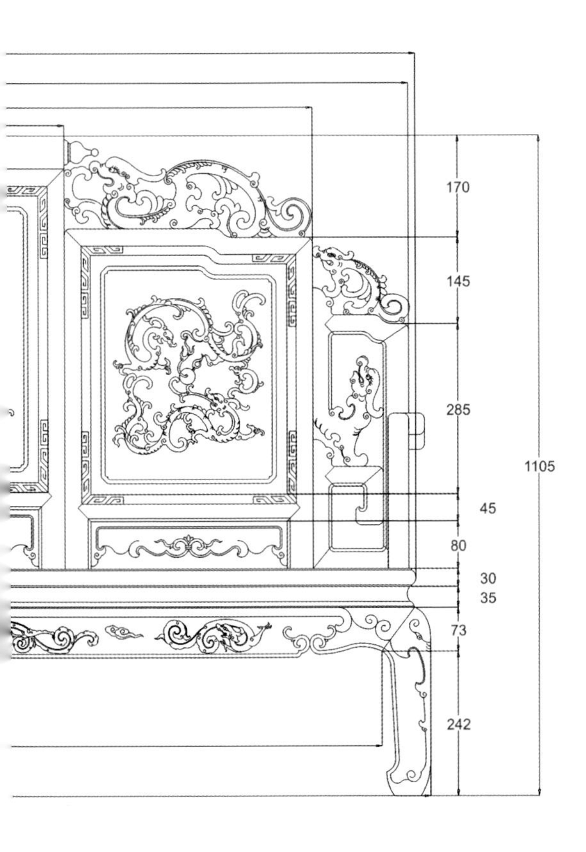
170
145
285
1105
45
80
30
35
73
242

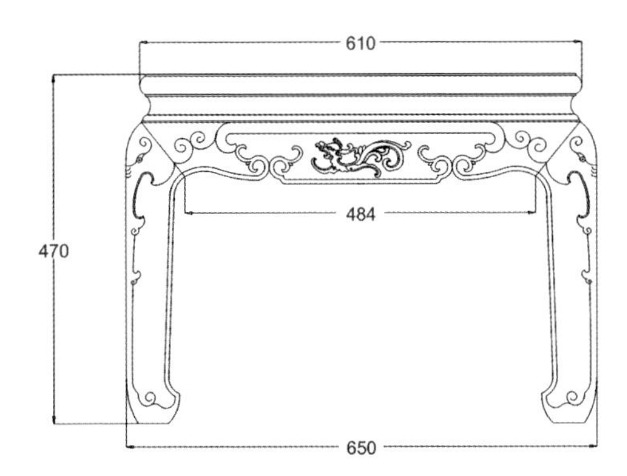
610
484
470
650

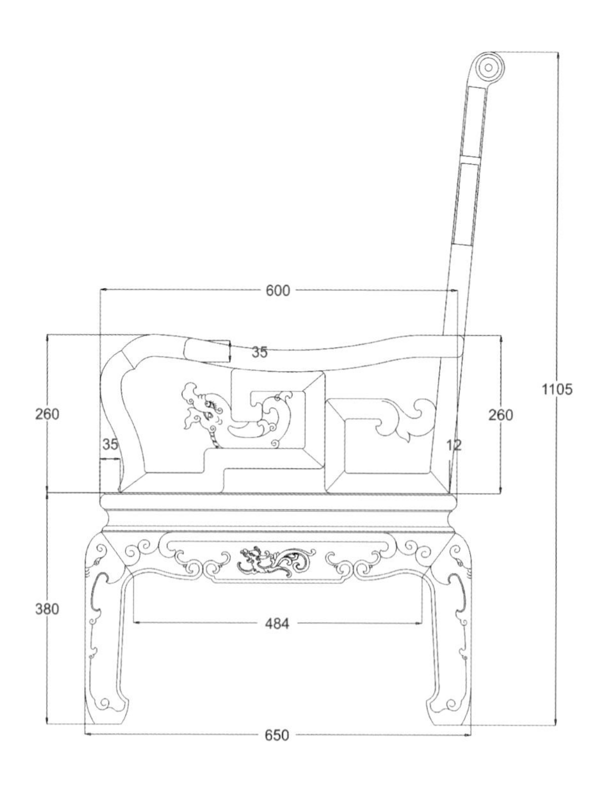

600
35
260
260
1105
35
12
380
484
650

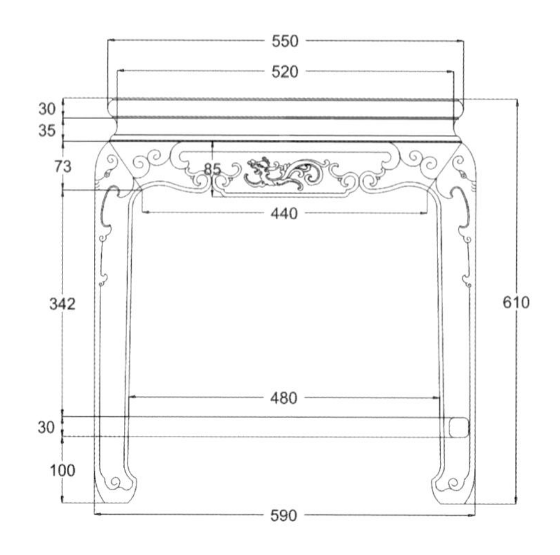

550
520
30
35
73
85
440
342
610
480
30
100
590

金龙沙发

——cad 图

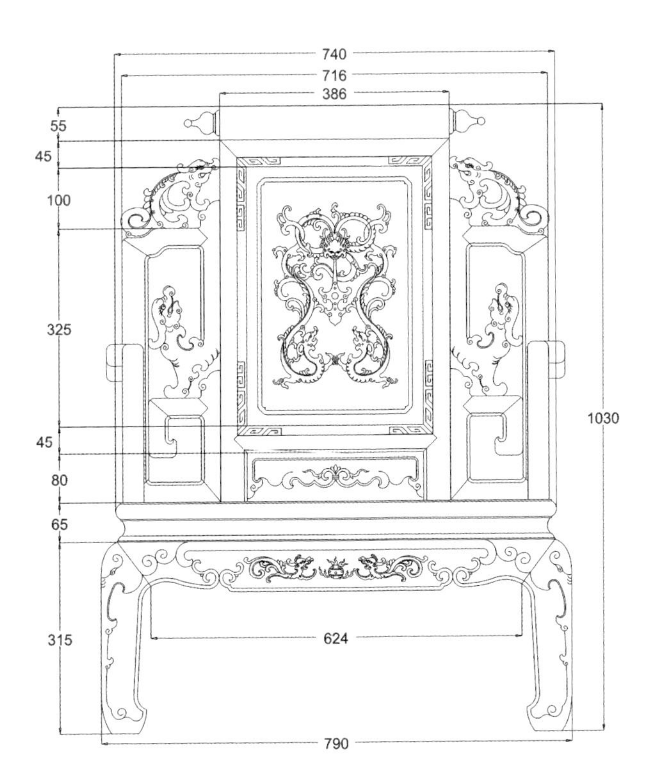
740
716
386
55
45
100
325
1030
45
80
65
315
624
790

※ 金龙沙发雕刻图

龙纹

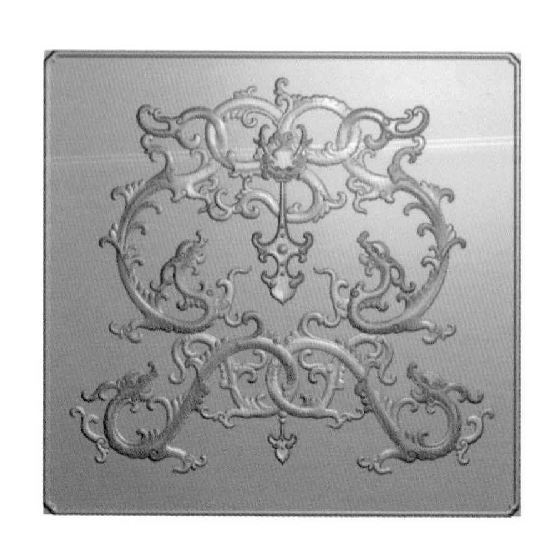

牙板

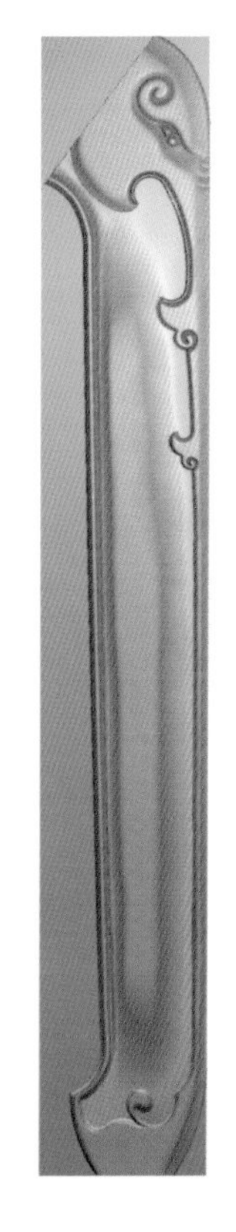

腿面

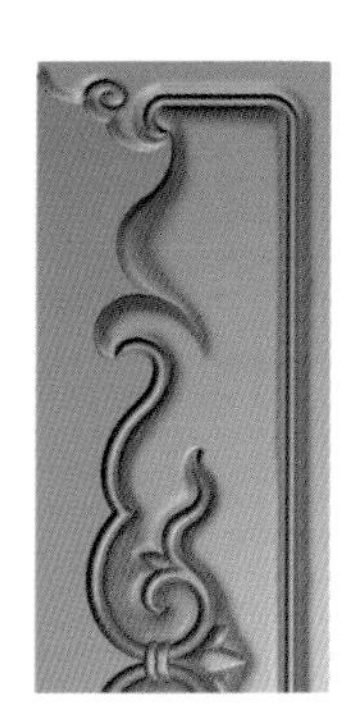

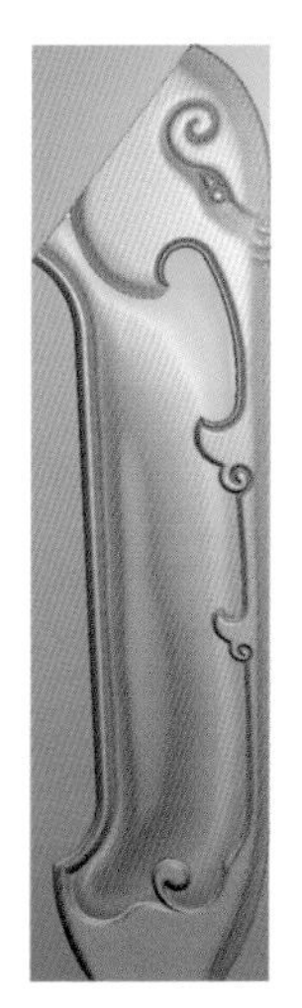

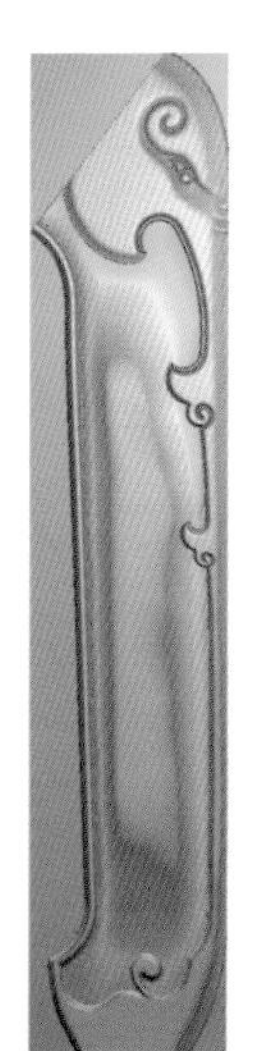

※ 幸福之家沙发

◆文化点评：

沙发传统造型形态与装饰图案的形成和产生受到了文学、艺术、宗教等多方面影响，蕴含其背后的是经过历史积淀的中国传统文化。一般运用抽象简约、打散重构、移植拼贴的手法使其产生新的艺术形象和典型性符号。其形式具有现代特质，但文化内涵却是中国化的。

◆款式点评：

此沙发搭脑成卷书状，雕有狮子、铜钱等纹样。搭脑与背板之间装有回纹角花。背板中间雕刻有风景图案，雕工精细，造型优美。背板两侧风别雕有“幸福之家”、“和谐美满”的字样。沙发面板下束腰，牙板和腿相连，雕有回纹和卷草纹样，内翻马蹄足。整器端正优美，厚重大方。

◆图纹寓意：

狮子以瑞兽的形象进入中国人的文化视野之后，便被视为祥瑞纹样，吉祥的寓意令人神往。古汉语中“狮”、“师”同音通假，旧时常借狮喻师，以示吉祥。因此人们常以狮子图案来祝愿官运亨通、飞黄腾达、万事如意。此外狮子纹样在佛教中具有辟邪消灾的功能，因此也有镇宅、辟邪、吉利的寓意。回纹是由古代陶器和青铜器上的雷纹衍化来的几何纹，它的造型很像汉字中的“回”。这种纹样被赋予了“富贵不断头”的吉祥寓意。

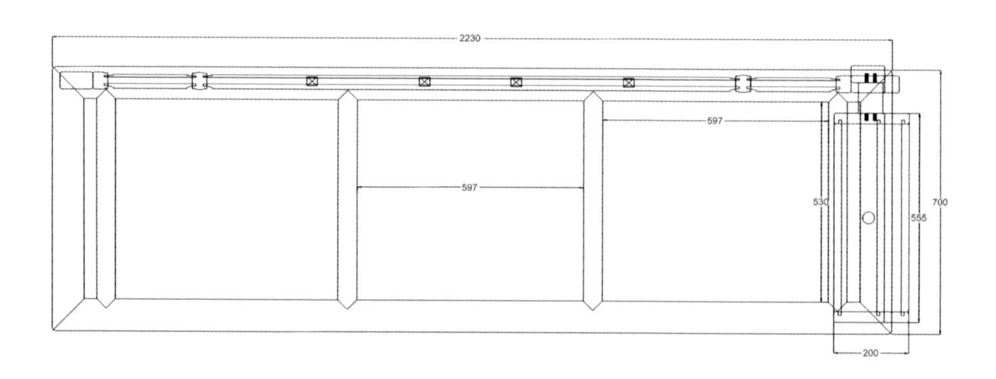
2230
597
597
530
555
700
200

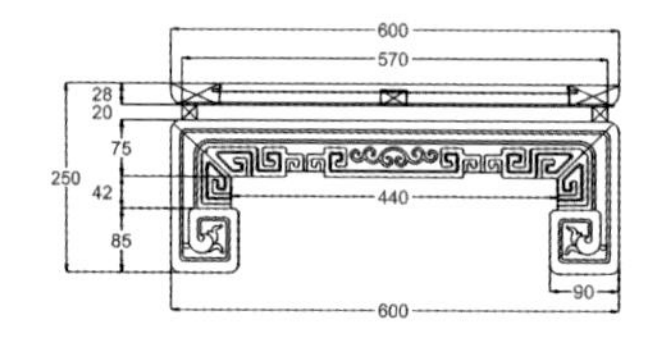
600
570
28
20
75
250
42
440
85
90
600

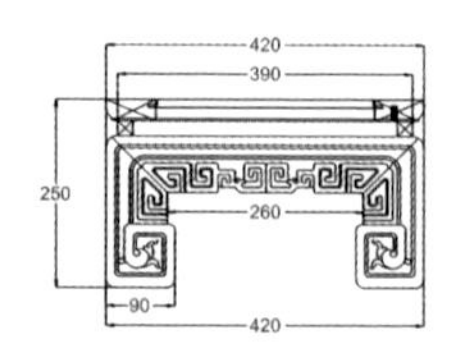
420
390
250
260
90
420

幸福之家沙发

——cad 图

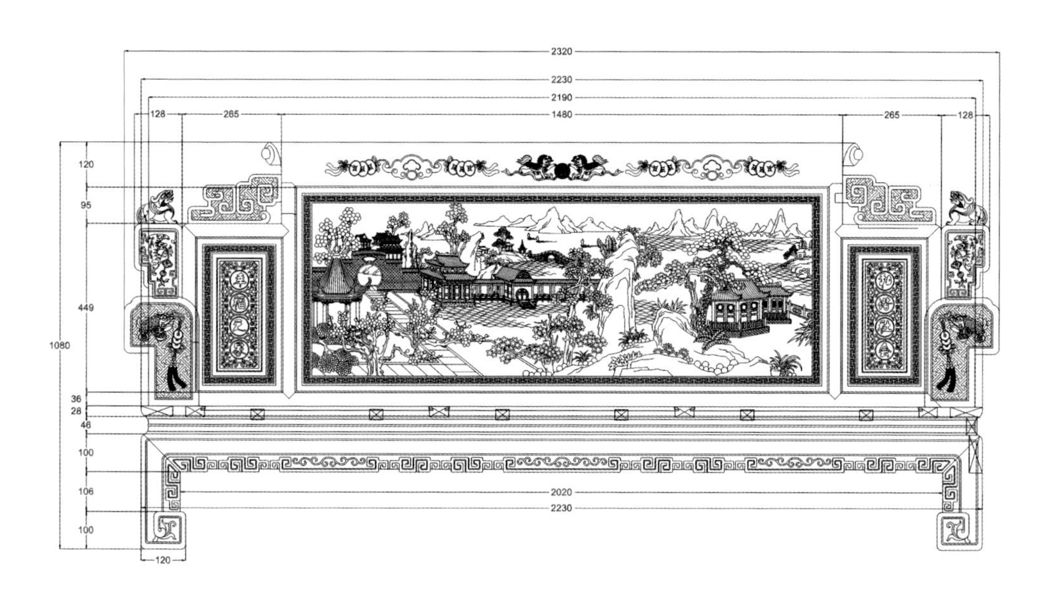
2320
2230
2190
128
265
1480
265
128
120
95
449
1080
36
28
48
100
106
100
2020
2230
120

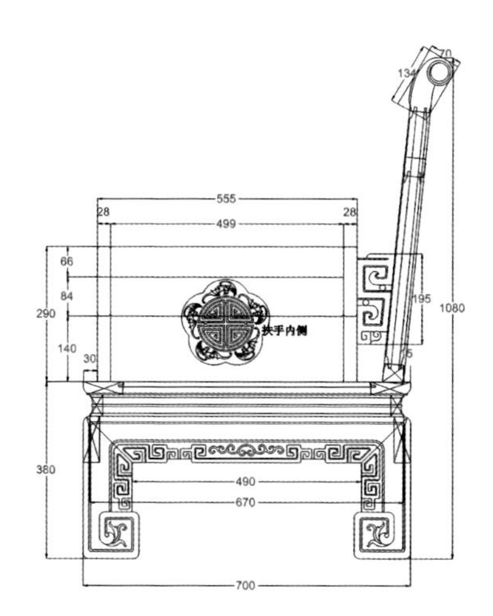
70
134
555
28
28
499
66
84
290
195
1080
扶手内侧
140
30
380
490
670
700

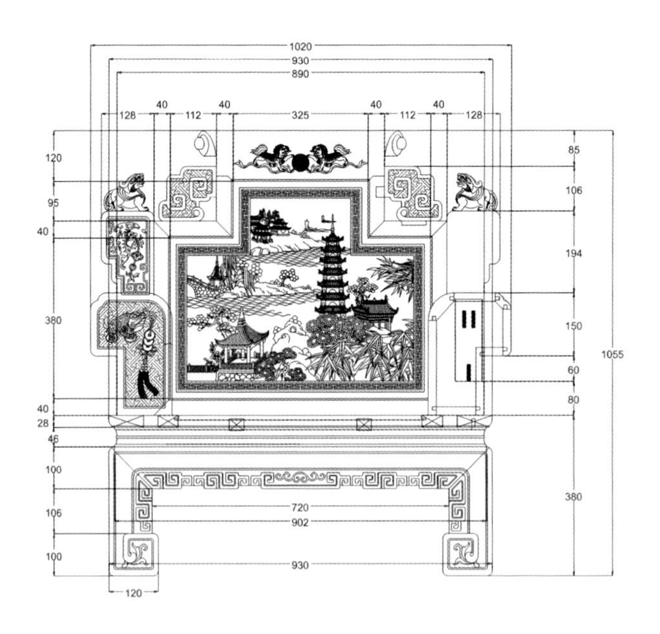
1020
930
890
128
40
112
40
325
40
112
40
128
120
95
40
380
40
28
46
100
106
100
85
106
194
150
60
80
380
1055
720
902
930
120

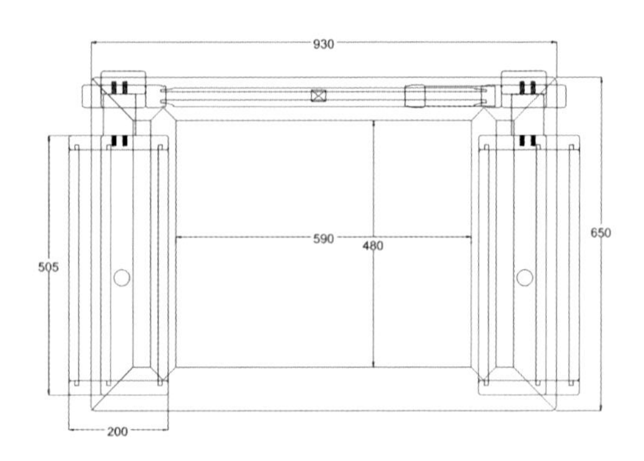
930
505
590
480
650
200

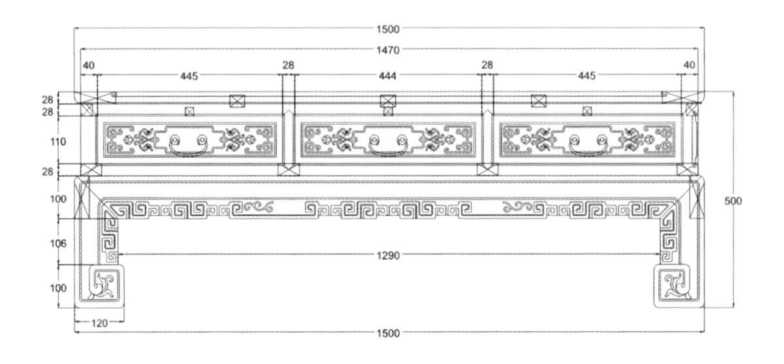
1500
1470
40
445
28
444
28
445
40
28
28
110
28
100
106
100
500
1290
120
1500

幸福之家沙发

——cad 图

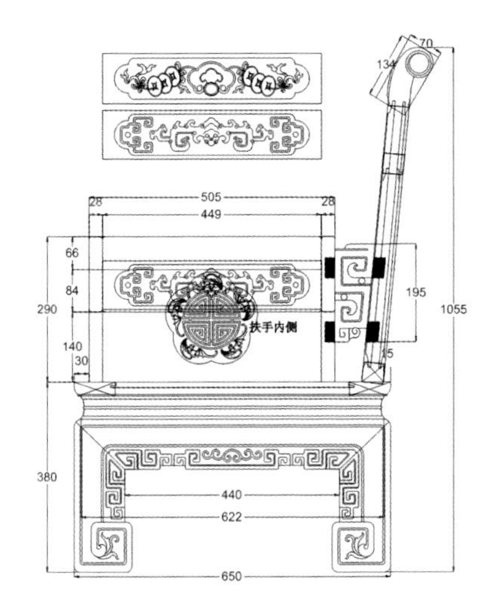
70
134
505
28
28
449
66
84
290
140
30
扶手内侧
195
15
1055
380
440
622
650

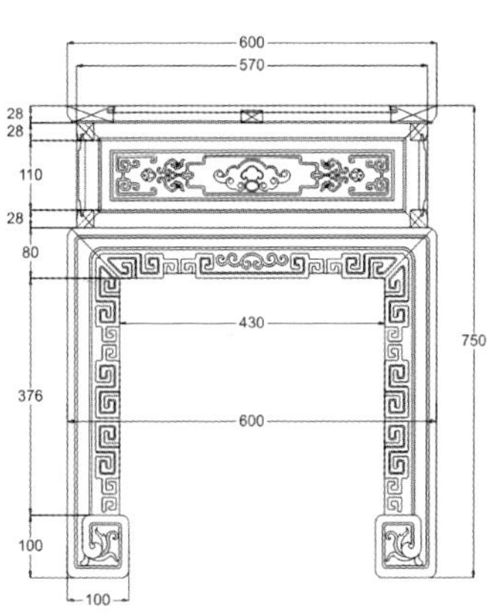
600
570
28
28
110
28
80
430
750
376
600
100
100

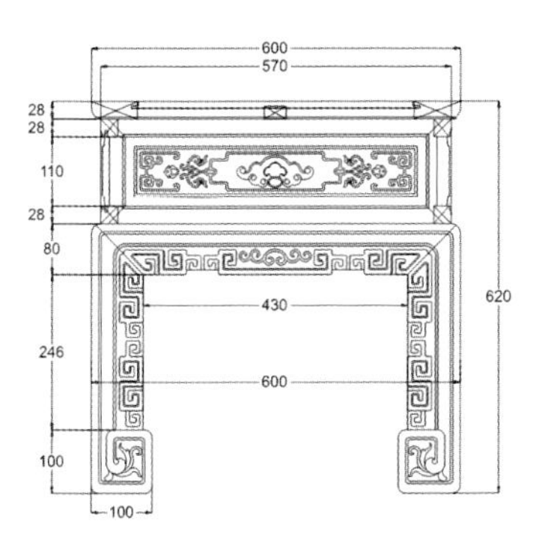
600
570
28
28
110
28
80
430
620
246
600
100
100

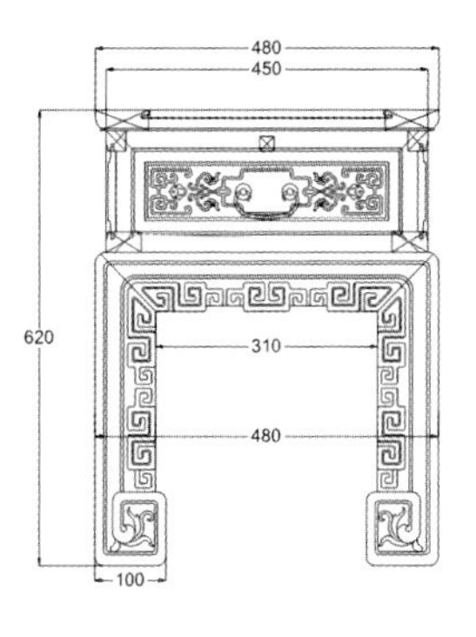
480
450
620
310
480
100

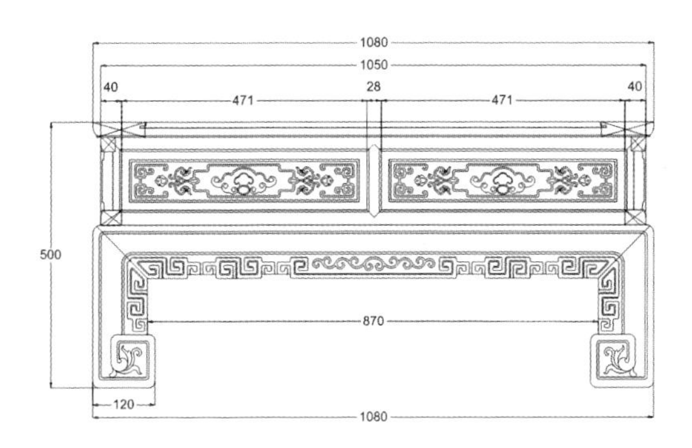
1080
1050
40
471
28
471
40
500
870
120
1080

※ 幸福之家沙发雕刻图

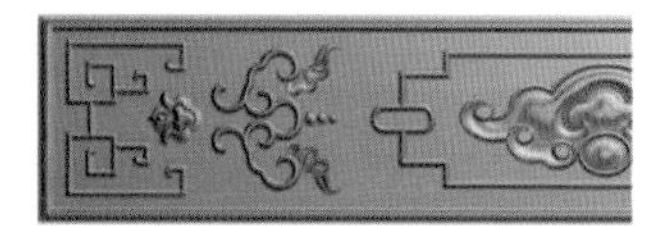

屉面

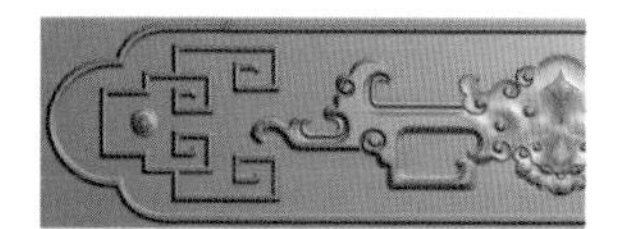

团寿纹

蝙蝠纹

背板雕刻

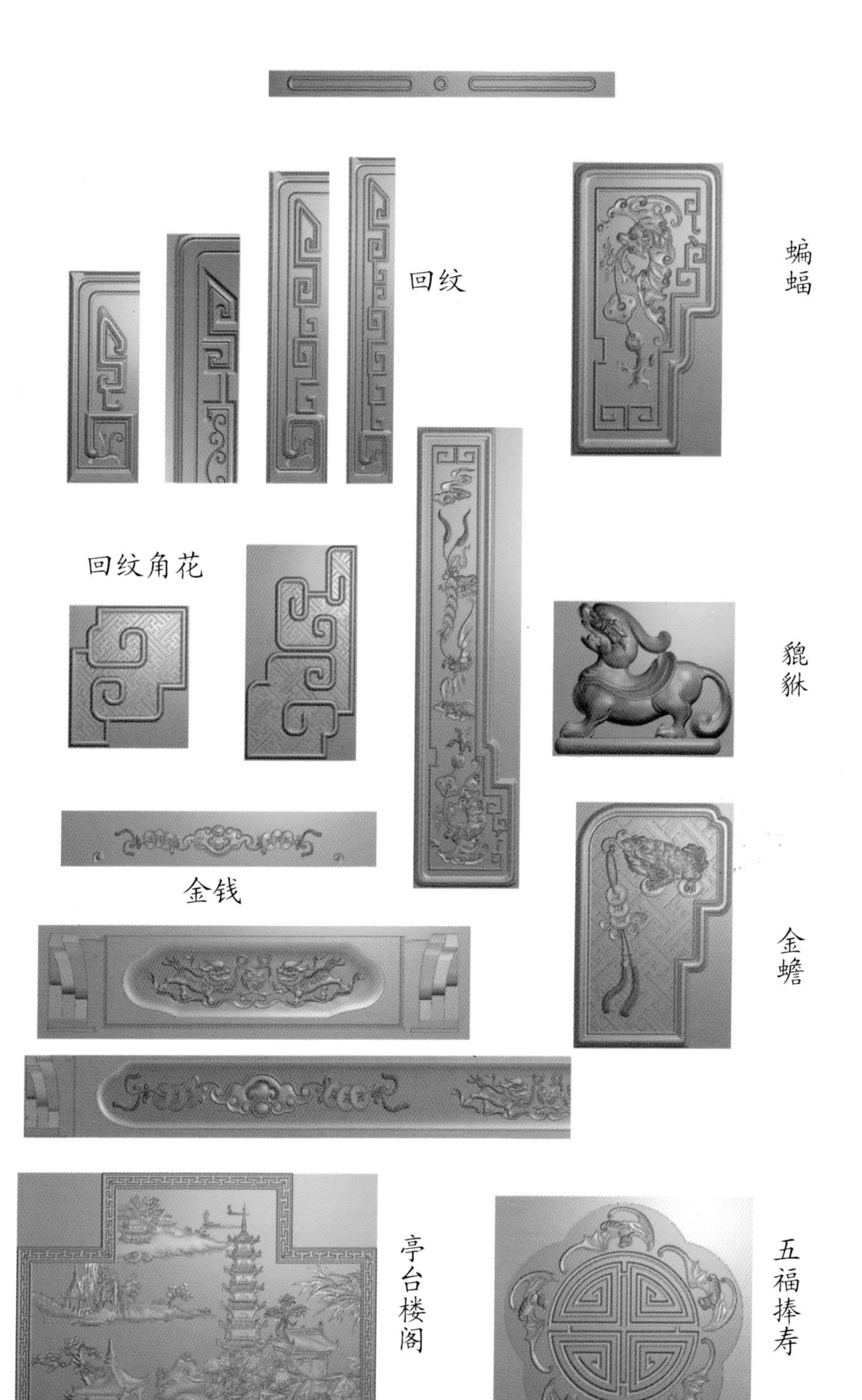

回纹
蝙蝠
回纹角花
貔貅
金钱
金蟾
亭台楼阁
五福捧寿

※ 鸿运沙发

◆图纹寓意：

卷草纹开始变得繁复华丽，富有动感。明清两代的唐草纹风格趋向繁缛、纤弱，柔和的卷草纹常常出现在家具雕刻上。取其“生生不息”之意，寓意吉庆、万代绵长。蝙蝠纹是传统寓意纹样。在我国传统的装饰艺术中，蝙蝠的形象被当作幸福的象征，习俗运用“蝠”、“福”字的谐音，并将蝙蝠的飞临，结合成“进福”的寓意，希望幸福会像蝙蝠那样自天而降。沙发上雕有这样的纹样，不仅寓意美好，更为房间增色不少。

◆款式点评：

此沙发背板分三屏，搭脑处装饰有如意云头纹，每屏的背板处都雕有蝙蝠纹样。背板两侧有回纹镂空，中间装饰有卷草等纹样。扶手向外延伸，雕有博古底纹。沙发面下束腰，卷草纹镂空牙板，内翻马蹄足。雕饰繁缛，造型简洁，大方实用。

◆文化点评：

新中式装修客厅的设计大部分都是运用的现代元素，沙发无疑也是最具有创新的一个部分，新中式沙发的设计在功能上不但不输与一般的沙发，而且功能很多，尤其是可调性、可变性、可组合性方面就很大范围的扩大了使用。

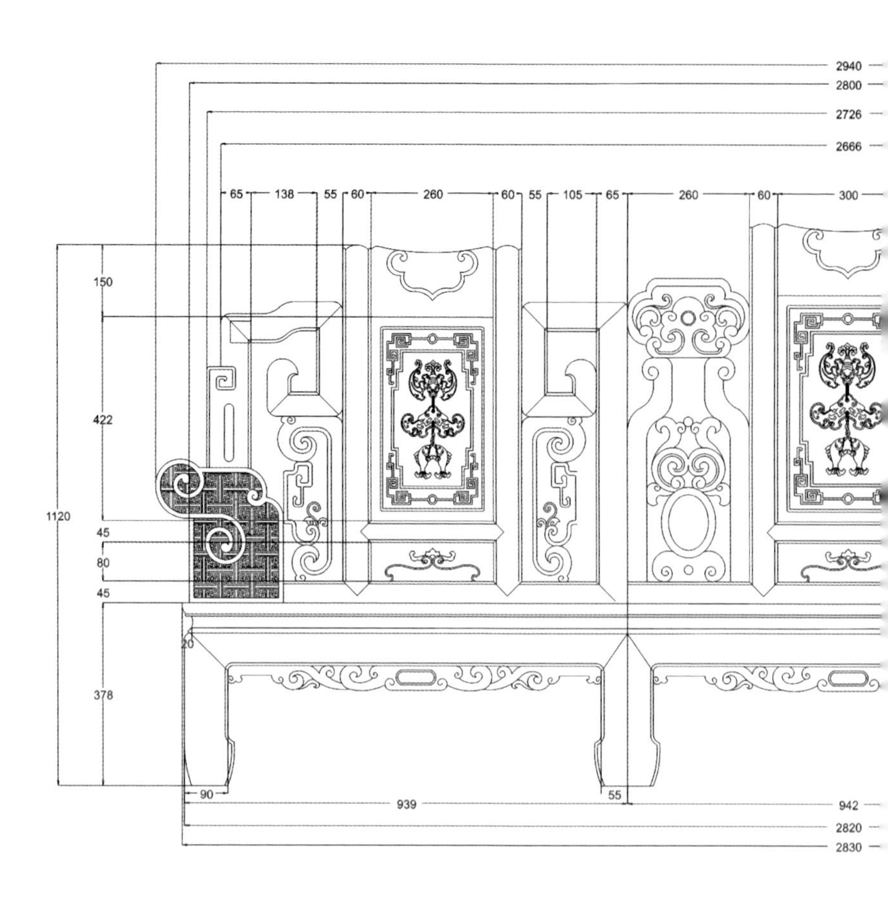
2940
2800
2726
2666
65
138
55
60
260
60
55
105
65
260
60
300
150
422
1120
45
80
45
20
378
90
939
55
942
2820
2830

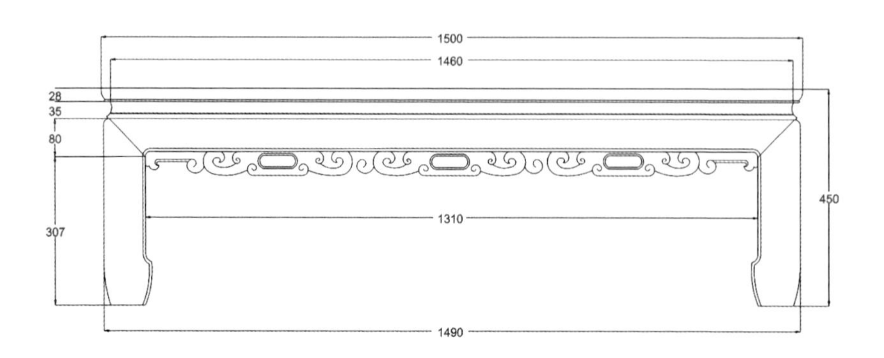
1500
1460
28
35
80
307
1310
450
1490

鸿运沙发

——cad 图

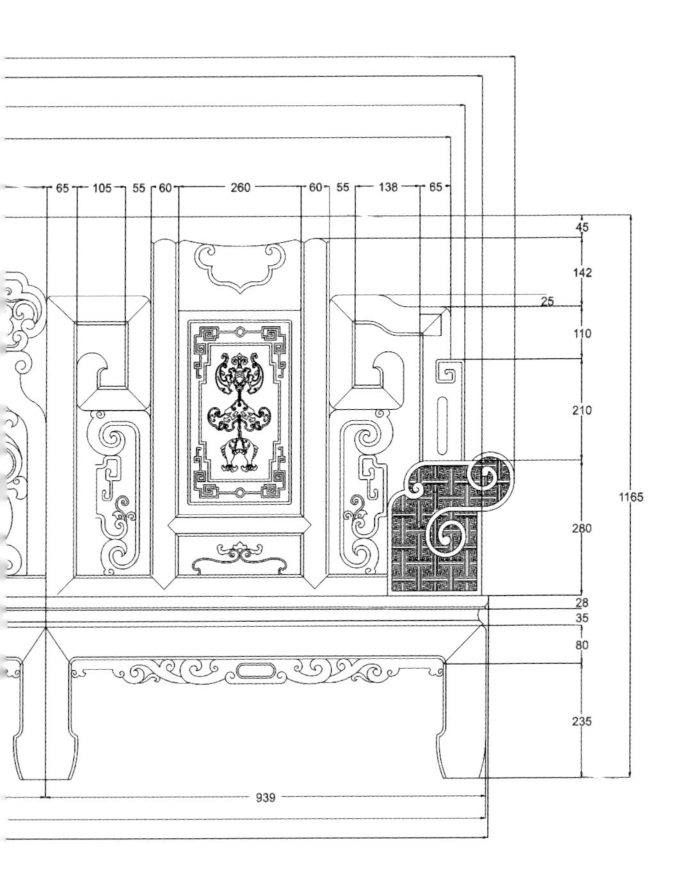
65
105
55
60
260
60
55
138
85
45
142
25
110
210
280
1165
28
35
80
235
939

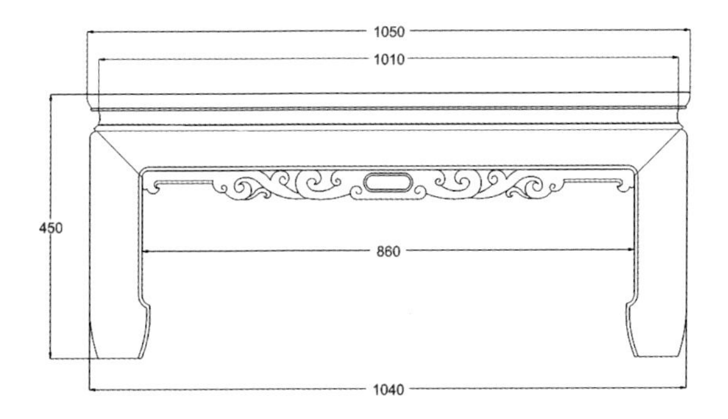
1050
1010
450
860
1040

1170
1030
956
65
138
55
60
260
60
55
138
65
1120
20
870
1050
1060

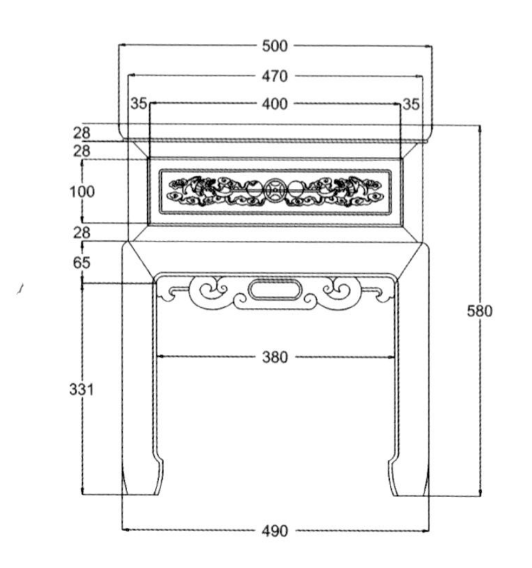
500
470
35
400
35
28
28
100
28
65
580
380
331
490

鸿运沙发

——cad 图

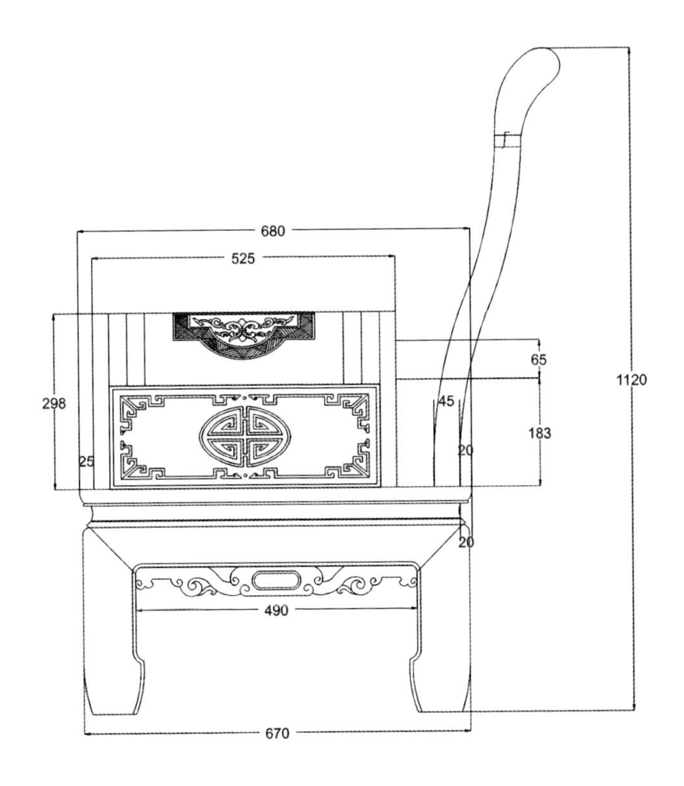
680
525
65
1120
298
45
183
25
20
20
490
670

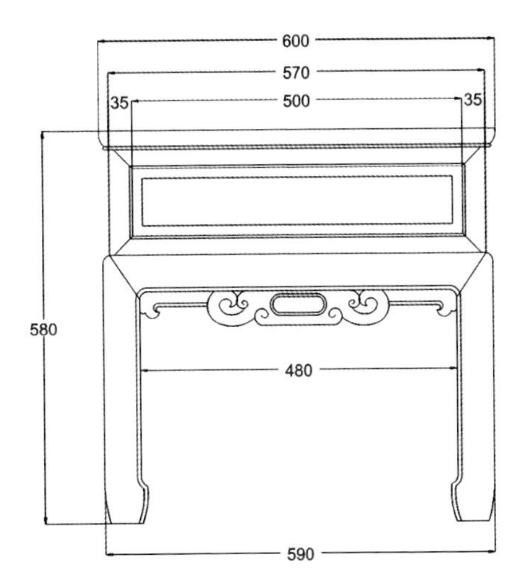
600
570
35
500
35
580
480
590

※ 鸿运沙发雕刻图

卷草纹

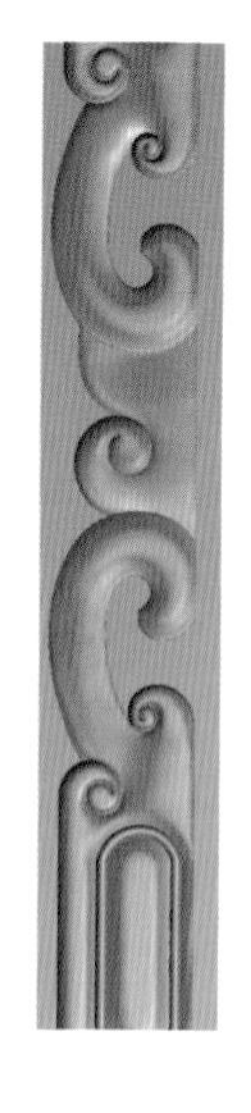

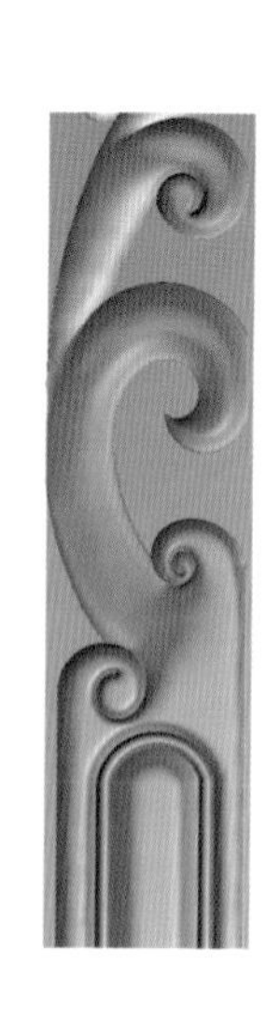

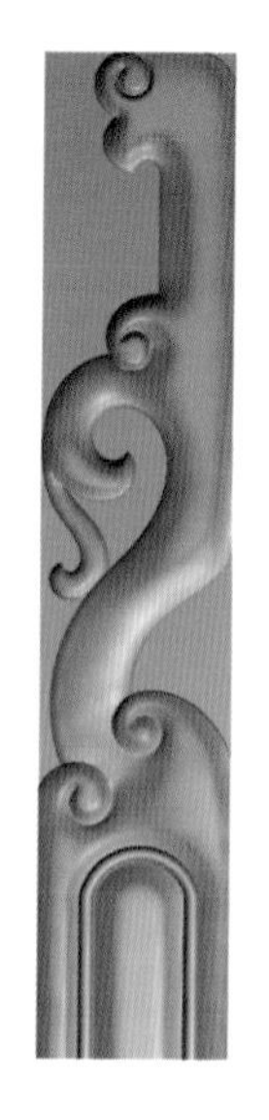

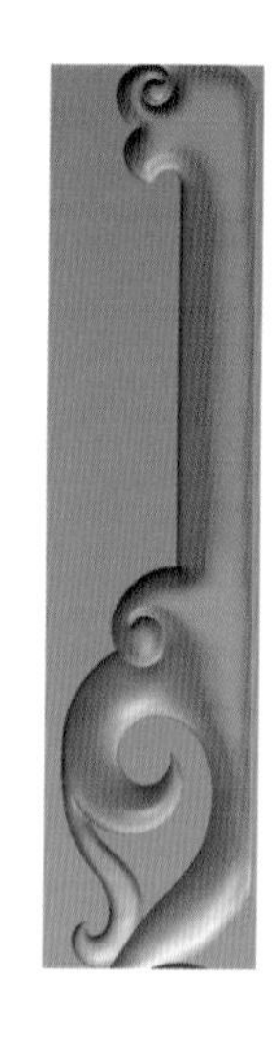

如意云头纹

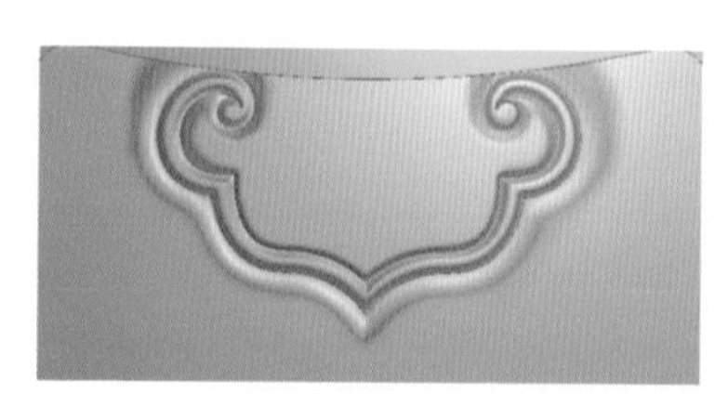

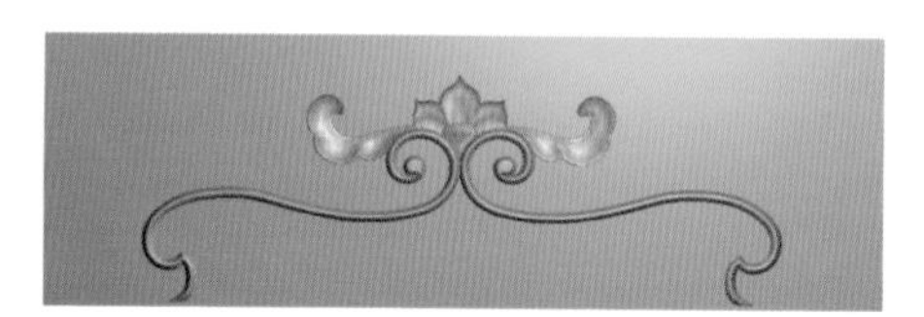

博古纹

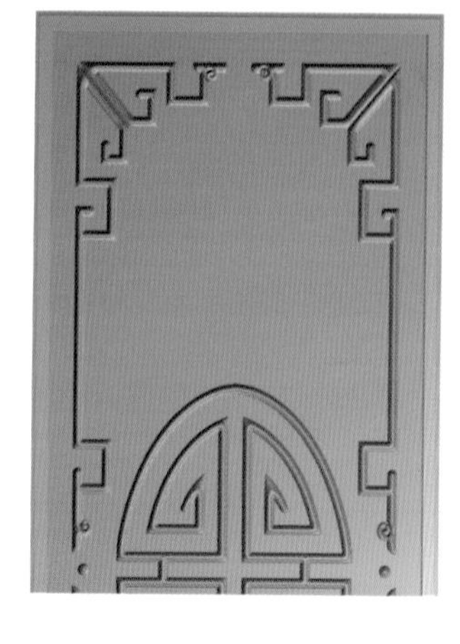

卷草纹

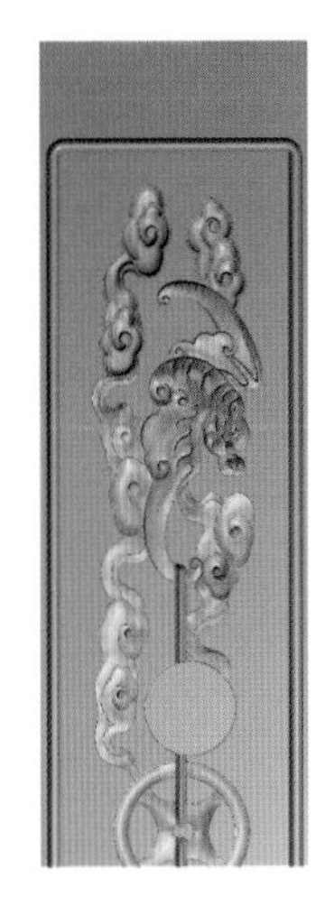

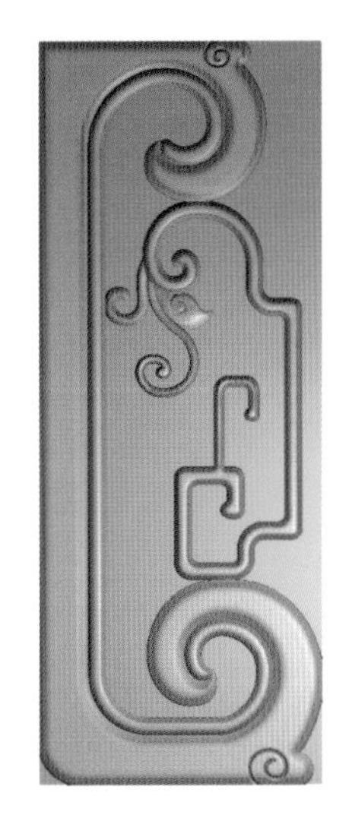

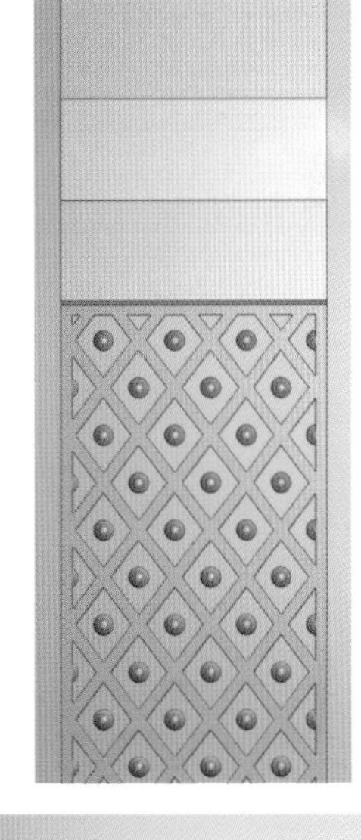

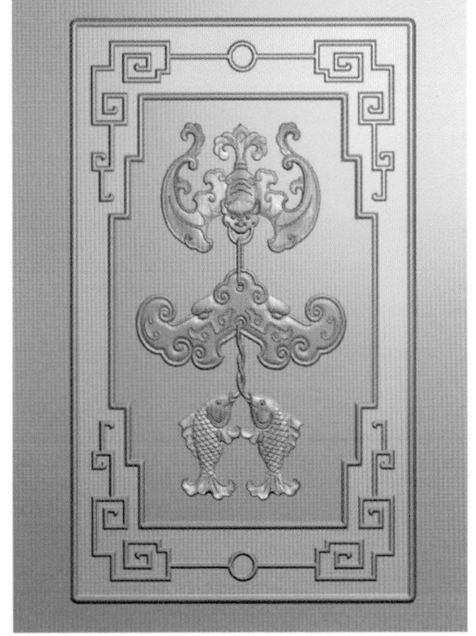

福庆有余

※博古如意沙发

◆文化点评：

新中式家具旨在回味过去活在当下，不但对传统的中国文化有了一种宣传也对现代的元素有了一定的认识，因此，新中式沙发诞生了，这种沙发可以为客厅带来一种沉稳雅致的气息，让喧闹的心获得片刻安定。

◆款式点评：

此沙发背板分三屏，搭脑成卷书状，雕有蝙蝠纹样。背板两侧雕饰以回纹和博古线，中间浮雕有蝙蝠、祥云、铜钱纹样。沙发扶手向外折，雕有如意云头纹和如意纹样。沙发面下束腰，牙板装饰有回纹和博古纹样，腿部雕有回纹。

◆图纹寓意：

如意最初是一种器物，柄端做成手指的样子，可以用来搔痒，让人诚心满意，因此而得名。近代的如意，长不过一、二尺，其端多作芝形、云形，不过因其名吉祥，以供玩赏而已。具有“平安如意”、“吉庆如意”、“富贵如意”等寓意。

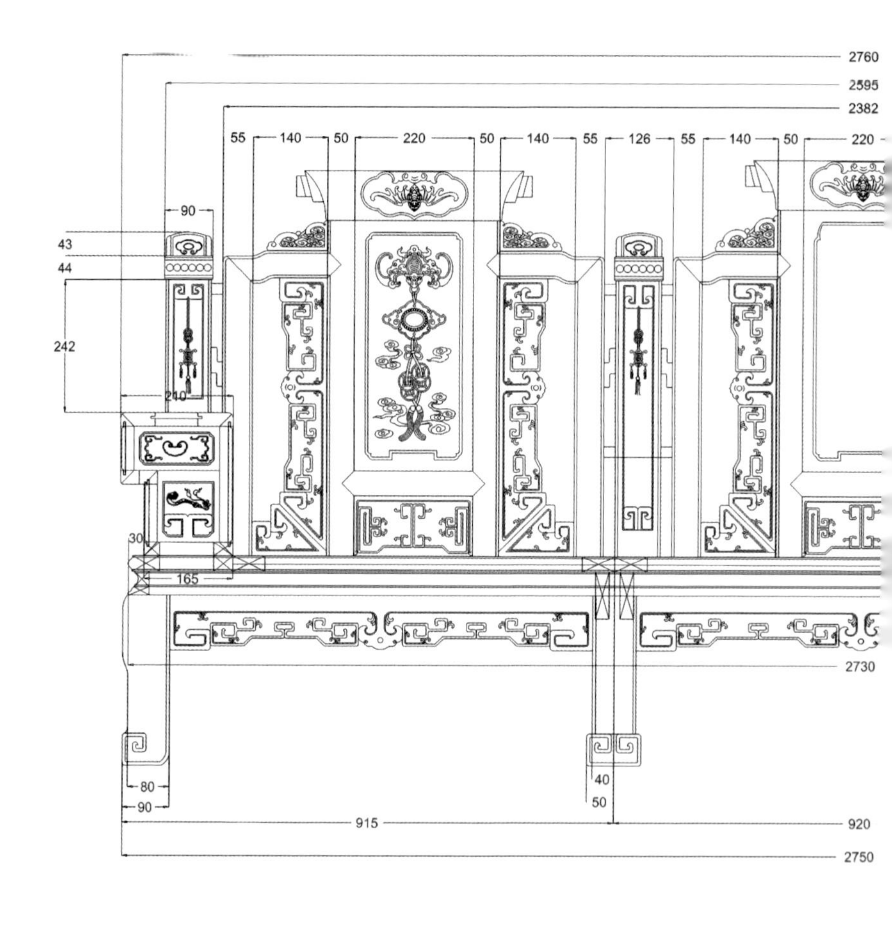
2760
2595
2382
55
140
50
220
50
140
55
126
55
140
50
220
90
43
44
242
210
30
165
2730
80
90
40
50
915
920
2750

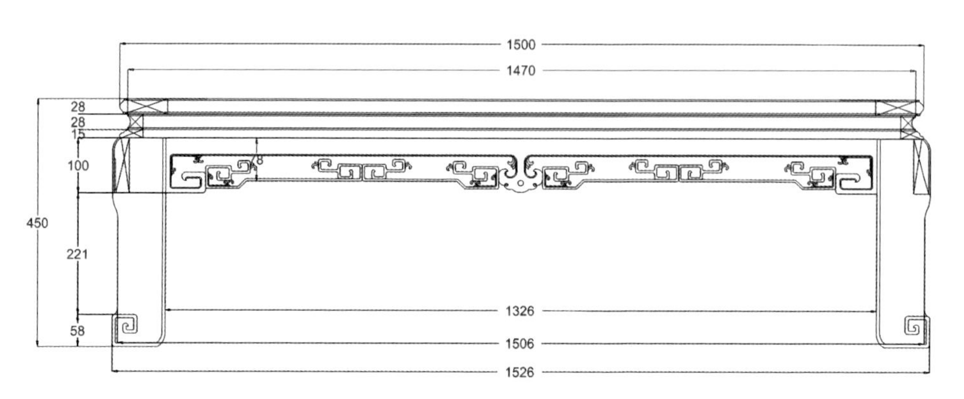
1500
1470
28
28
15
8
100
450
221
58
1326
1506
1526

博古如意沙发

——cad 图

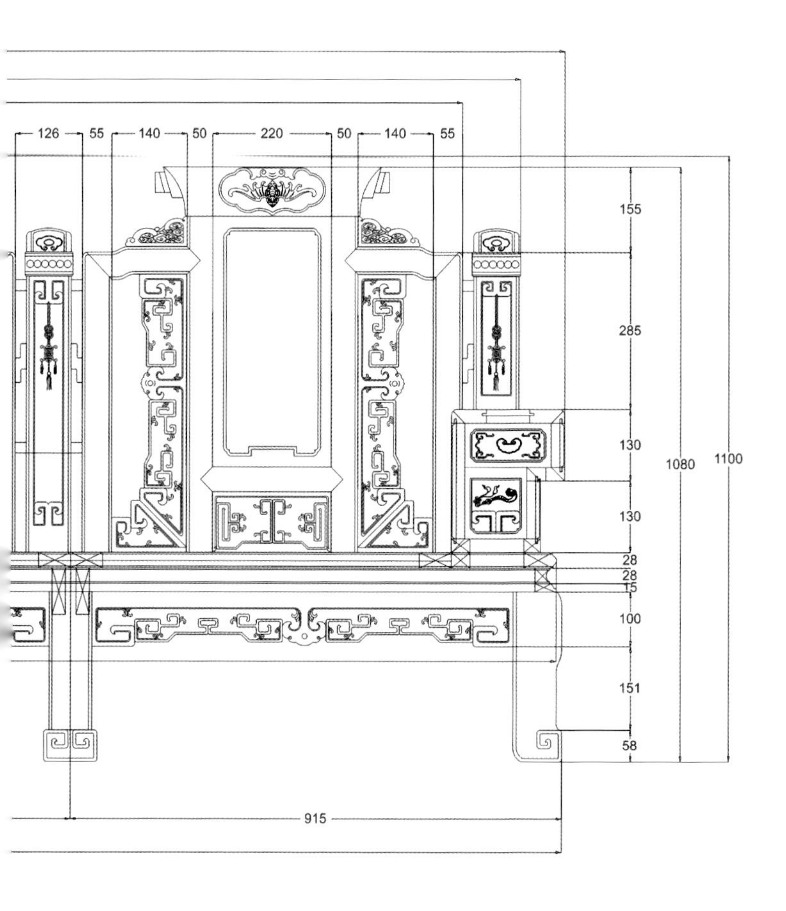
126
55
140
50
220
50
140
55
155
285
130
130
28
28
15
100
151
58
1080
1100
915

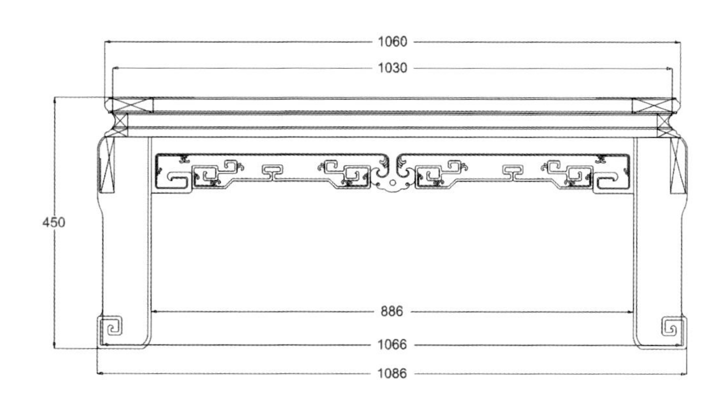
1060
1030
450
886
1066
1086

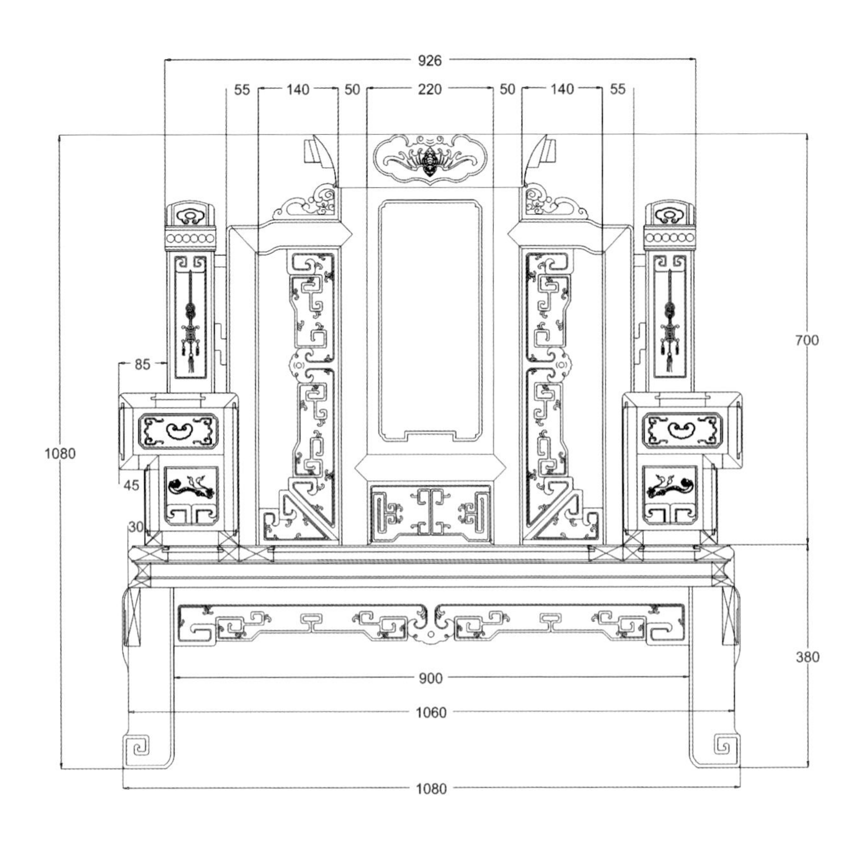
926
55
140
50
220
50
140
55
700
85
1080
45
30
380
900
1060
1080

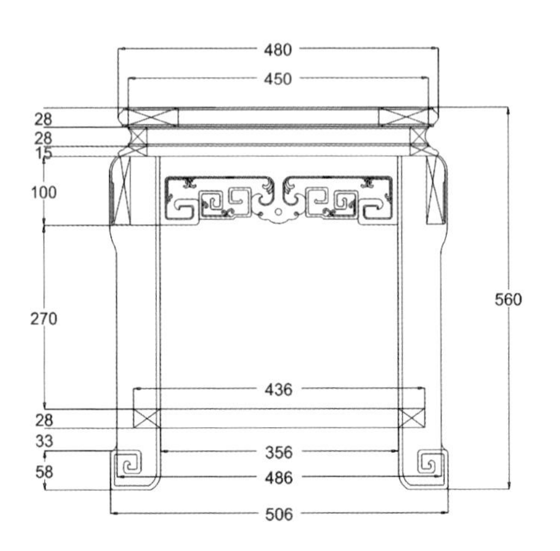
480
450
28
28
15
100
270
560
436
28
33
356
58
486
506

博古如意沙发

——cad 图

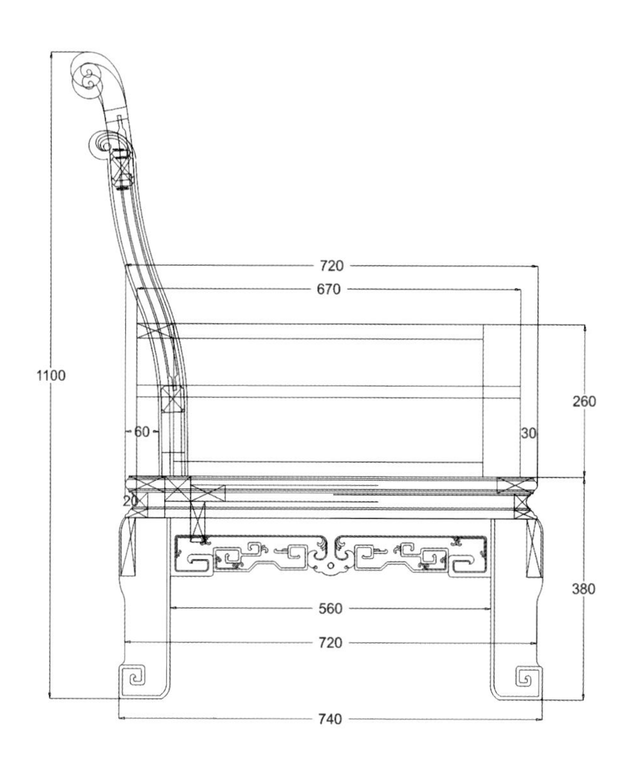
1100
720
670
260
60
30
20
380
560
720
740

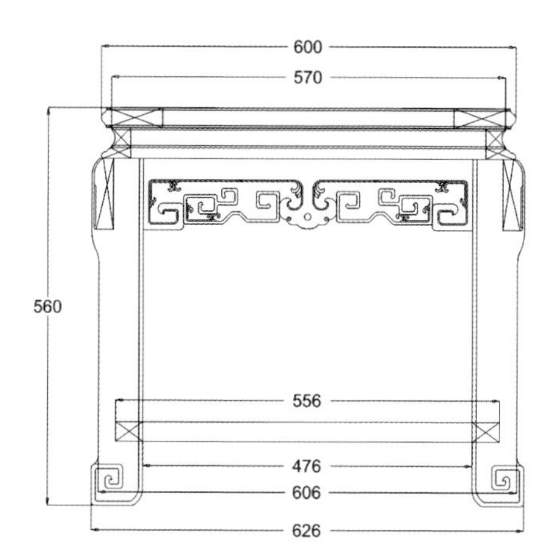
600
570
560
556
476
606
626

※博古如意沙发雕刻图

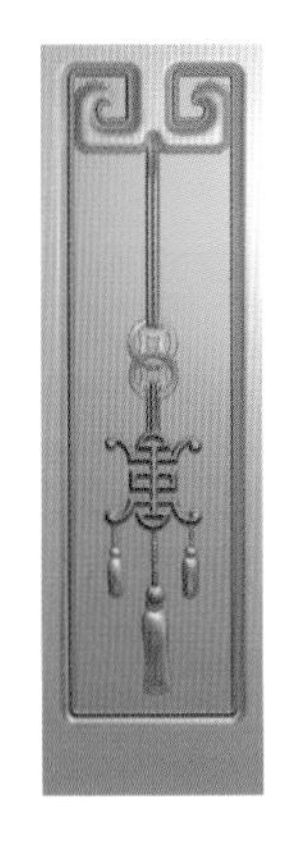

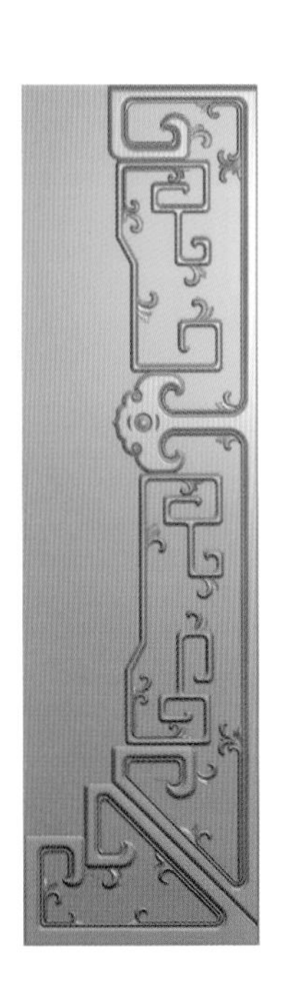

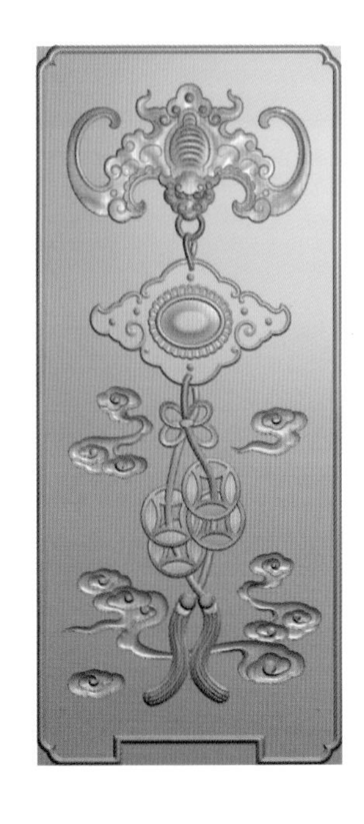

福在眼前

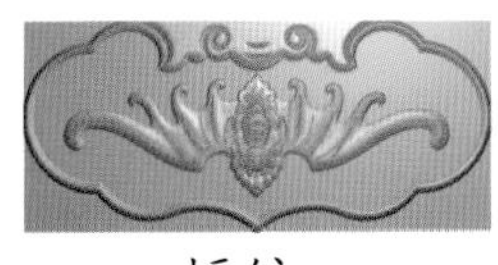

蝠纹

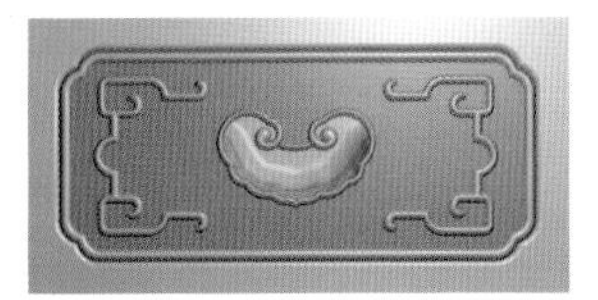

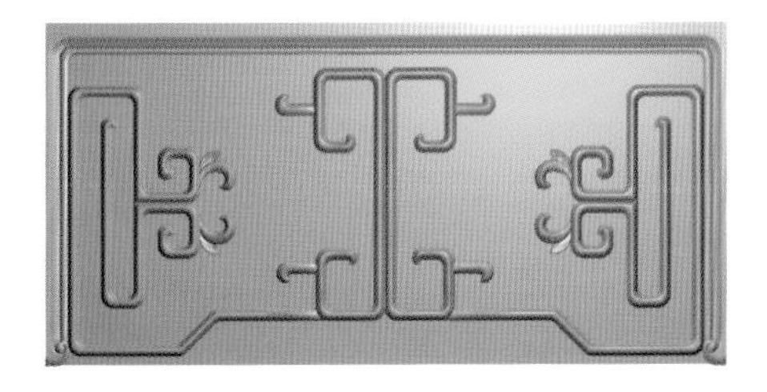

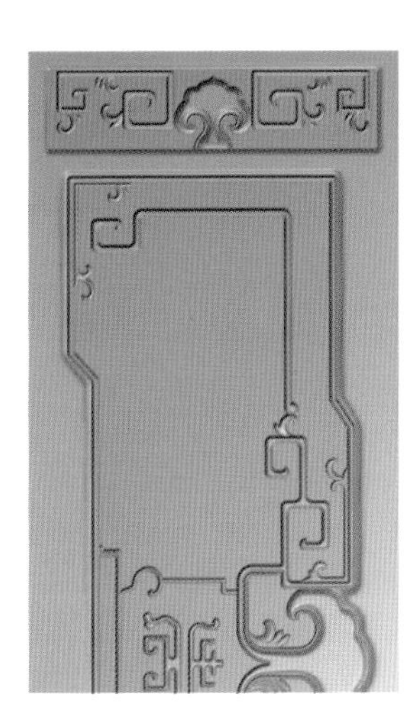

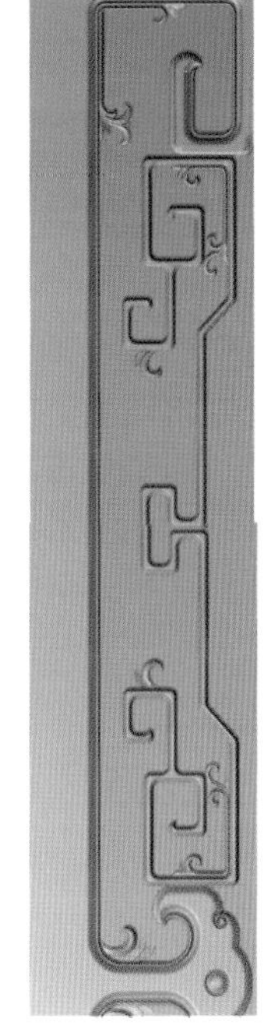

牙板

云纹角花

如意

※ 和泰沙发

◆文化点评：

新中式沙发的材料强调的是原始、自然。材料大多选用木质，木质的框架造型稳重，古朴典雅。在沙发的装饰上也是利用现代技术打造出不用的雕、编织的造型来表现中国风和现代生活方式。这样的沙发摆在家中，可以为家居增添与众不同的气息。

◆款式点评：

沙发背板分三屏，搭脑呈官帽装，背板上雕有福禄寿三星和财神纹样，雕饰有蝙蝠和变体得寿字。背板两侧回纹镂空，中间装饰有团寿纹。扶手处以螭龙纹镂空。沙发面下束腰，牙板和腿部交接处装饰又角花，牙板雕有回纹装饰。

◆图纹寓意：

福禄寿三星代表了人们对于“福气”、“权利”、“长寿”的追求。回纹象征了富贵绵长；造型多变的“寿”字代表了人们对长寿的渴望。螭龙纹是一种典型的传统装饰纹样，常被用于房屋门窗、家具、瓷器和服饰上。螭是古代传说中的一种动物，属蛟龙类。螭龙纹比龙纹有更适于装饰，形状多遍变，因此它成为了最常见的花纹之一。这种纹案变化很多，寓意广泛，代表了吉祥富贵之意。

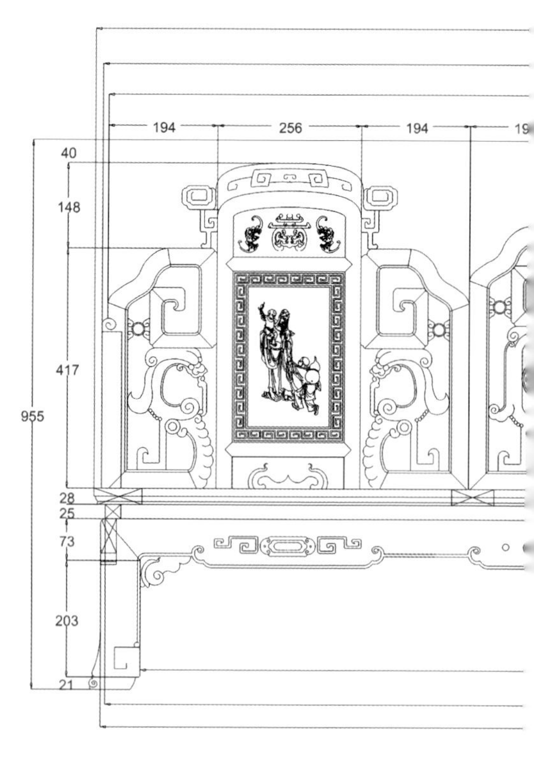
194
256
194
40
148
417
955
28
25
73
203
21

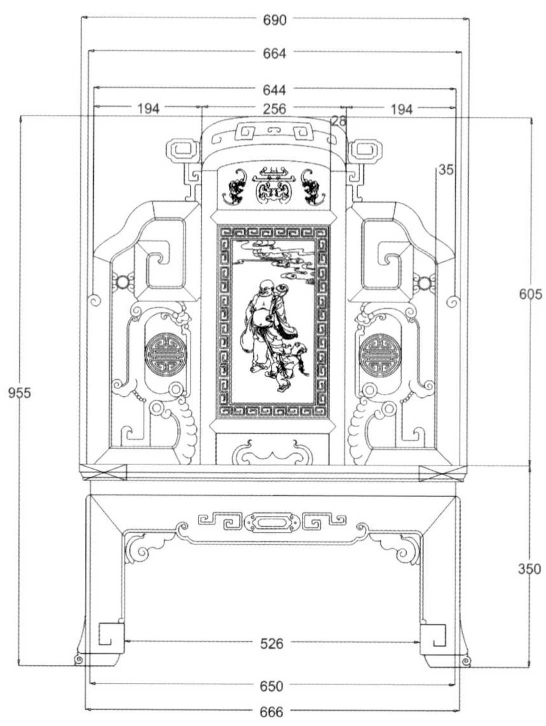
690
664
644
194
256
28
194
35
605
955
350
526
650
666

和泰沙发

——cad 图

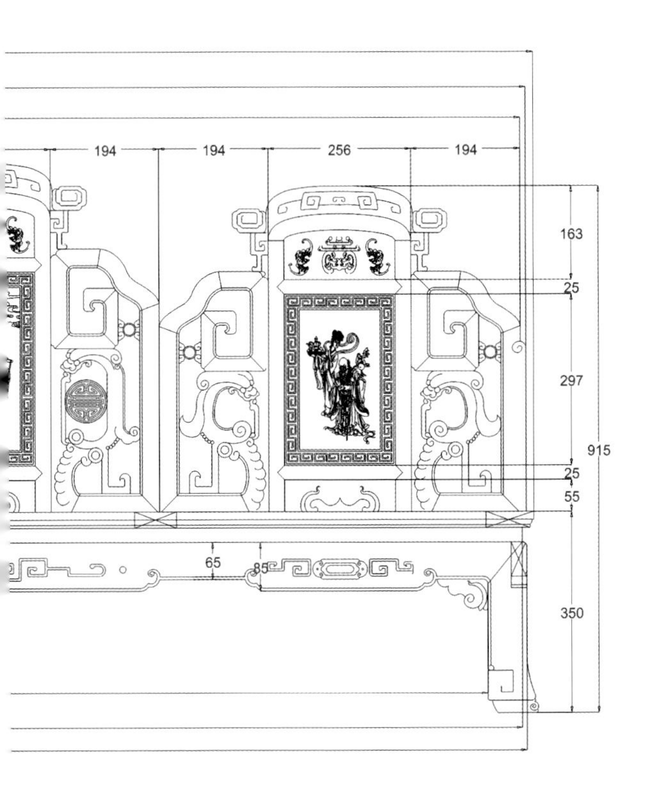
194
194
256
194
163
25
297
915
25
55
65
85
350

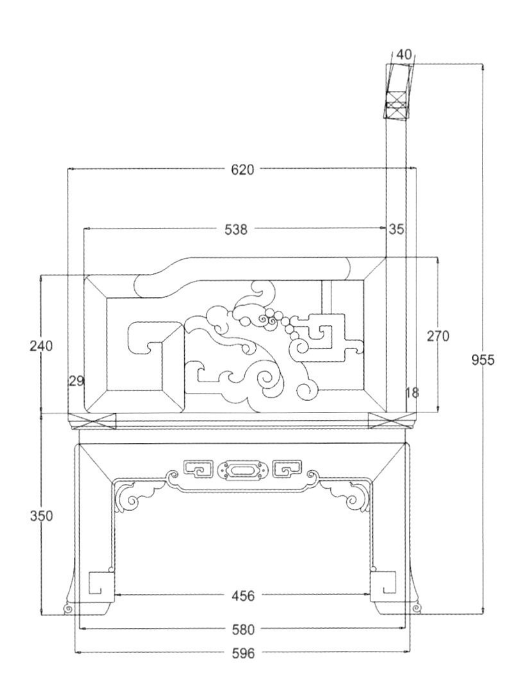
40
620
538
35
240
270
955
29
18
350
456
580
596

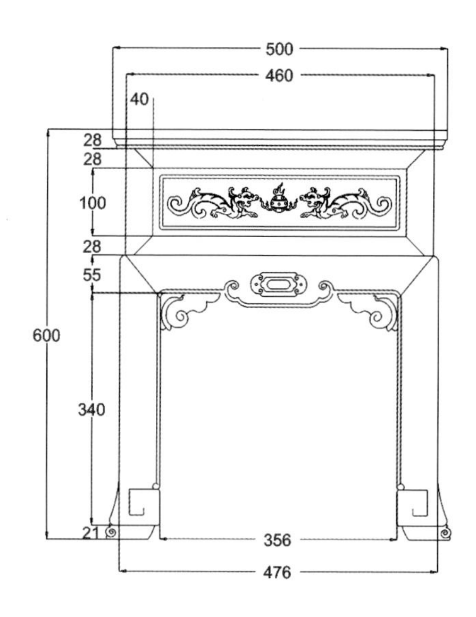
500
460
40
28
28
100
28
55
600
340
21
356
476

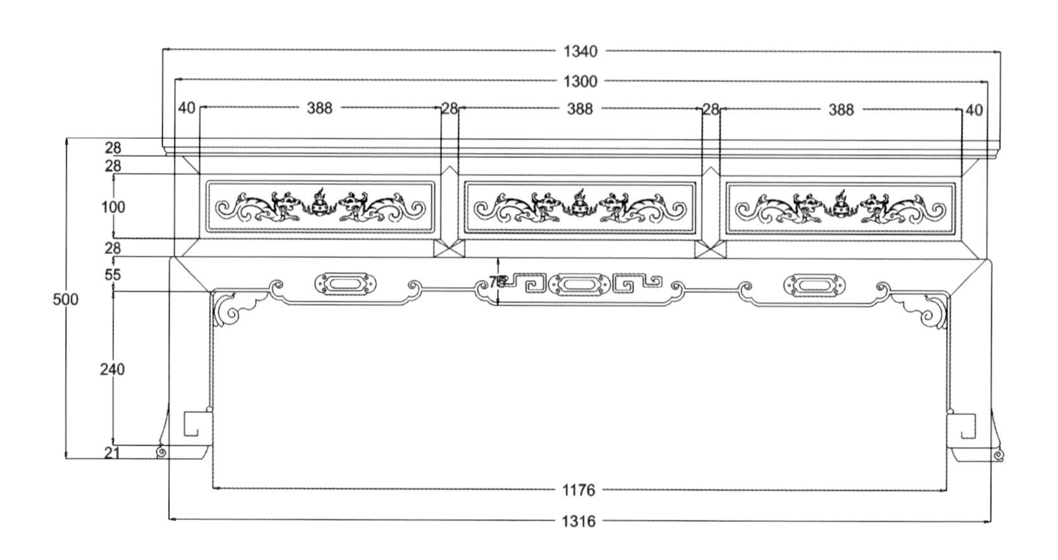
1340
1300
40
388
28
388
28
388
40
28
28
100
28
55
500
75
240
21
1176
1316

和泰沙发

——cad 图

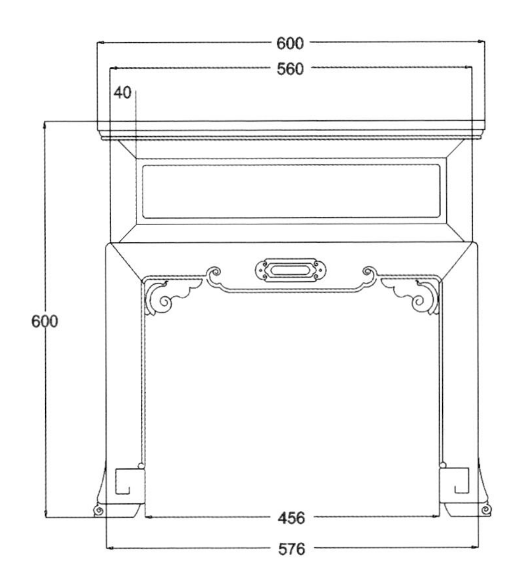
600
560
40
600
456
576

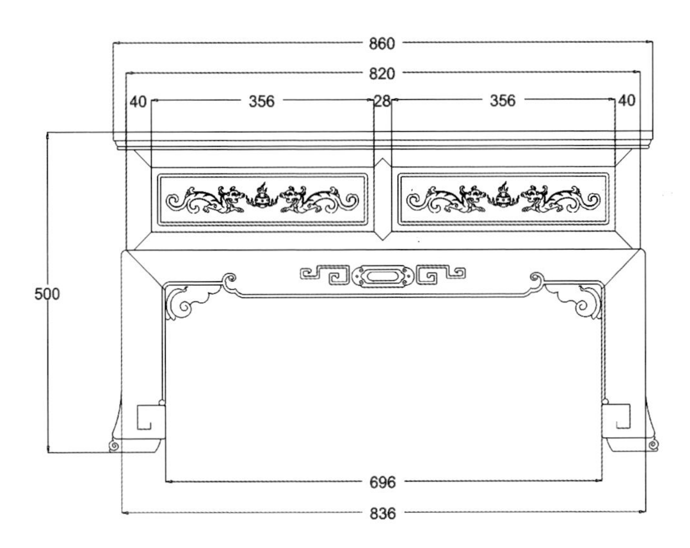
860
820
40
356
28
356
40
500
696
836

※ 和泰沙发雕刻图

回纹牙板

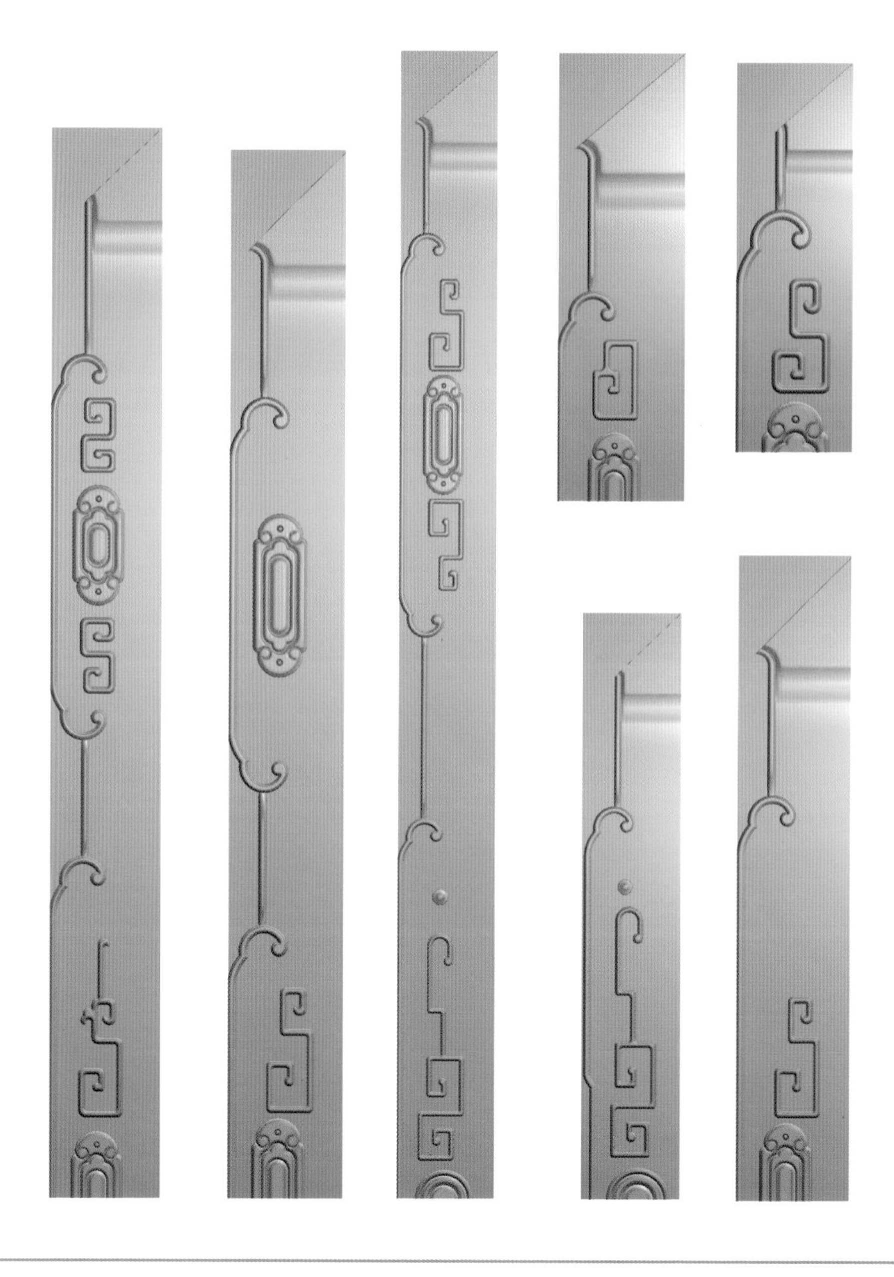

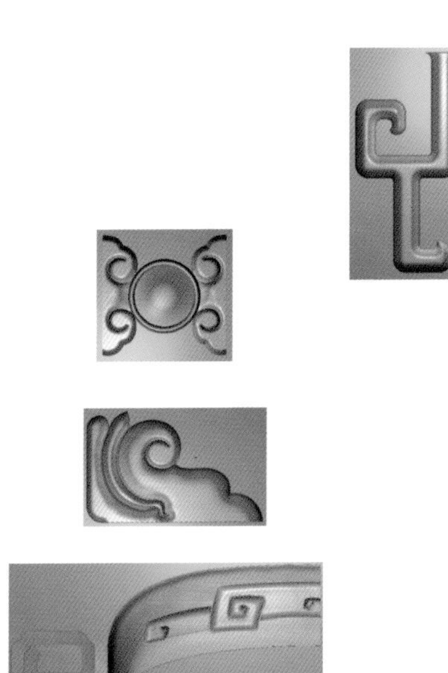

螭龙纹

腿足

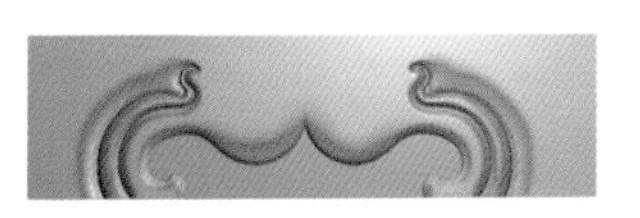

蝠纹

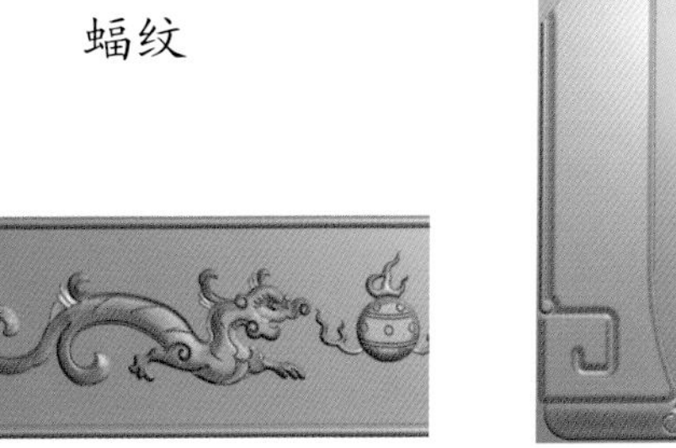

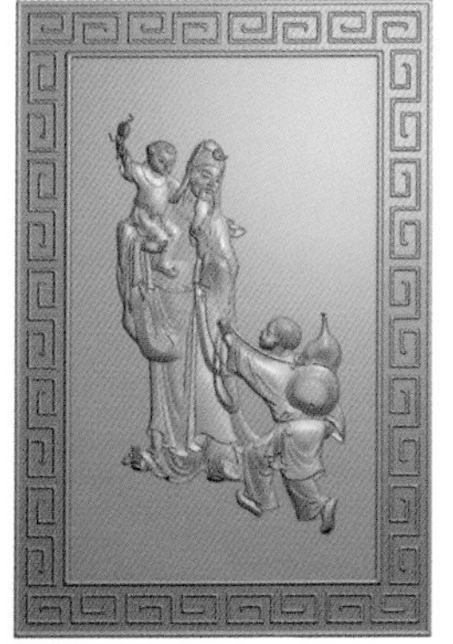

背板雕刻

※ 金广源沙发

◆款式点评：

沙发背板分三屏，搭脑呈如意云头状，搭脑间雕有麒麟纹样，背板中心雕有仕女图案，配以文字。背板两侧以回纹等常见的装饰形纹样镂空。沙发扶手较宽，雕刻有蝙蝠和铜钱纹样，面下束腰，牙板光素。内翻马蹄足，沙发腿和牙板间装有回纹角花。

◆图纹寓意：

麒麟是我国传统的祥兽之一，与凤、龟、龙共称为“四灵”。在神话传说中，麒麟是神的坐骑。古人把麒麟当作仁寿，其中雄性称麒，雌性叫麟。在民间传说中，麒麟是吉祥神宠，很多地方都有麒麟送子的传说，这种动物主要负责太平、长寿。据说麒麟可以为我们能带来丰年、福禄、长寿与美好。

◆文化点评：

中式古典是一段隽永流长的传统文化。中式风尚是一份宁和静谧的心灵感动。故而，只一张中式气息浓郁的沙发，透过它表面的岁月肌理，总让人有心要探究它的内蕴意趣。

100
205
50
230
50
205
15
15
100
123
85
50
342
1145
40
85
40
28
25
90
90
63
174
100
720
80
80
90
740
70
70
900

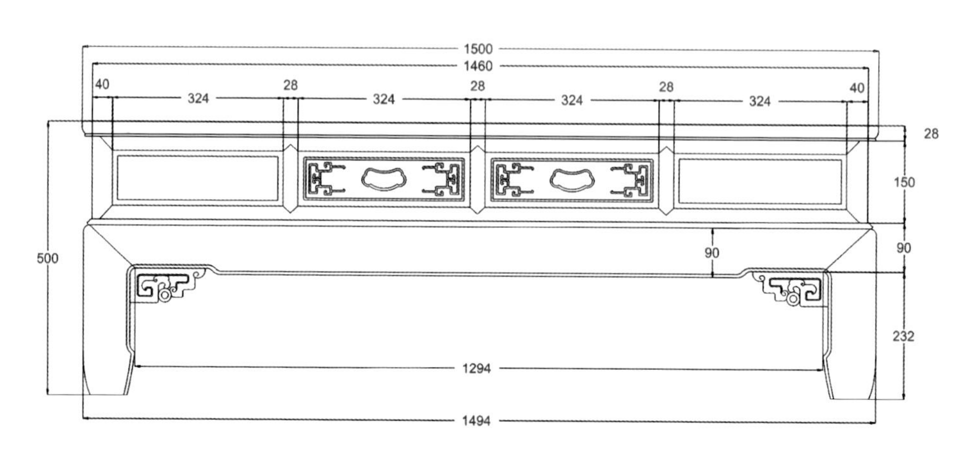
1500
1460
40
324
28
324
28
324
28
324
40
28
150
90
90
500
232
1294
1494

金广源沙发

——cad 图

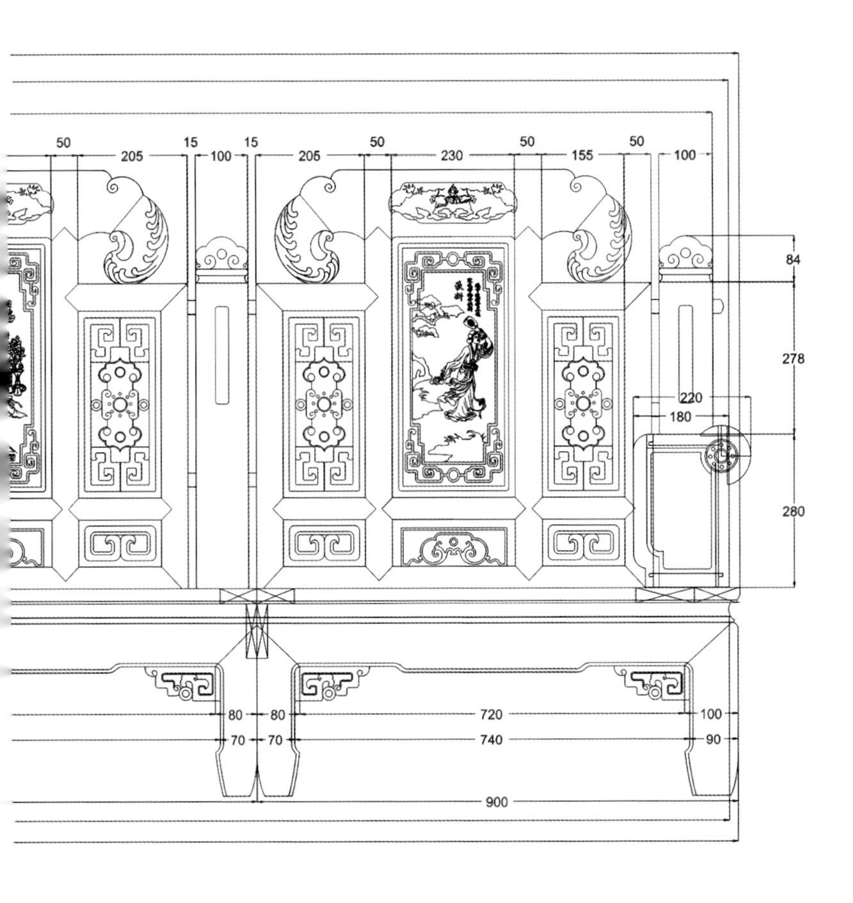

50
205
15
100
15
205
50
230
50
155
50
100
84
278
220
180
280
80
80
720
100
70
70
740
90
900

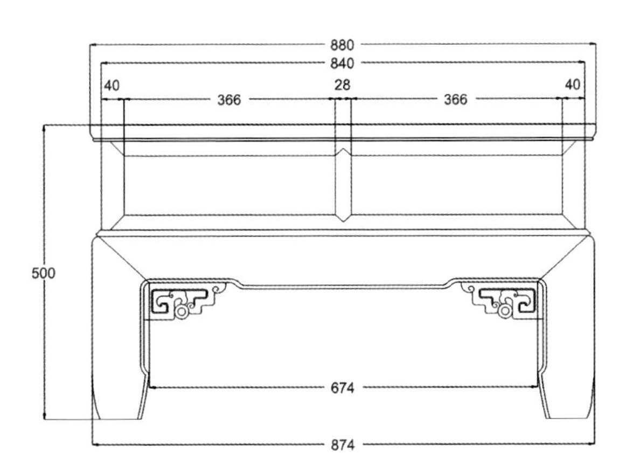

880
840
40
366
28
366
40
500
674
874

1070
1030
970
100
50
155
50
230
50
205
15
765
1145
380
864
884
1064

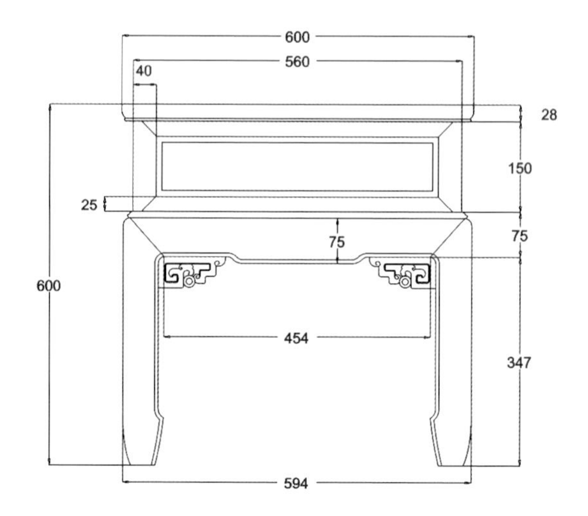
600
560
40
28
150
25
75
75
600
454
347
594

金广源沙发

——cad 图

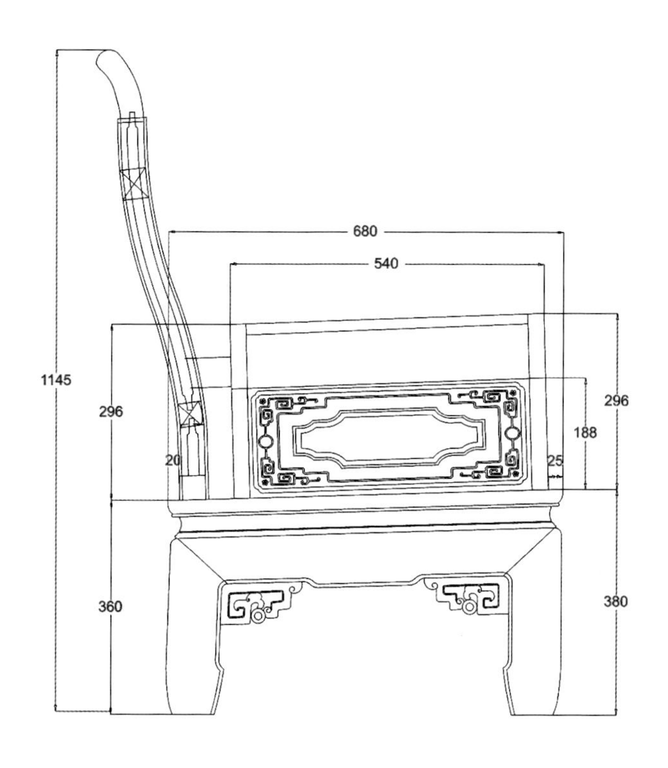
680
540
1145
296
296
188
20
25
360
380

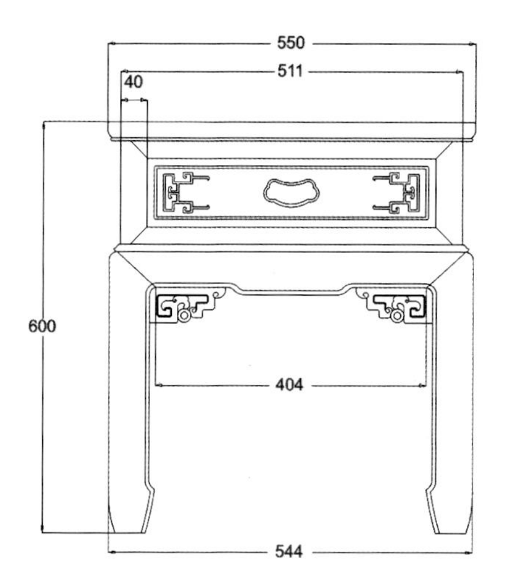
550
511
40
600
404
544

※ 金广源沙发雕刻图

角花

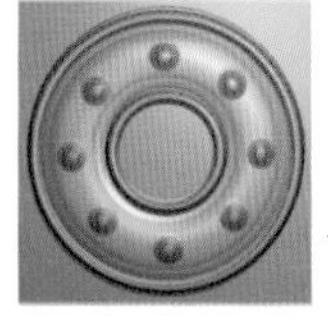

玉环

如意云头纹

蝙蝠纹

仕女图

回纹

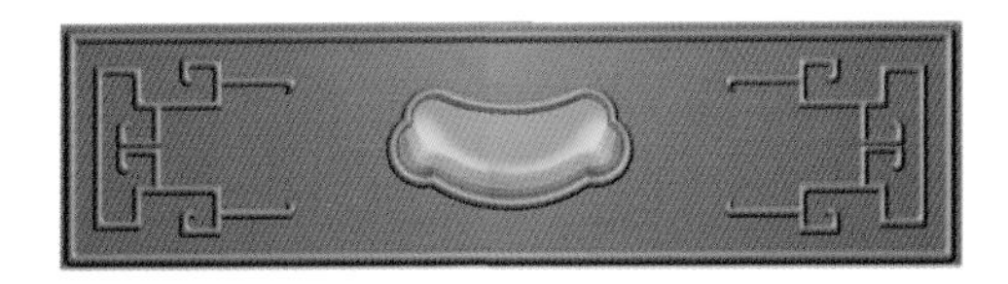

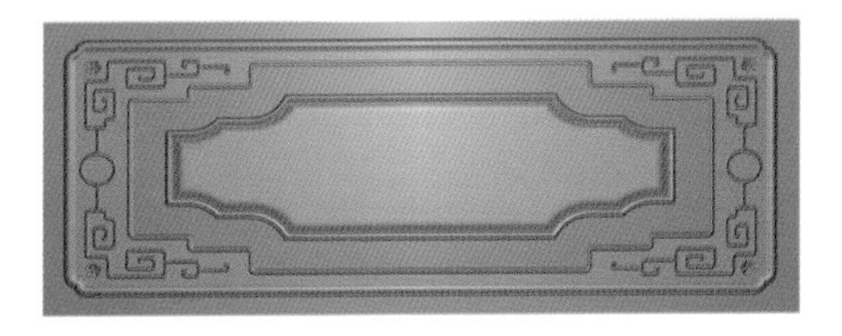

背板雕刻

仕女图

※ 金利达沙发

◆文化点评：

“气质”本是指人的生理、心理等等方面的综合素质，古人也以气质
尤言文人的风骨，诗画的清峻慷慨风格。中式家具的气质，就是透过它的
技术表层，揭示身体有多重要，居家生活就有多重要。生活需要放松自我，
享受生活的都市人懂得在居室让身心落尽繁华尘埃。成功的中式沙发除了
功能之外，其实也是一种艺术、健康、文化的享受。

◆款式点评：

背板分三屏，搭脑处雕有回纹装饰。搭脑两侧以镂空回纹和背板相连，中间夹杂有螭龙纹样。背板四周环绕回纹雕饰，中间雕有童子图案，图中童子嬉戏玩乐，生动自然。扶手回纹镂空，面板下束腰。牙板处雕有卷草纹样，三弯腿和牙板之间装有回纹角花。

◆图纹寓意：

沙发背板处的儿童雕饰生动活泼，造型灵活多变，象征了多子多福，回纹代表富贵绵长；卷草纹象征生生不息。螭纹最早见于商周青铜器上。是和龙纹非常接近的一种题材，故又有“螭虎龙”之称，尾部同样有拐子型和卷草型之别。若就细部而言，图案设计，比龙纹有更大的自由，用螭纹来装饰长边，充填方块，蜷转圆弧，皆可熨贴成章。正因如此它才成为最常见的花纹题材。螭纹寓意极为广泛，大都具有吉祥之意。

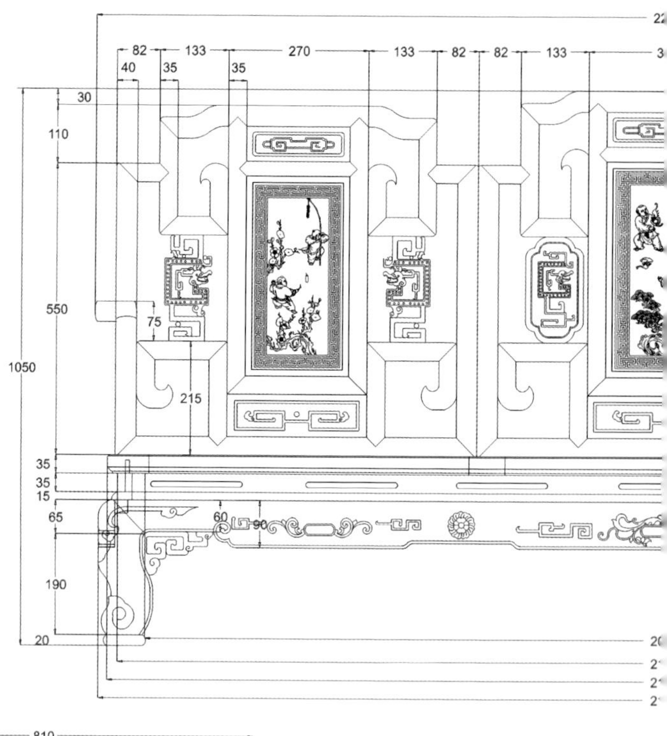
82
133
270
133
82
82
133
40
35
35
30
110
550
75
1050
215
35
35
15
65
60
90
190
20

810
730
566
300
1020
20
614
760
794

金利达沙发

——cad 图

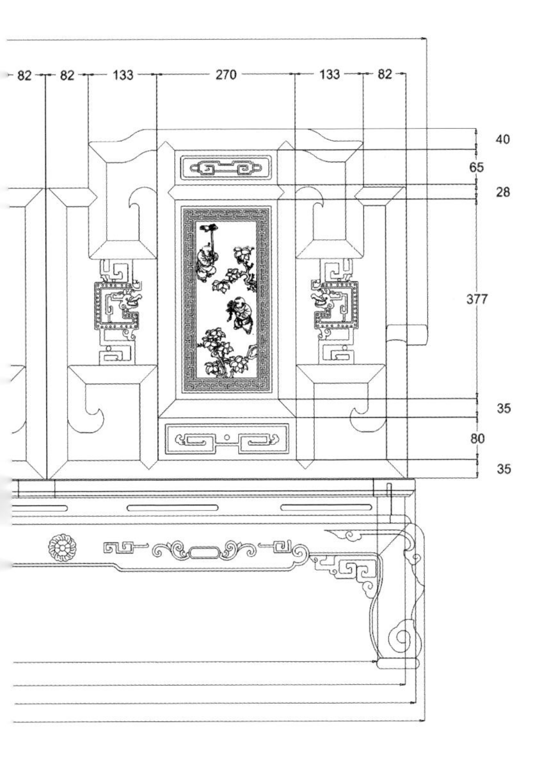
82
82
133
270
133
82
40
65
28
377
35
80
35

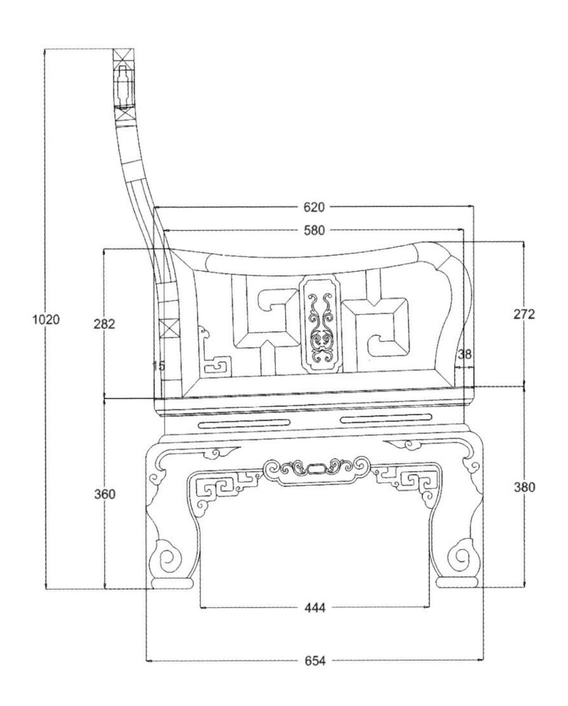
620
580
1020
282
272
38
15
360
380
444
654

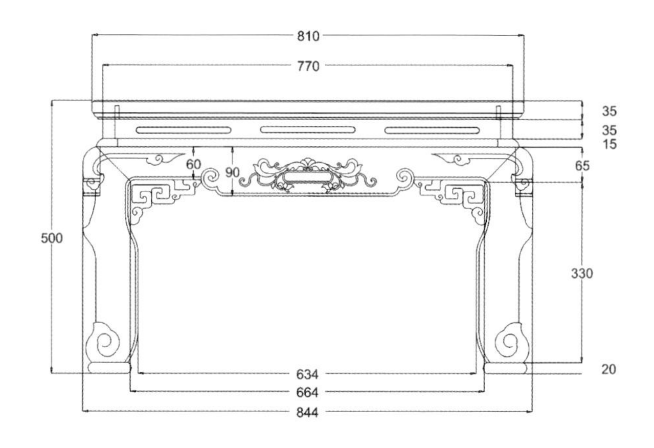
810
770
35
35
15
60
90
65
500
330
20
634
664
844

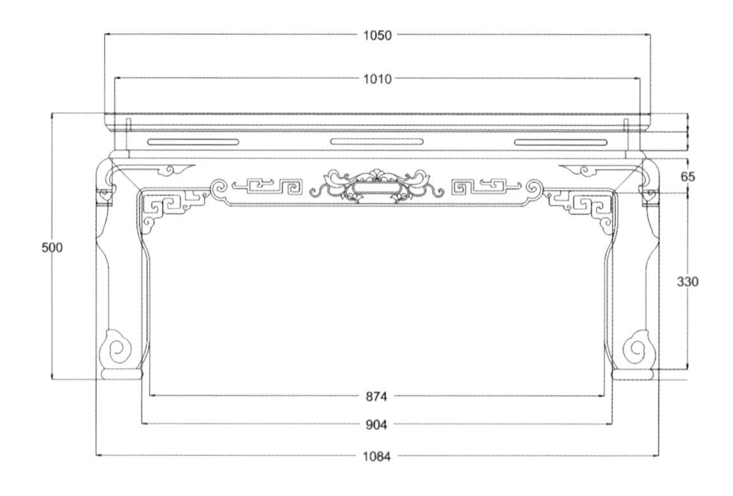
1050
1010
65
500
330
874
904
1084

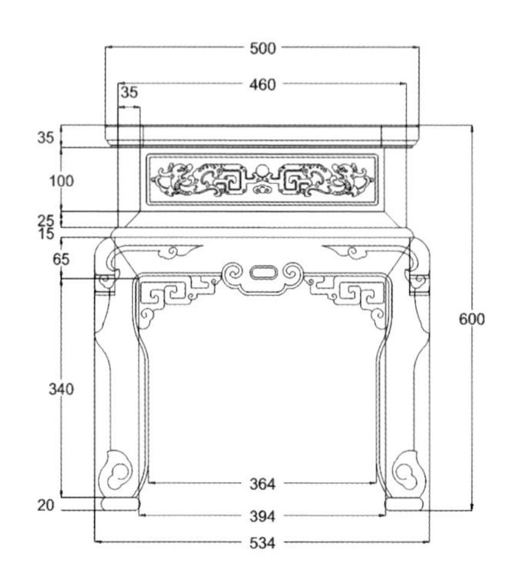
500
460
35
35
100
25
15
65
600
340
20
364
394
534

金利达沙发

——cad 图

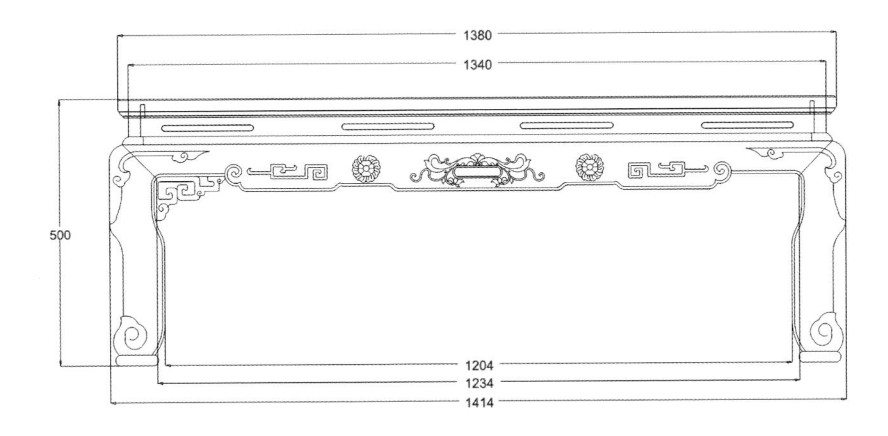
1380
1340
500
1204
1234
1414

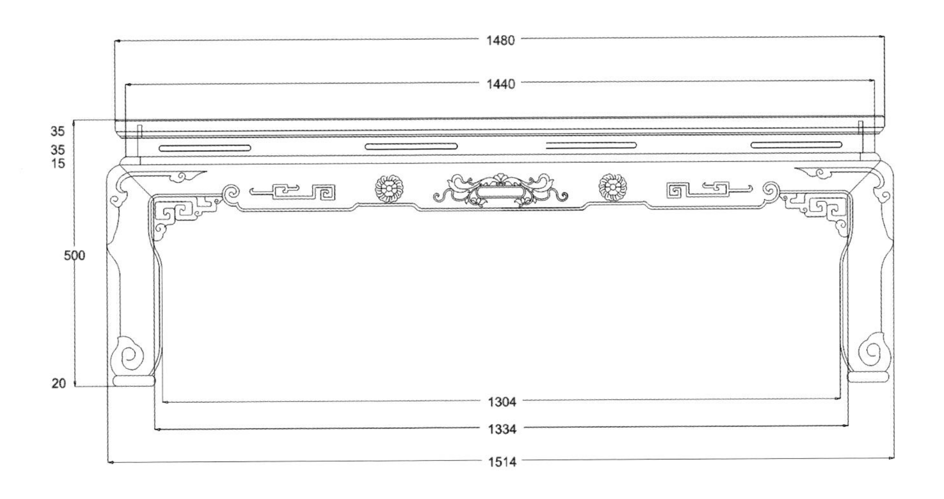
1480
1440
35
35
15
500
20
1304
1334
1514

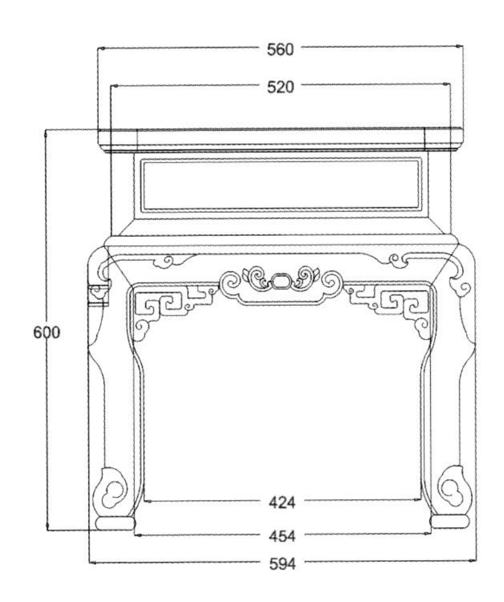
560
520
600
424
454
594

※ 金利达沙发雕刻图

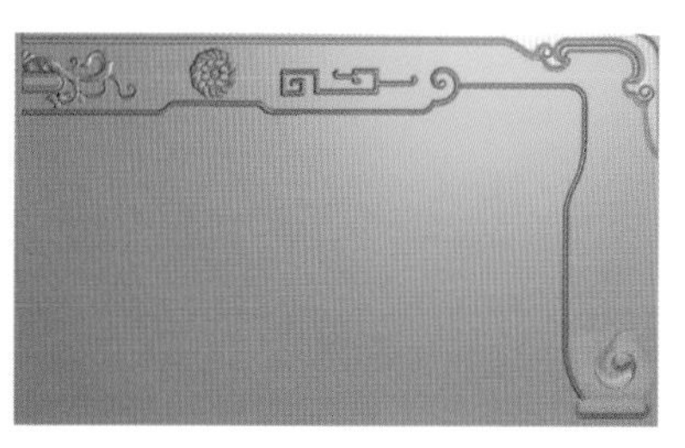

腿面

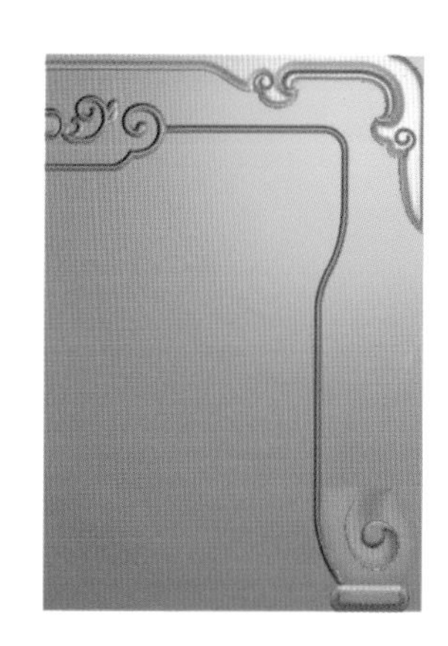

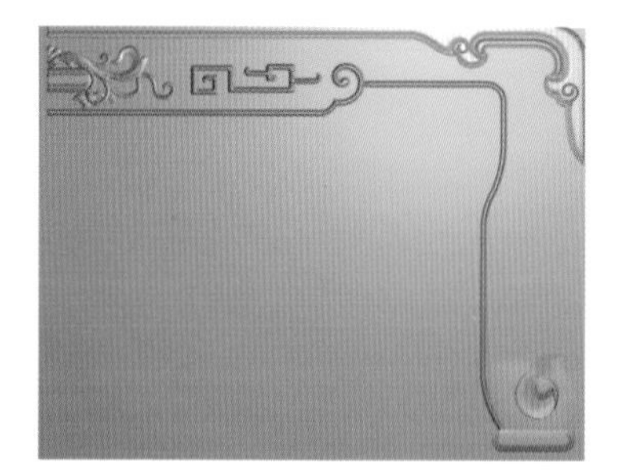

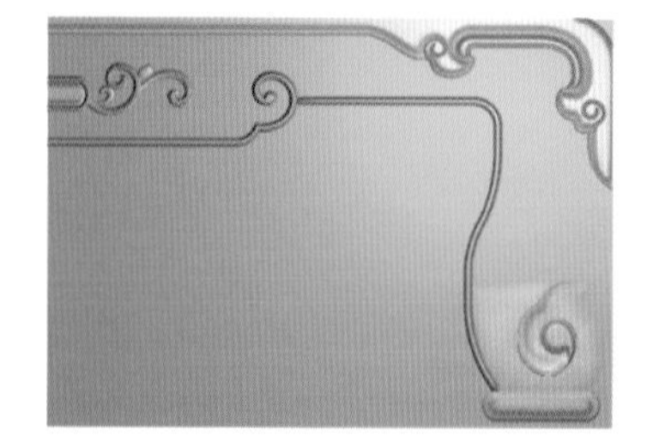

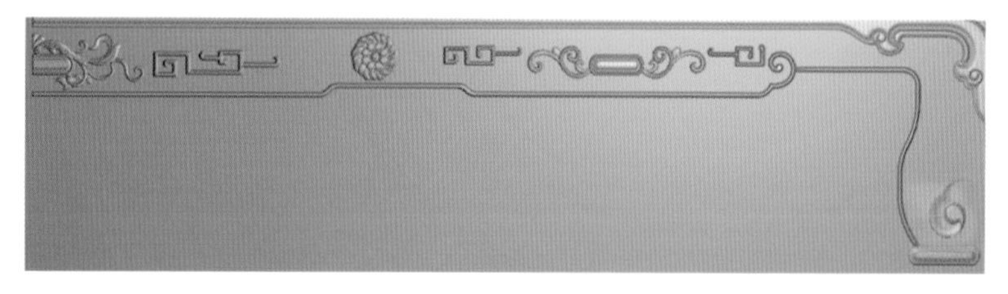

童子图

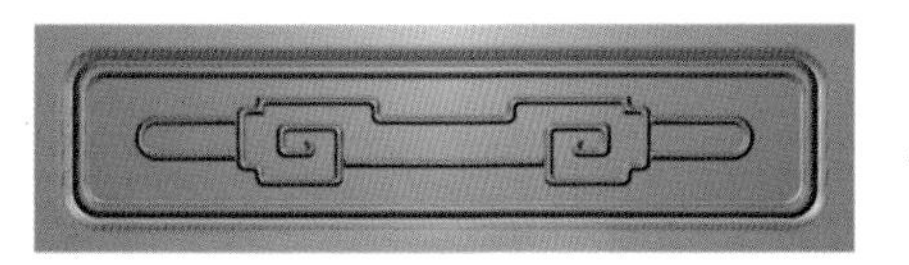

屉面

角花

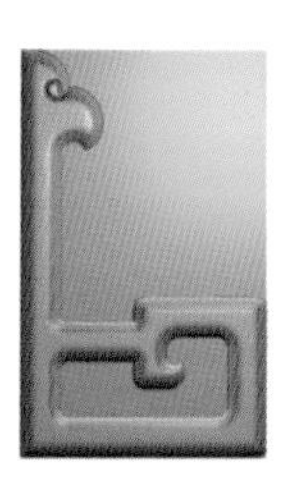

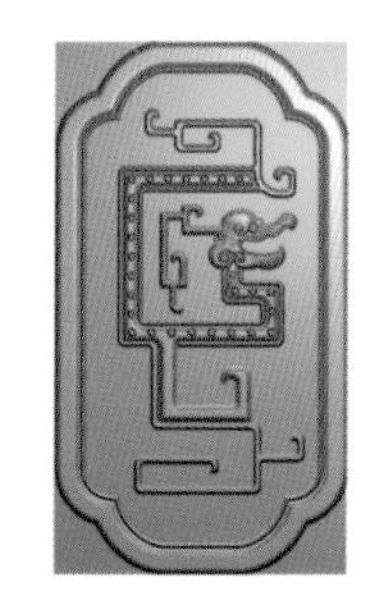

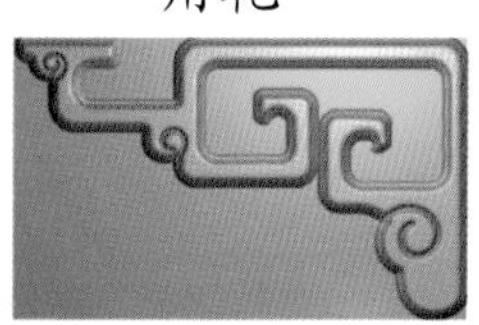

螭龙

童子背板

※ 紫光沙发

◆图纹寓意：

博古纹，清代常见的纹饰之一，来源于《宣和博古图》一书而得名。最初的来源是因为工匠将《宣和博古图》上的图案雕刻在了家具上。后来，“博古”的含义被加以引伸，凡鼎、尊、彝、瓷瓶、玉件、书画、盆景等被用作装饰题材的，均称为博古纹。有的还在器物上添加各种花卉、果品作为点缀，寓意清雅高洁。博古纹常运用于古典家具，其引人之处除了形制之外，那些或细碎或简洁的雕花文饰更能令观者留连。

◆款式点评：

沙发搭脑略呈卷书状，下方镂空雕有双环纹样，背板分三屏，每屏的背板上都雕有博古纹样。背板之间镂空雕饰有绳纹和双环纹样。扶手呈回文镂空，弧度优美自然。面板下束腰，鼓腿，内翻马蹄足。牙板上雕有回文图样。

◆文化点评：

由于木材本身的价值，有着浓厚古典风格的中式沙发算得上是家具中较贵的存在。精细的工艺让沙发看起来浑然天成，木质的沙发色泽均匀，雕工细致，流露出浓厚的古典韵味，具有极高的观赏及收藏价值。用古意盎然的中式沙发装饰现代风格的房子，别有风情。这种搭配可以突破年龄的局限，令现在的时尚人士也为之倾倒。

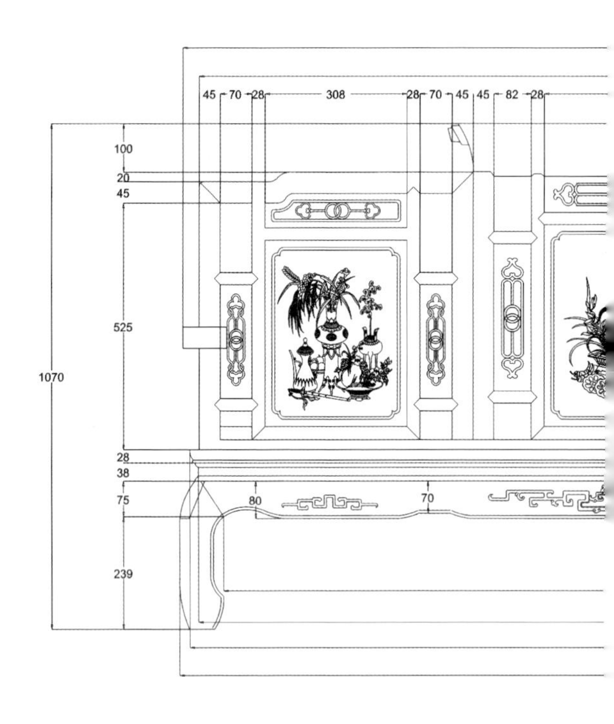
45
70
28
308
28
70
45
45
82
28
100
20
45
525
1070
28
38
75
80
70
239

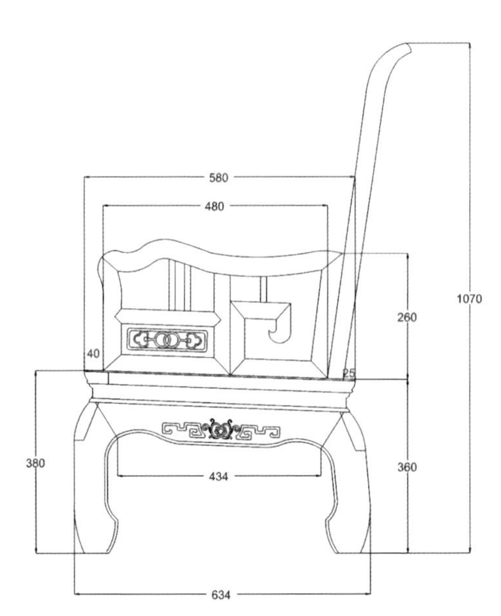
580
480
260
1070
40
25
380
360
434
634

紫光沙发

——cad 图

45
45
70
28
308
28
70
45

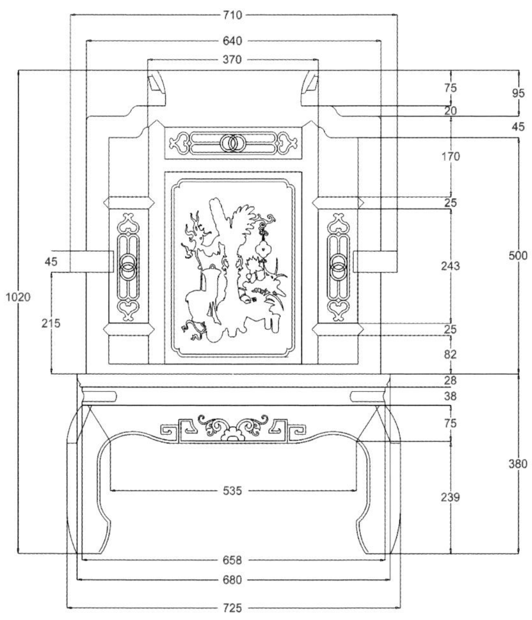
710
640
370
75
95
20
45
170
25
500
243
45
1020
215
25
82
28
38
75
380
535
239
658
680
725

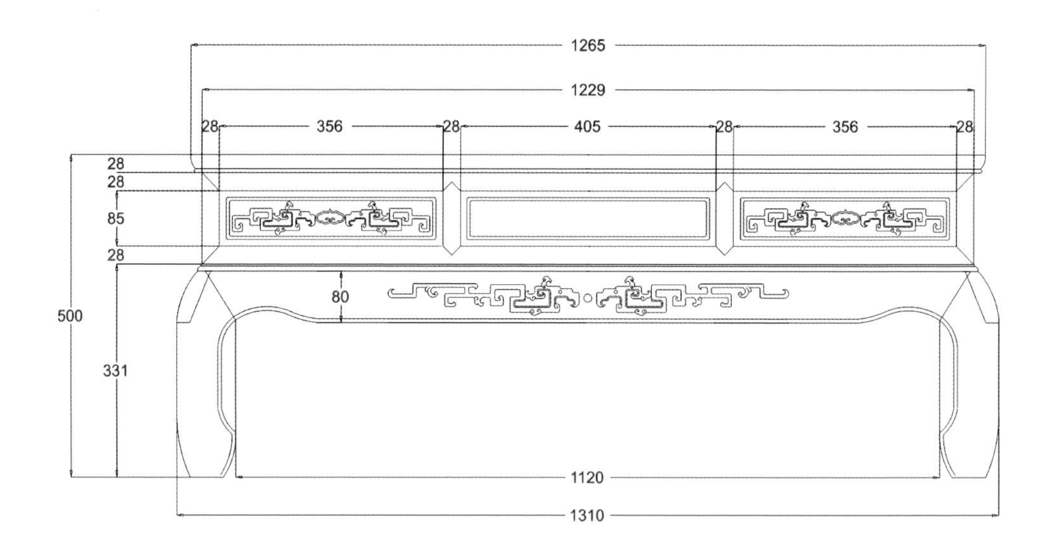
1265
1229
28
356
28
405
28
356
28
28
28
85
28
80
500
331
1120
1310

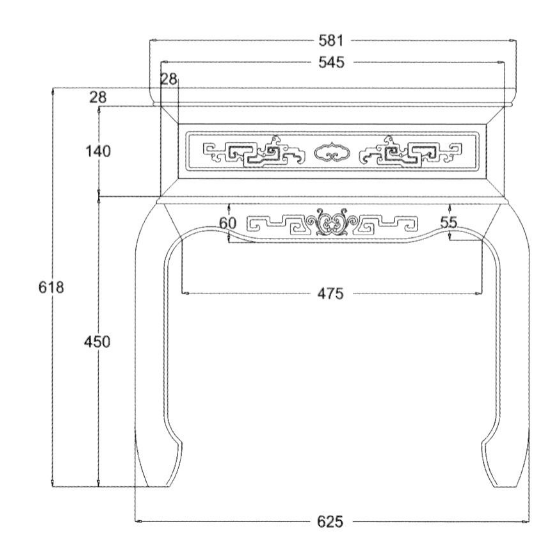
581
545
28
28
140
60
55
475
618
450
625

紫光沙发

——cad 图

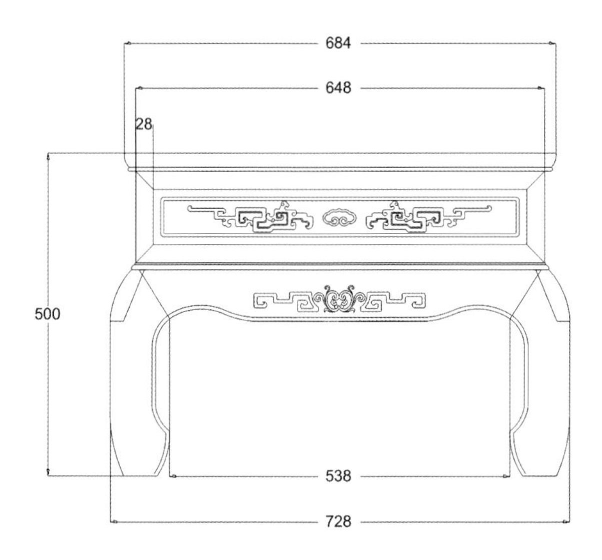
684
648
28
500
538
728

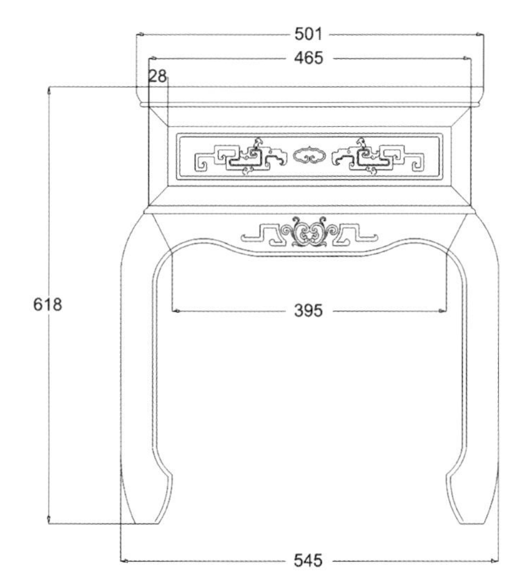
501
465
28
618
395
545

※ 紫光沙发雕刻图

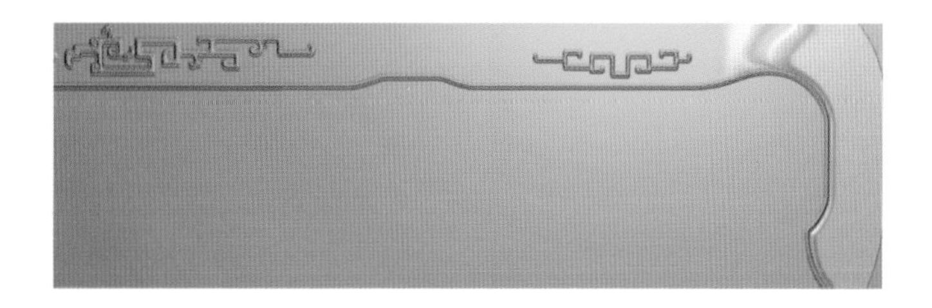

双环纹

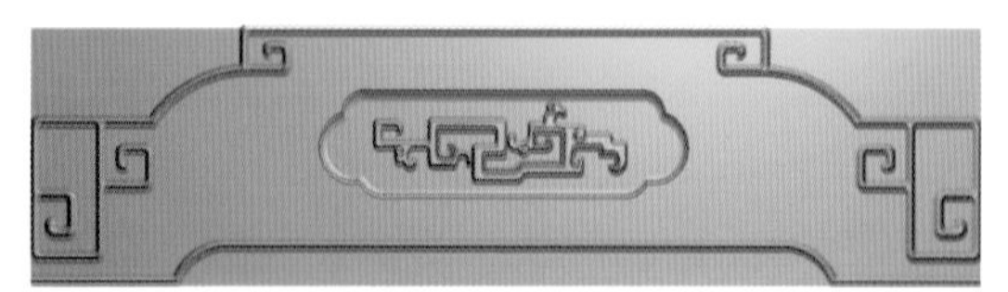

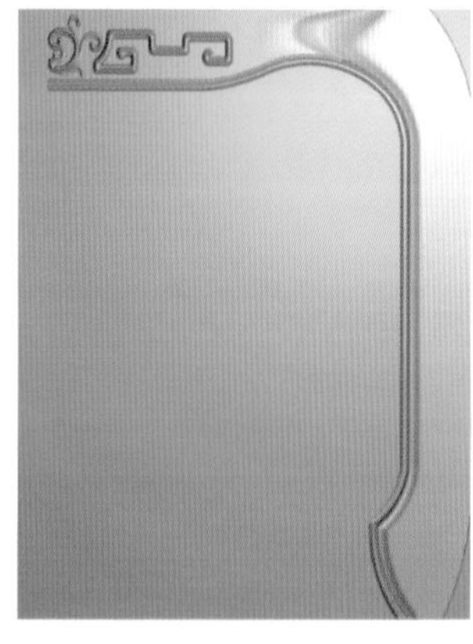

博古纹

杂宝纹

腿面

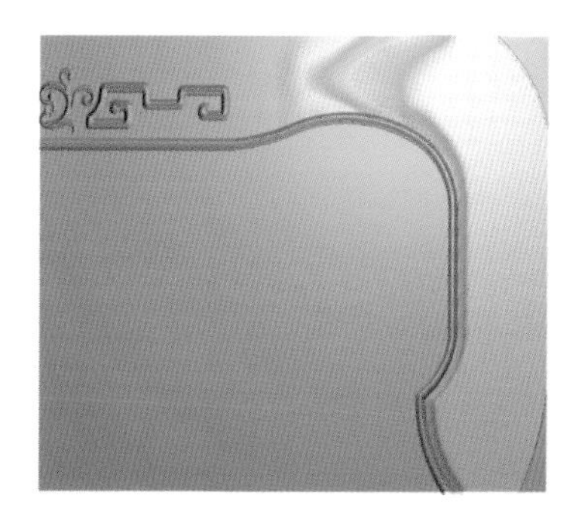

杂宝纹

※ 锦绣沙发

◆文化点评：

中式沙发具有极高的艺术性与实用性，简洁中蕴含着端庄和典雅；挺拔中浸透着清丽与隽秀，犹如一股力量紧紧吸引着人们，隽永深邃的内涵和气韵也愈发彰显。沙发在工艺上结合传统古典家具制作的核心三概念，即“形美、艺精、材佳”，把木材金属般的色泽和绸缎般的质感表现得淋漓尽致。

◆款式点评：

此沙发上有靠垫，可以根据需要放置或者撤下，是中式沙发最大的特点。沙发背板装有直棂，搭脑处雕有回纹。沙发面下束腰，牙板光素，内翻马蹄足。整器简单朴素，舒适实用。

◆图纹寓意：

回纹是由古代陶器和青铜器上的雷纹衍化来的几何纹样，因为它是由横竖短线折绕组成的方形或圆形的回环状花纹，形如“回”字，所以称做回纹。这种纹样被人们习惯性的称作“富贵不断头”，象征了富贵绵长，绵延不绝。

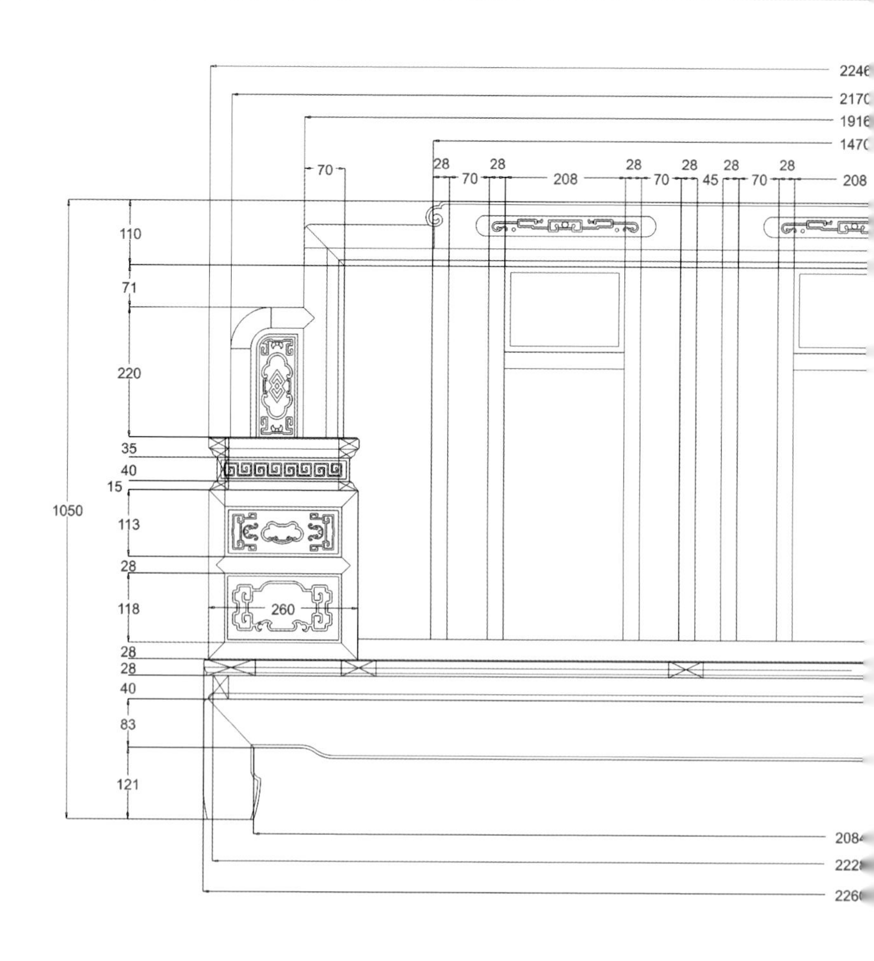
2246
2170
1916
1470
70
28
70
28
208
28
70
28
45
28
70
28
208
110
71
220
35
40
15
113
28
118
260
28
28
40
83
121
1050
2084
2228
2260

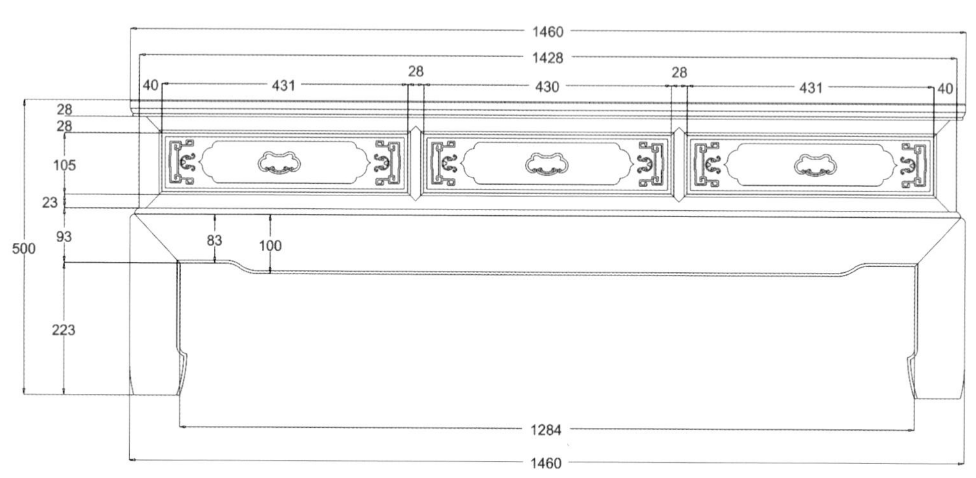
1460
1428
40
431
28
430
28
431
40
28
28
105
23
93
83
100
500
223
1284
1460

锦绣沙发

——cad 图

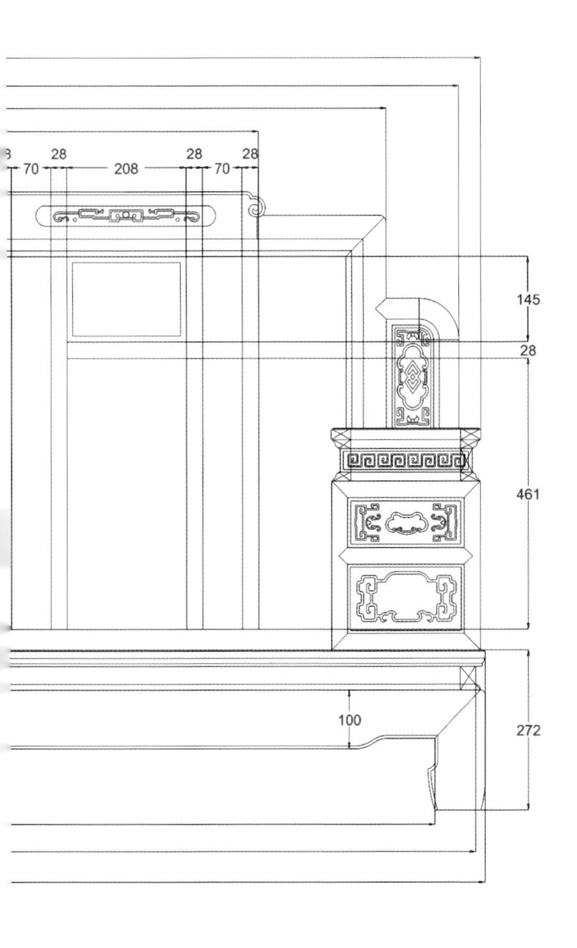
28
70
208
28
70
28
145
28
461
100
272

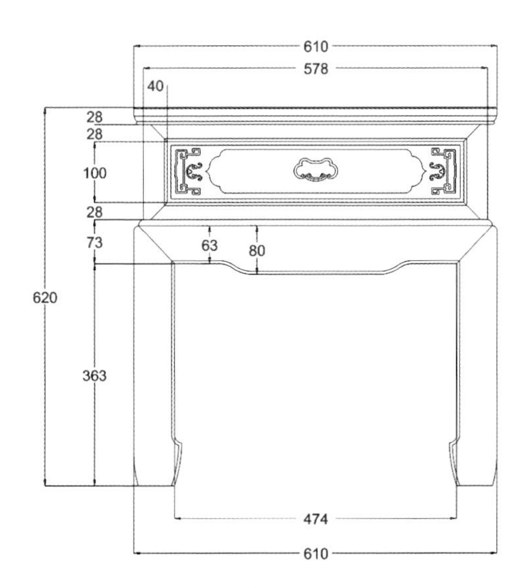
610
578
40
28
28
100
28
73
63
80
620
363
474
610

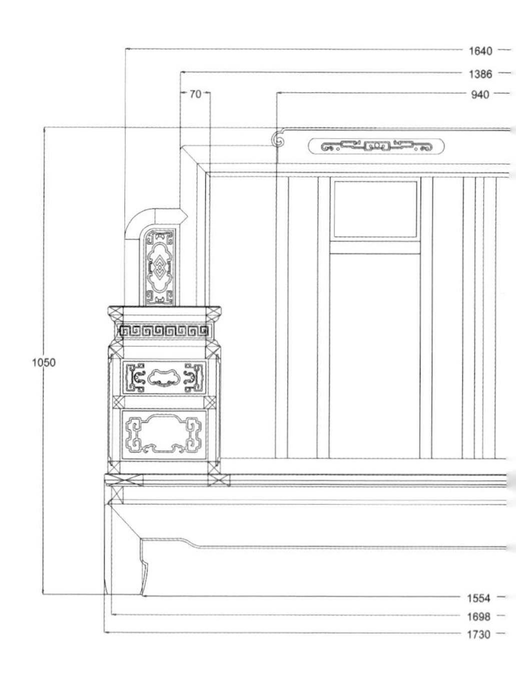
1640
1386
70
940
1050
1554
1698
1730

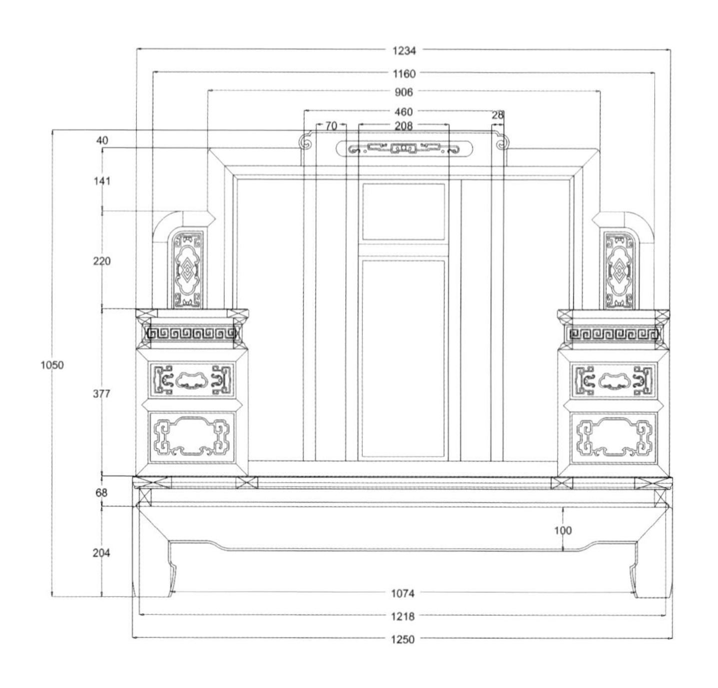
1234
1160
906
460
28
70
208
40
141
220
1050
377
68
100
204
1074
1218
1250

锦绣沙发
——cad 图

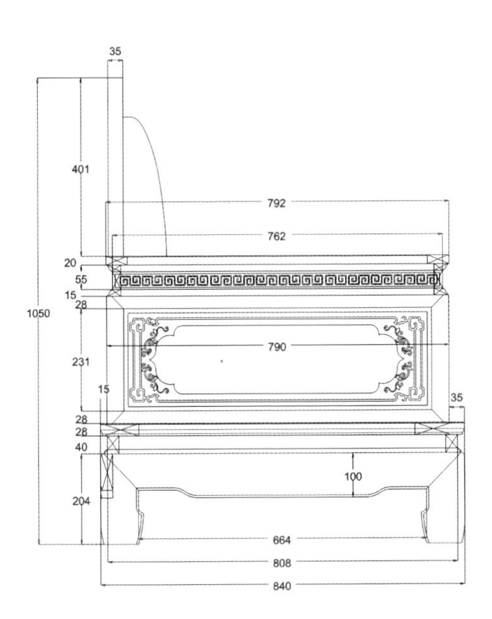

35
401
792
762
20
55
15
28
1050
790
231
15
35
28
28
40
100
204
664
808
840

※ 锦绣沙发雕刻图

屉脸雕刻图

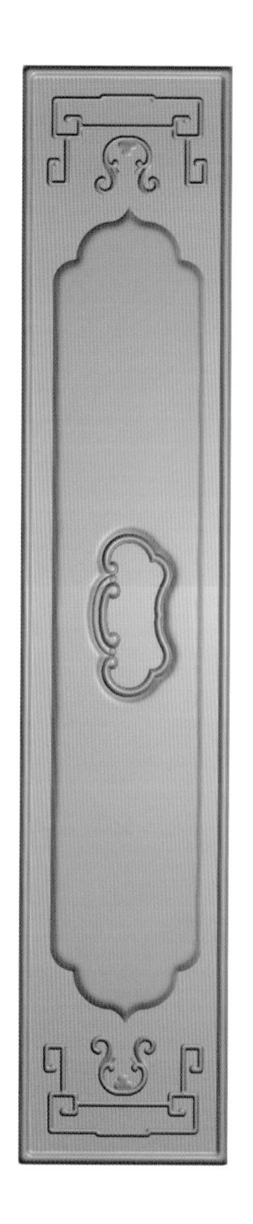

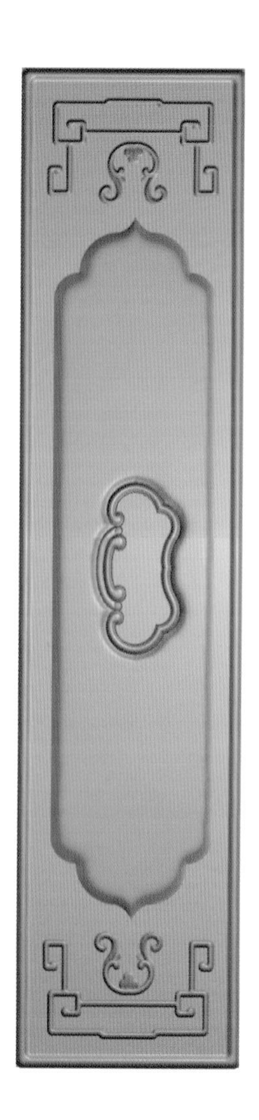

回纹

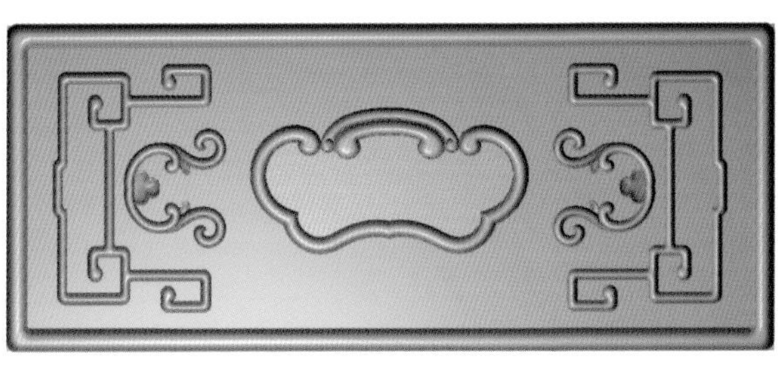

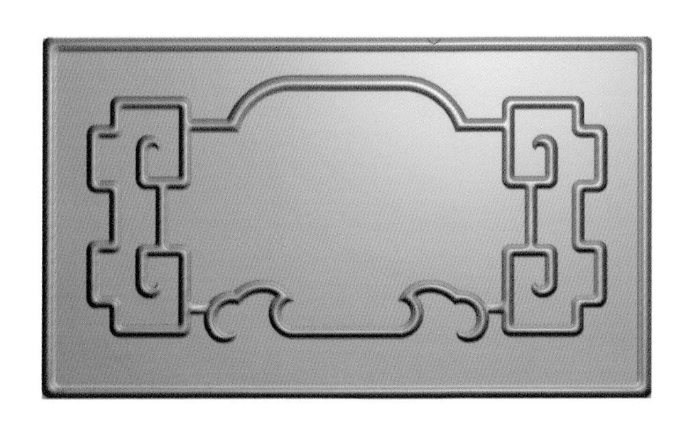

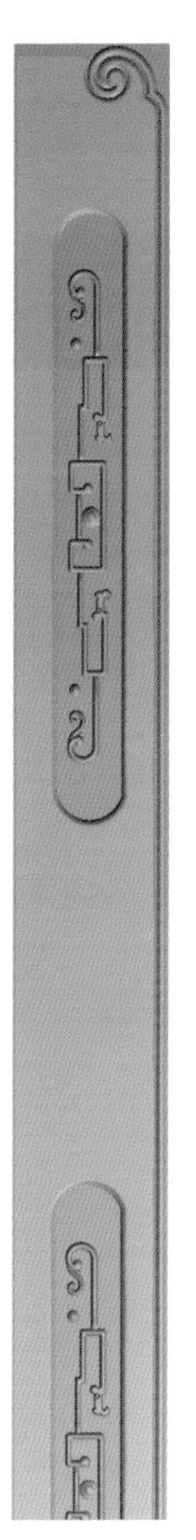

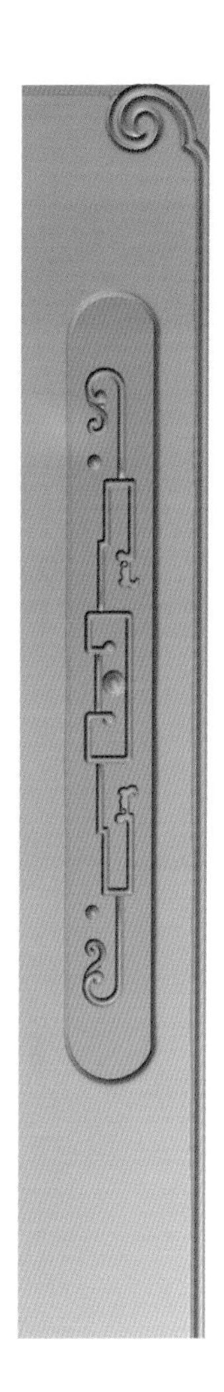

※ 福寿纹沙发

◆款式点评：

沙发背板分三屏，搭脑呈卷书状。背板中雕有蝙蝠纹样，相邻的背板之间以镂空的回纹相连。扶手向外折，以回纹镂空。沙发面下束腰，腿部和牙板相连。牙板处雕有卷草纹样，线条舒展流畅。腿下是内翻马蹄足。整器造型古朴雅致，空灵秀丽。

◆文化点评：

实用、保值、古朴、精美是中式沙发最大的特点，这样的沙发不仅可以装饰家居，独坐待客，而且能欣赏和享受到优秀的中国古典文化。而且古典家具的制作工艺上来说，制作古典家具的工艺做工考究精细、堪称一流、百年不衰。

◆图纹寓意：

蝙蝠纹是一种传统的祝福装饰纹样，因为“蝠”和“福”同音，借喻福气和幸福之意。我国对于寿字的应用是从商代开始的。秦始皇统一文字后，秦篆一通天下，也统一了寿字的写法。经过了数千年的演变，“寿”字变成今天我们所见到的样子，各式各样的“寿”字让人目不暇接。中国人对寿字的创造和运用，表现出十分的想象力。既对寿字进行变形变体的创造，又对寿字进行巧妙组合，来表达对长寿的祈望。

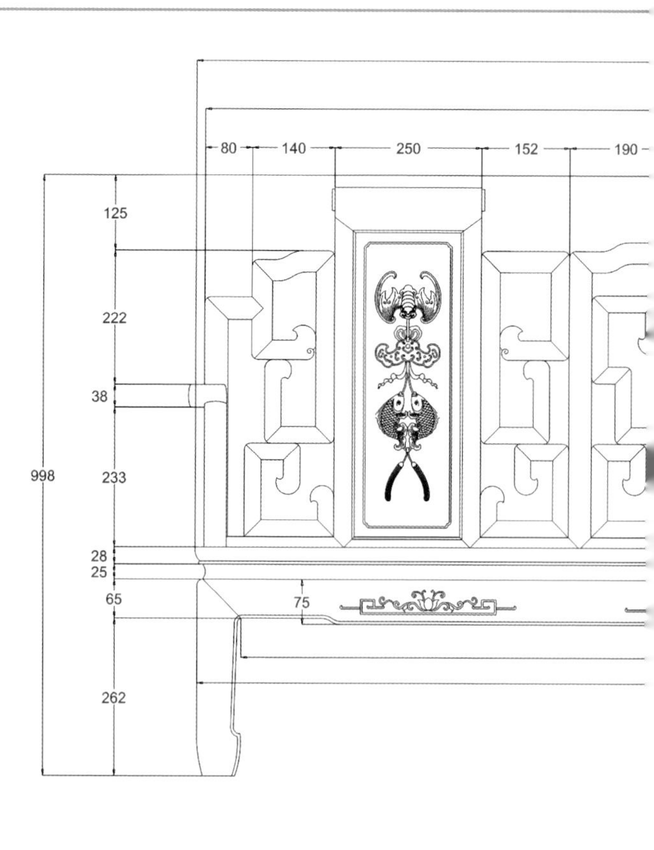
80
140
250
152
190
125
222
38
998
233
28
25
65
75
262

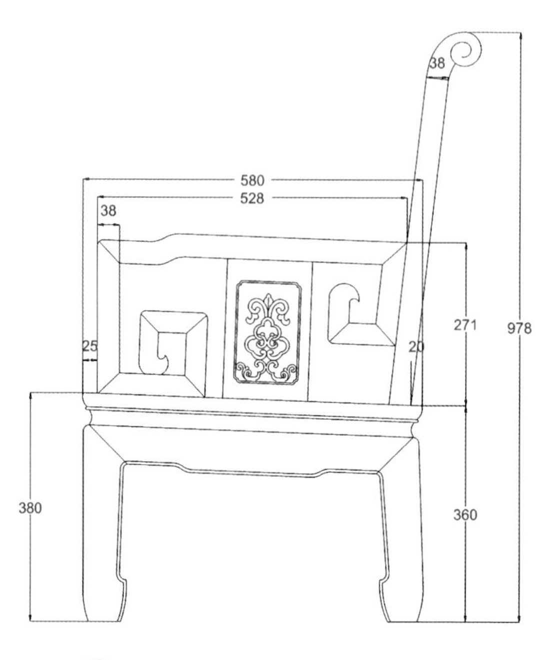
38
580
528
38
271
978
25
20
380
360

福寿纹沙发

——cad 图

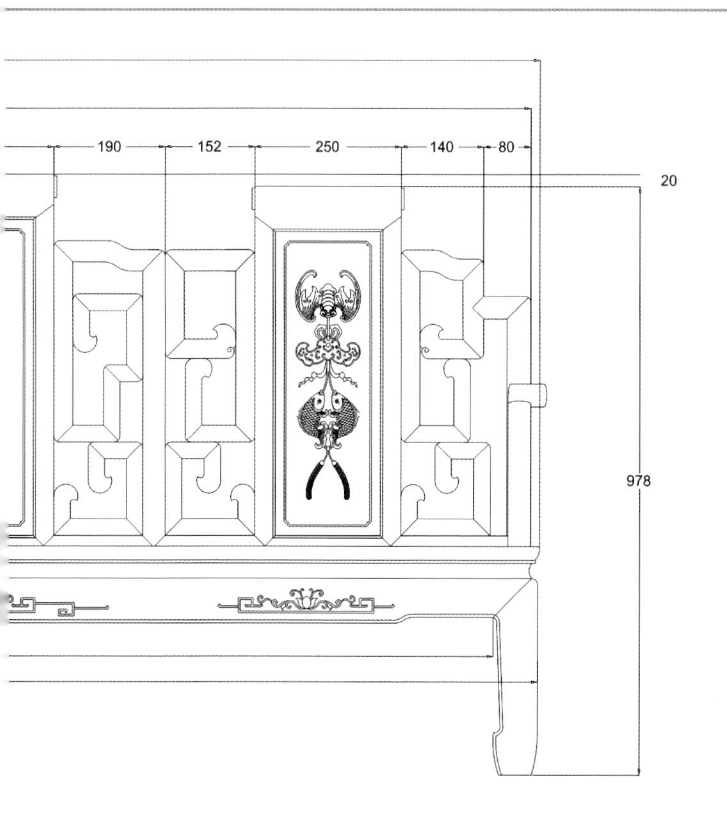
190
152
250
140
80
20
978

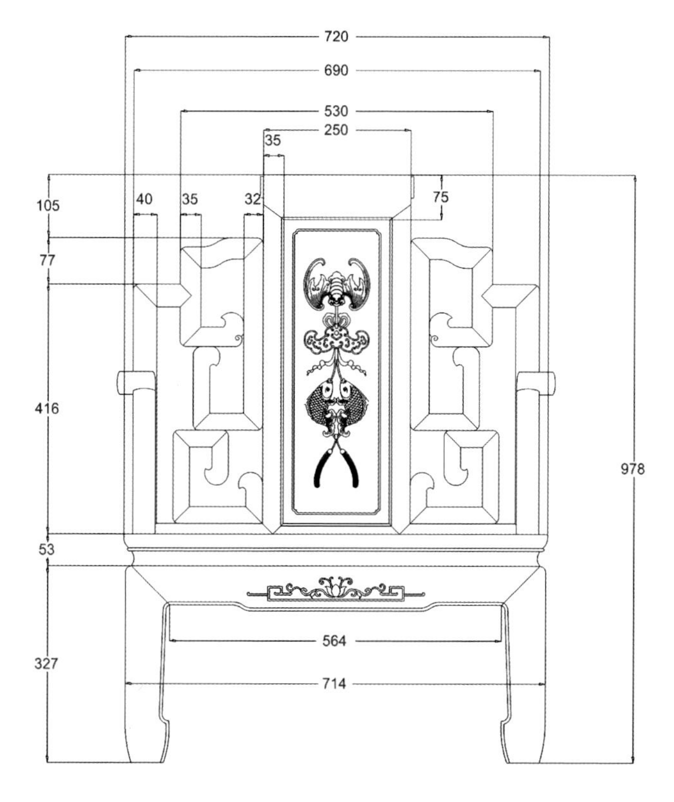
720
690
530
250
35
105
40
35
32
75
77
416
978
53
564
327
714

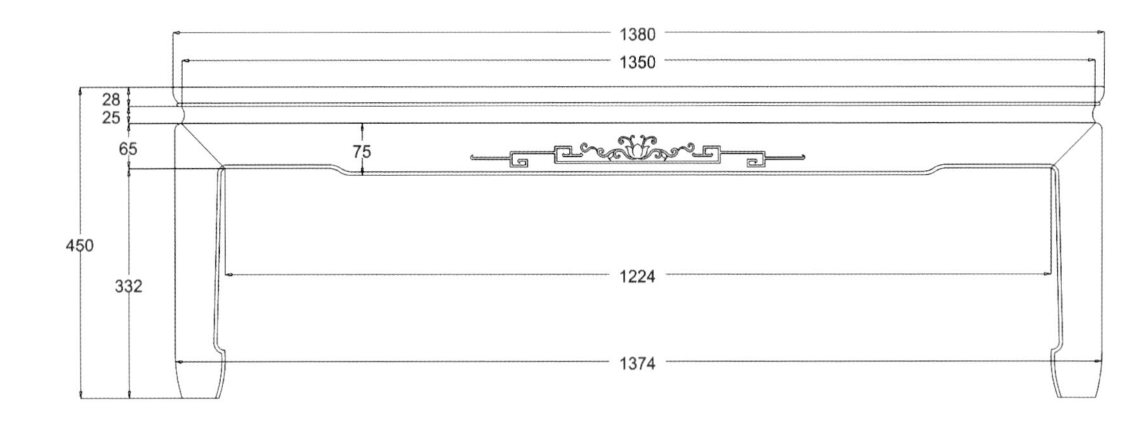

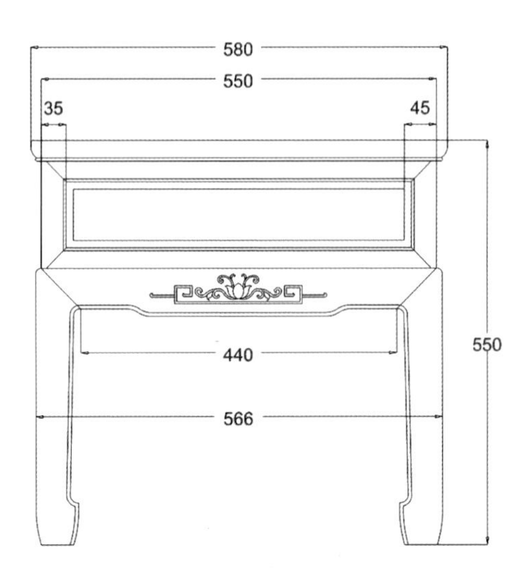

福寿纹沙发

——cad 图

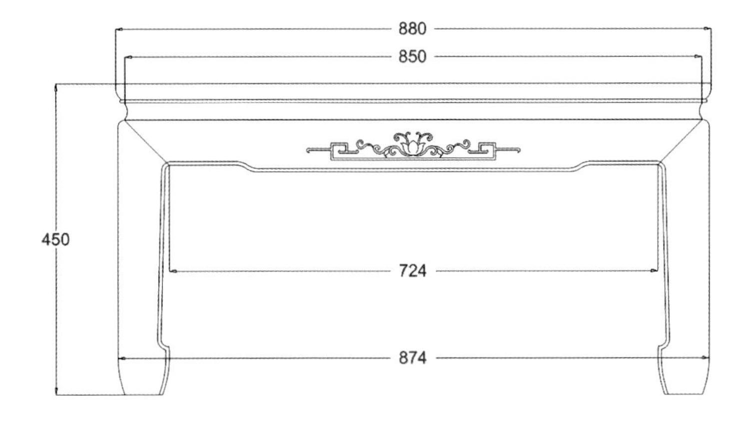
880
850
450
724
874

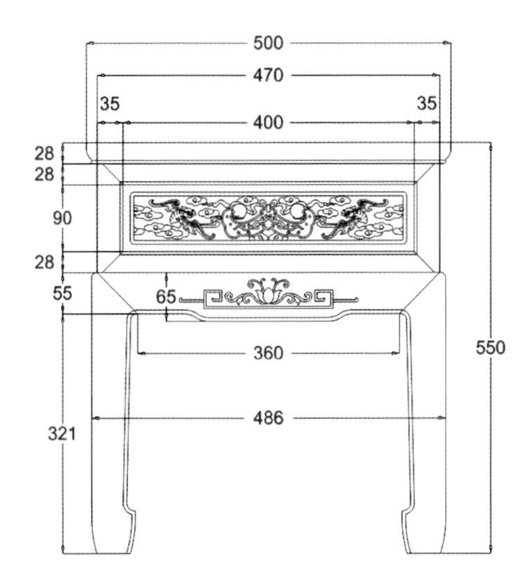
500
470
35
35
400
28
28
90
28
55
65
360
550
486
321

※ 福寿纹沙发雕刻图

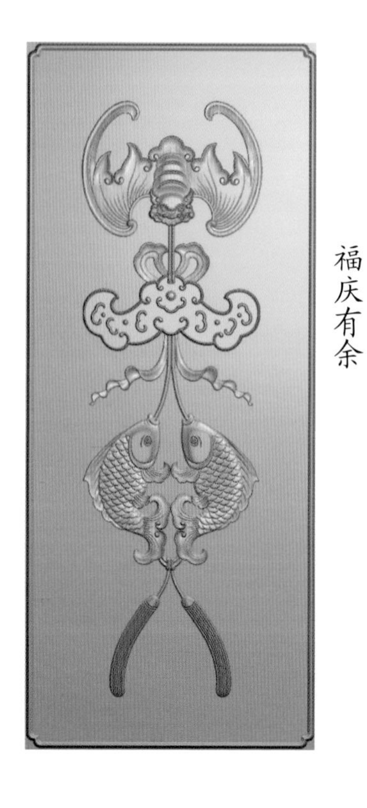

福庆有余

牙板

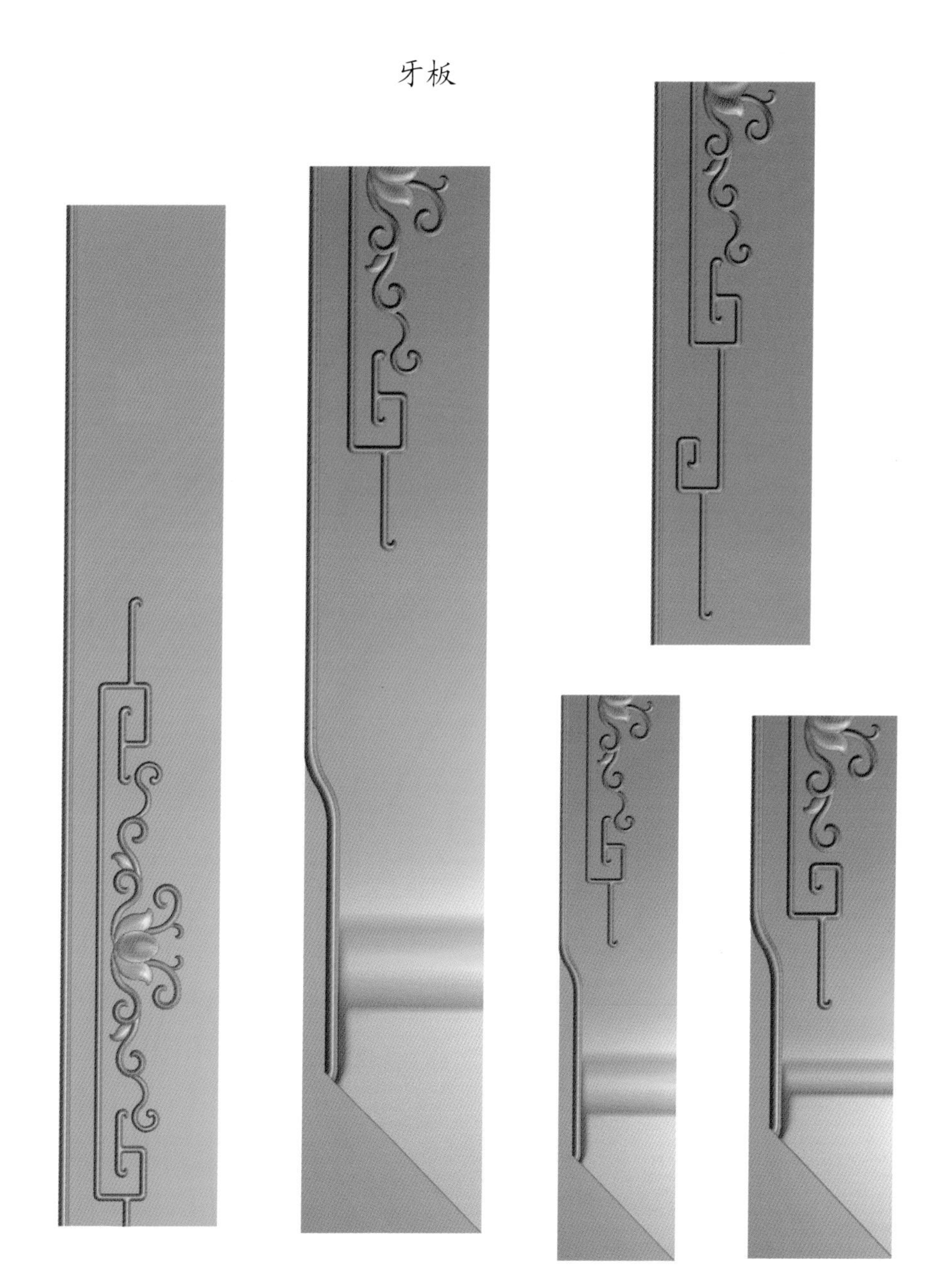

※ 牡丹沙发

◆文化点评：

此沙发沿用传统家具制造的雕刻、榫卯、镶嵌等工艺，将引人入胜的文化内涵引入其中。成功将西方人体力学与东方传统审美学巧妙结合，工艺水平炉火纯青。繁缛的雕刻使沙发整体高贵华丽、紧凑稳重；寓意深远的雕饰更让沙发显的熠熠生辉、富贵庄严。

◆款式点评：

此沙发搭脑呈卷书状，上镶绦环板，雕有卷草纹样。沙发背板分五屏，每屏皆以回纹勾勒外框，中间雕有牡丹缠枝纹样。背板下方雕有卷草纹，两侧以回纹镂空。扶手和背板相连，也以回纹镂空。沙发面下束腰，牙板和三弯腿相连，雕饰有缠枝纹样。

◆图纹寓意：

牡丹纹样以富丽饱满的形态和艳丽夺目的色泽，在我国人民心目中享有特殊的地位。人们把对生活的美丽憧憬和良好祝愿融入了牡丹图案之中，因此牡丹纹样意寓着繁荣昌盛，渊源流长。缠枝牡丹，又名“万寿藤”，寓意吉庆。因结构连绵不断，故又具“生生不息”之意。

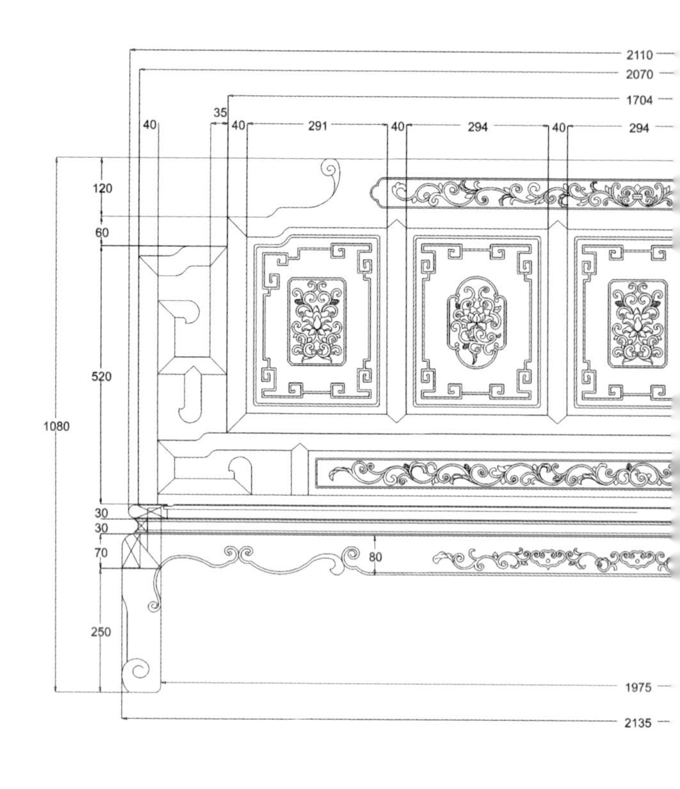
2110
2070
1704
35
40
40
291
40
294
40
294
120
60
520
1080
30
30
70
80
250
1975
2135

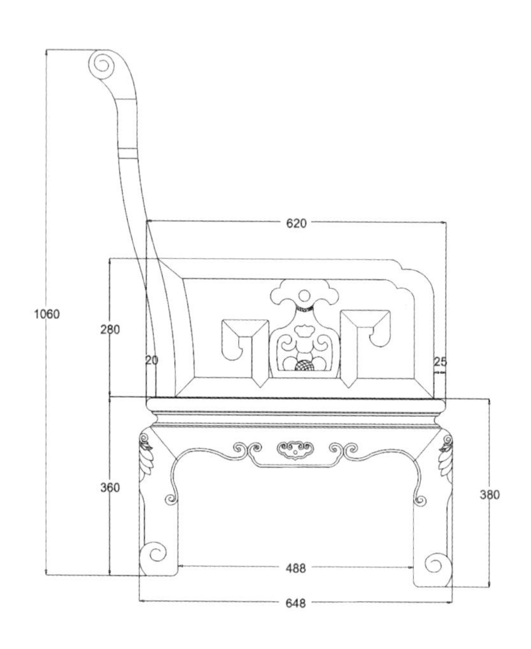
620
1060
280
20
25
360
380
488
648

牡丹沙发
——cad 图

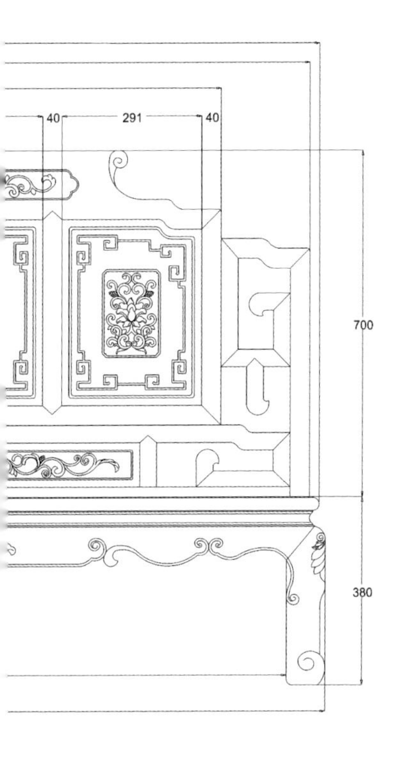

40
291
40
700
380

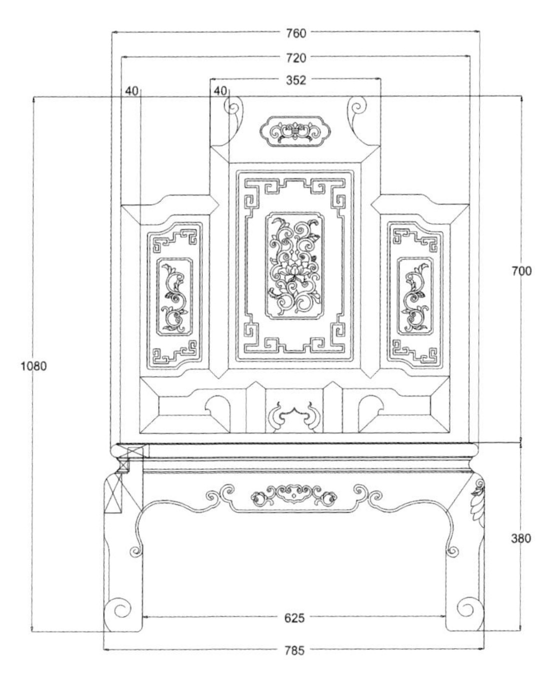

760
720
352
40
40
700
1080
380
625
785

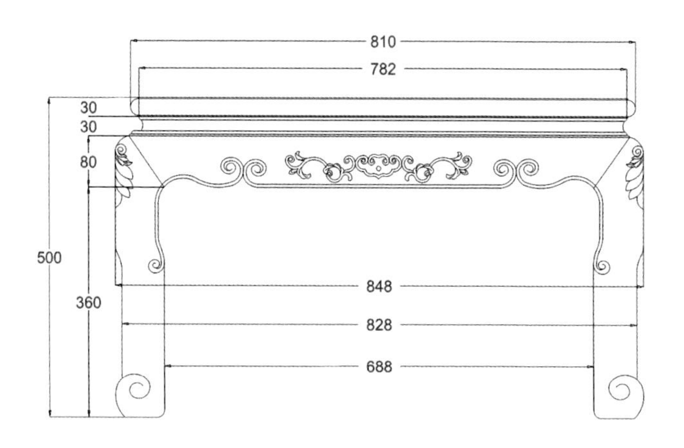
810
782
30
30
80
500
360
848
828
688

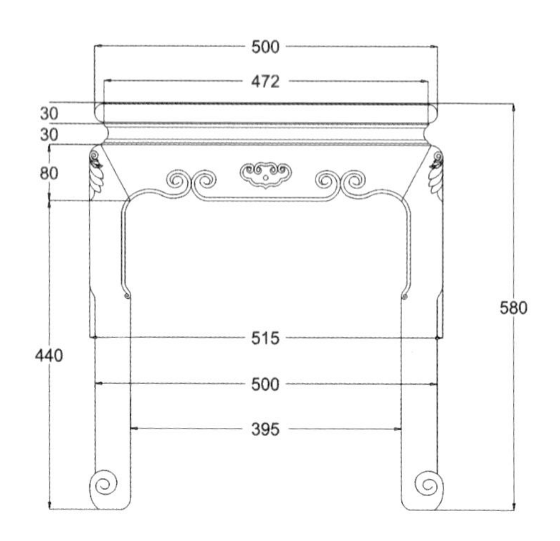
500
472
30
30
80
580
440
515
500
395

牡丹沙发

——cad 图

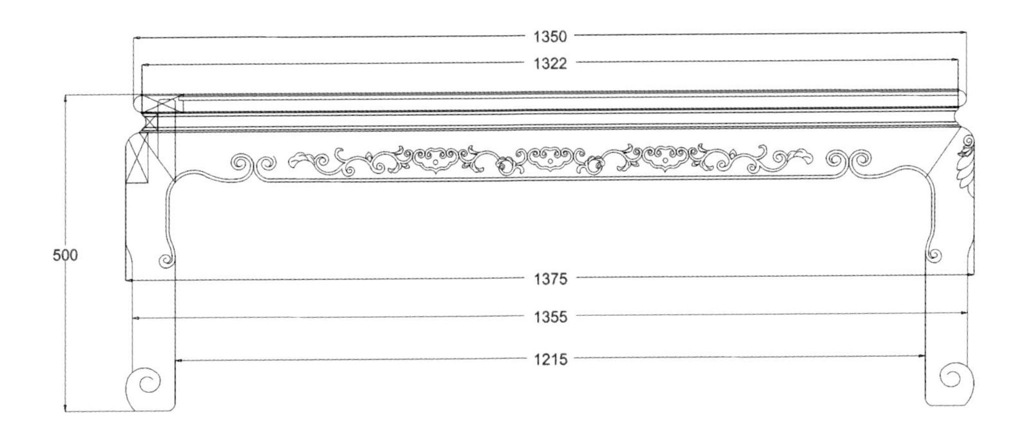

1350
1322
500
1375
1355
1215

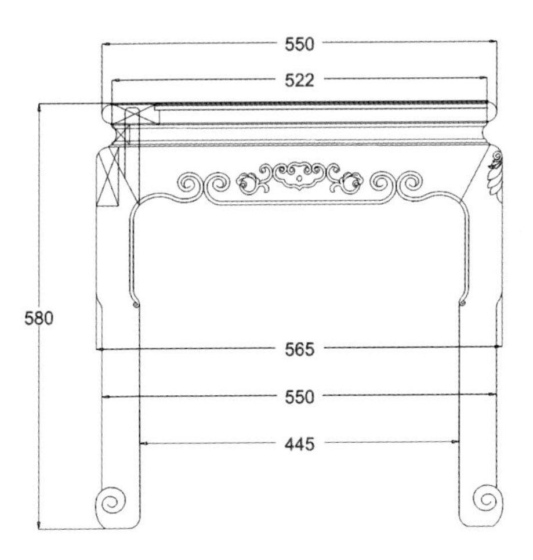

550
522
580
565
550
445

※ 牡丹沙发雕刻图

卷草纹

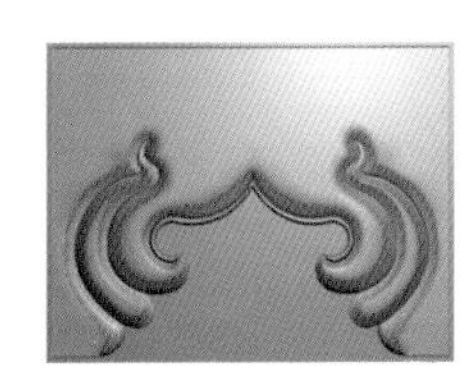

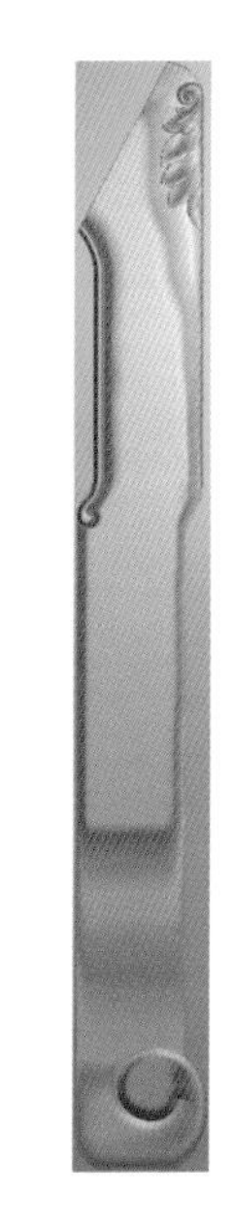

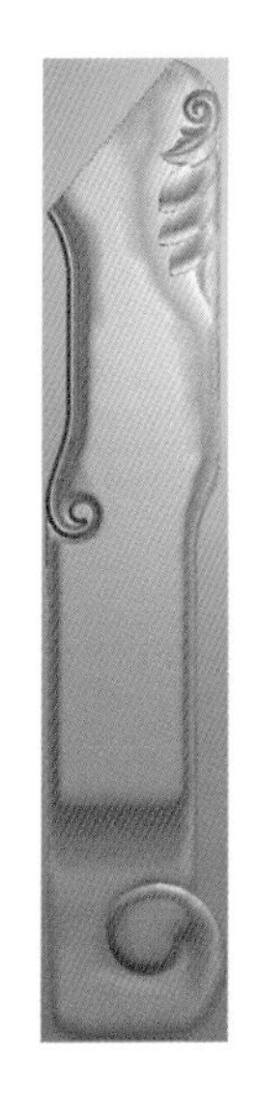

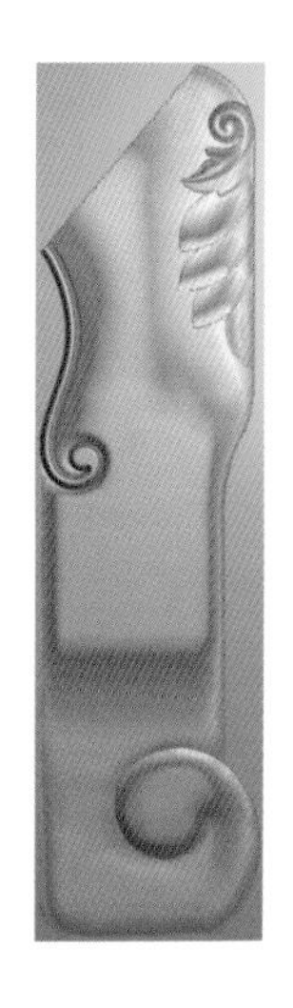

腿面雕刻

牡丹缠枝纹

※ 曲杞沙发

◆文化点评：

中式古典家具历史悠久、源远流长。明清两代，中国封建社会制度发展达到了顶峰，政治、经济、文化都进入前所未有的繁荣，属于文化范畴的家具领域此时也进入了全盛时期，经过数百年的长足发展，明清家具日渐完美，形成了中国家具史上的高峰。中式沙发秉承了明清时家具的特色，融入了人体力学的原理，已经逐渐成为不可或缺的家具之一。

◆款式点评：

沙发背板分三屏，搭脑呈卷书状。背板中雕有蝙蝠纹样，相邻的背板
之间以镂空的回纹相连。扶手向外折，以回纹镂空。沙发面下束腰，腿部
和牙板相连。牙板处雕有卷草纹样，线条舒展流畅。腿下是内翻马蹄足。
整器造型古朴雅致，空灵秀丽。

◆图纹寓意：

蝙蝠纹是传统寓意纹样。因为“蝠”与“福”字谐音，所以蝙蝠的形象，
常常被运用在家具装饰上，被人们当做是幸福的象征。不仅如此，人们还
将蝙蝠的飞临，看成是“进福”的寓意，希望幸福会像蝙蝠那样自天而降。
福、禄、寿、喜四神的雕刻精美生动，表情灵活，象征了人们对美好生活
的期盼和可望。沙发上雕有这样的纹样，不仅寓意美好，更为房间增色不少。

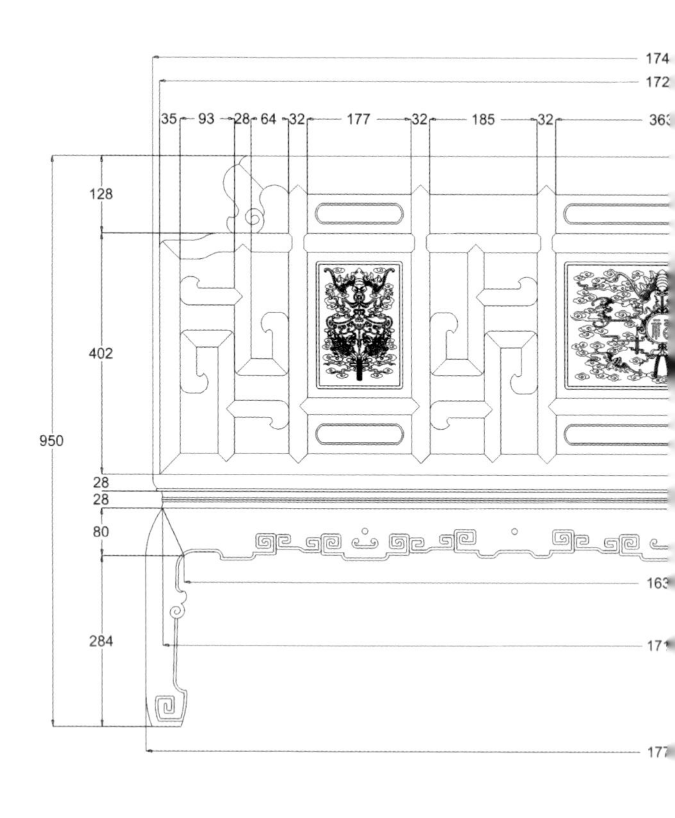
174
172
35
93
28
64
32
177
32
185
32
363
128
402
950
28
28
80
284
163
171
177

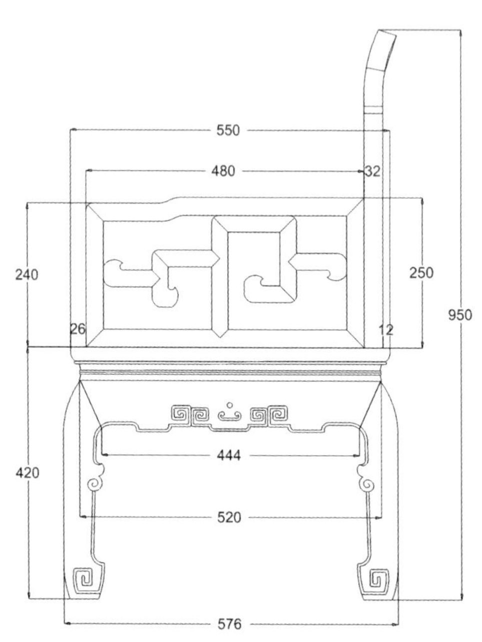
550
480
32
240
250
950
26
12
444
420
520
576

曲杞沙发

——cad 图

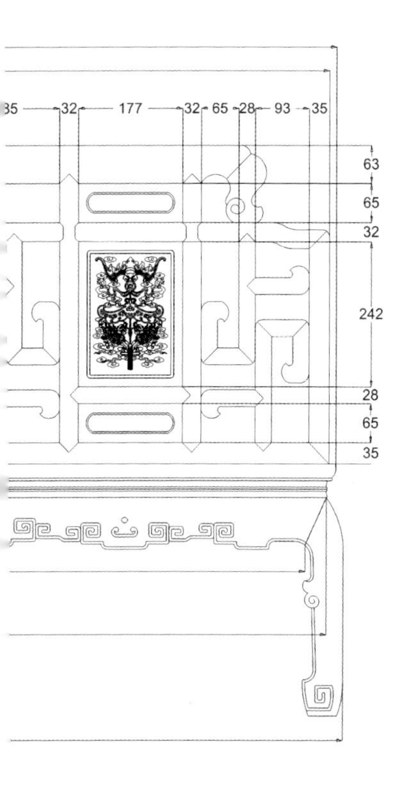
35
32
177
32
65
28
93
35
63
65
32
242
28
65
35

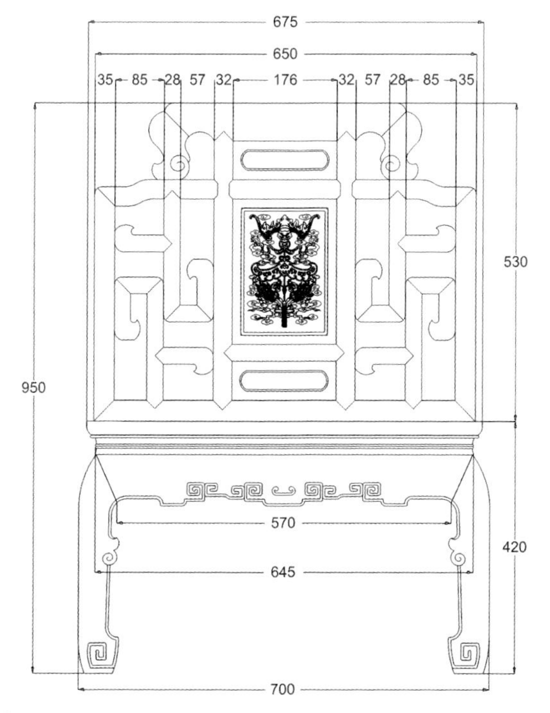
675
650
35
85
28
57
32
176
32
57
28
85
35
530
950
570
420
645
700

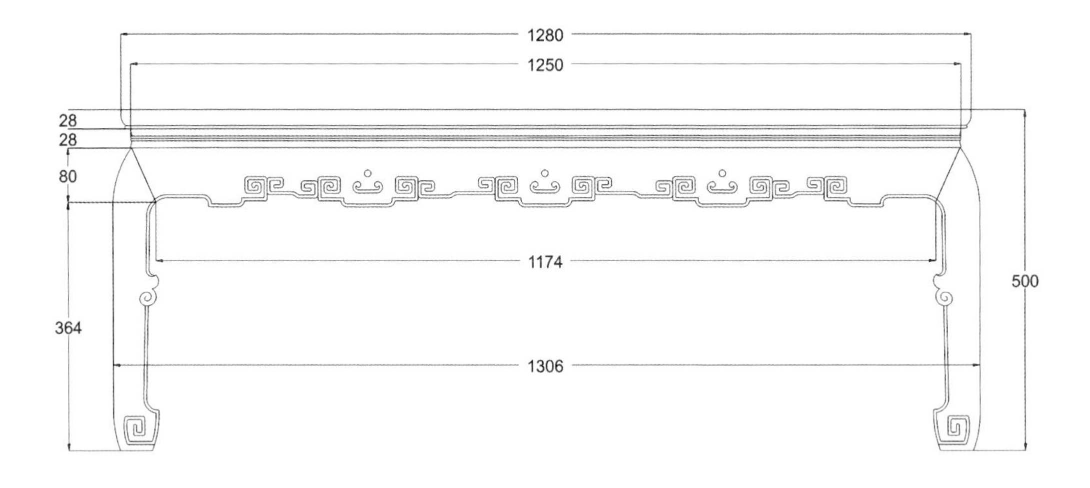
1280
1250
28
28
80
1174
500
364
1306

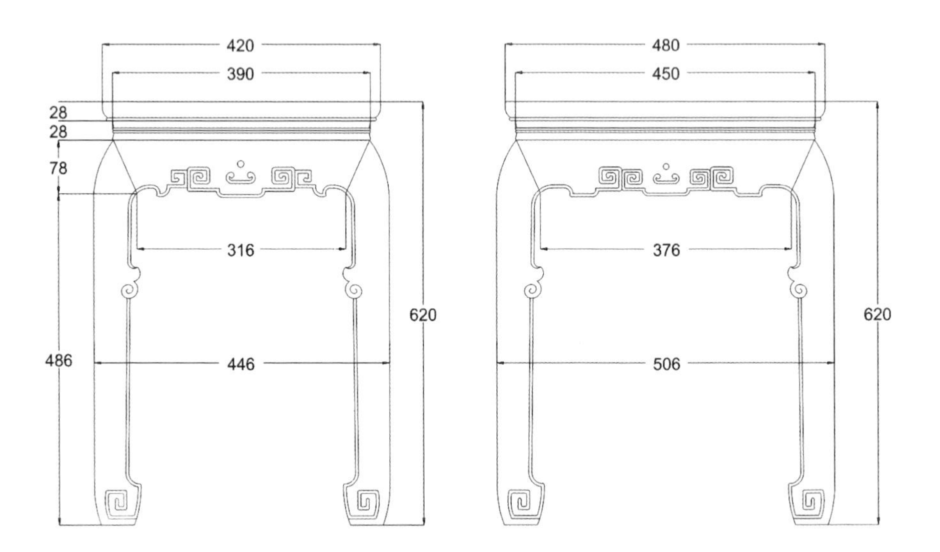
420
390
28
28
78
316
620
486
446
480
450
376
620
506

曲杞沙发

——cad 图

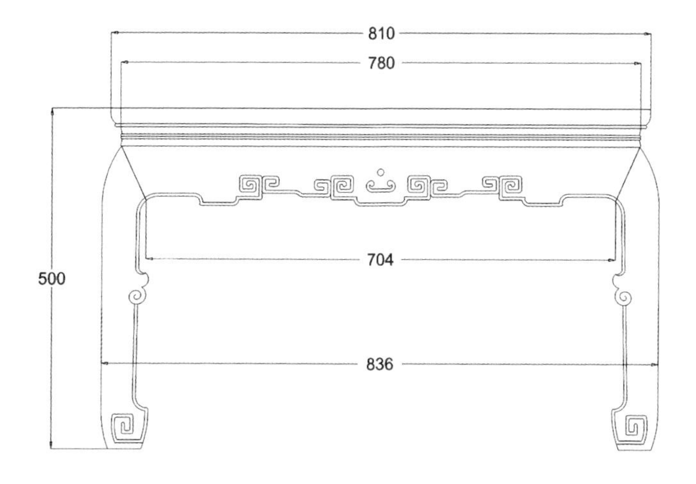
810
780
500
704
836

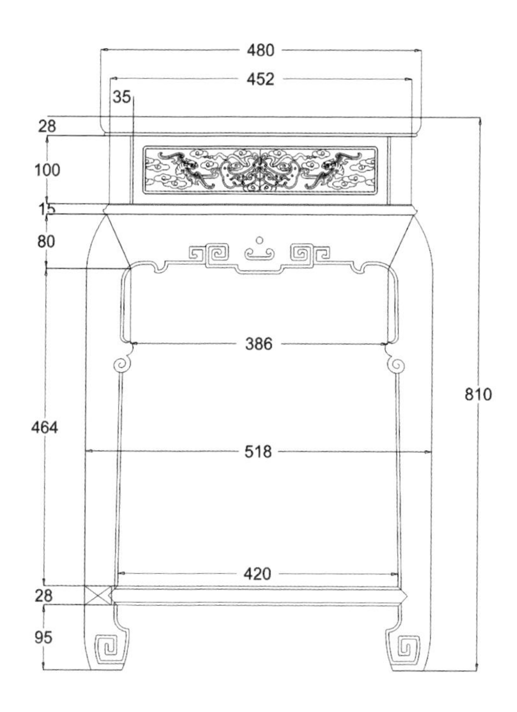
480
452
35
28
100
15
80
386
810
464
518
420
28
95

※ 曲杞沙发雕刻图

蝙蝠纹

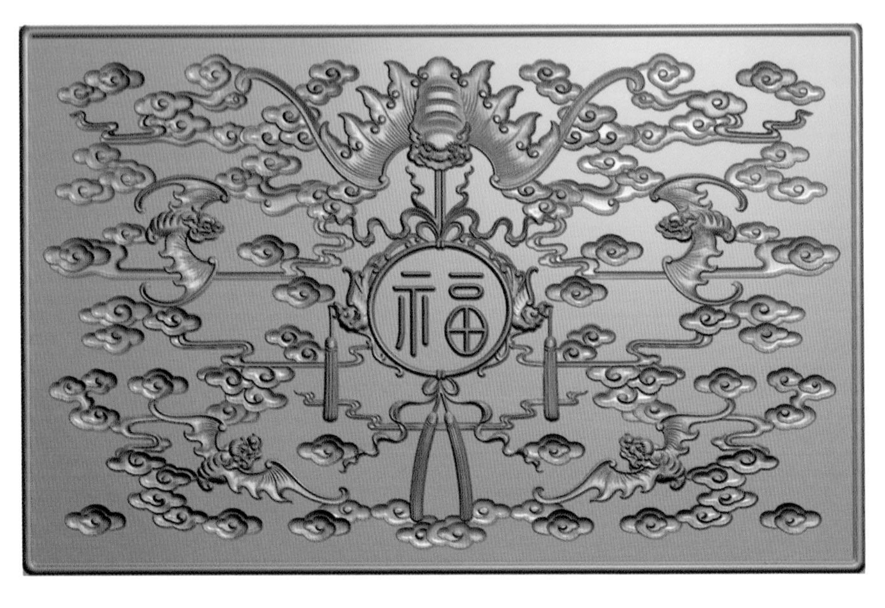

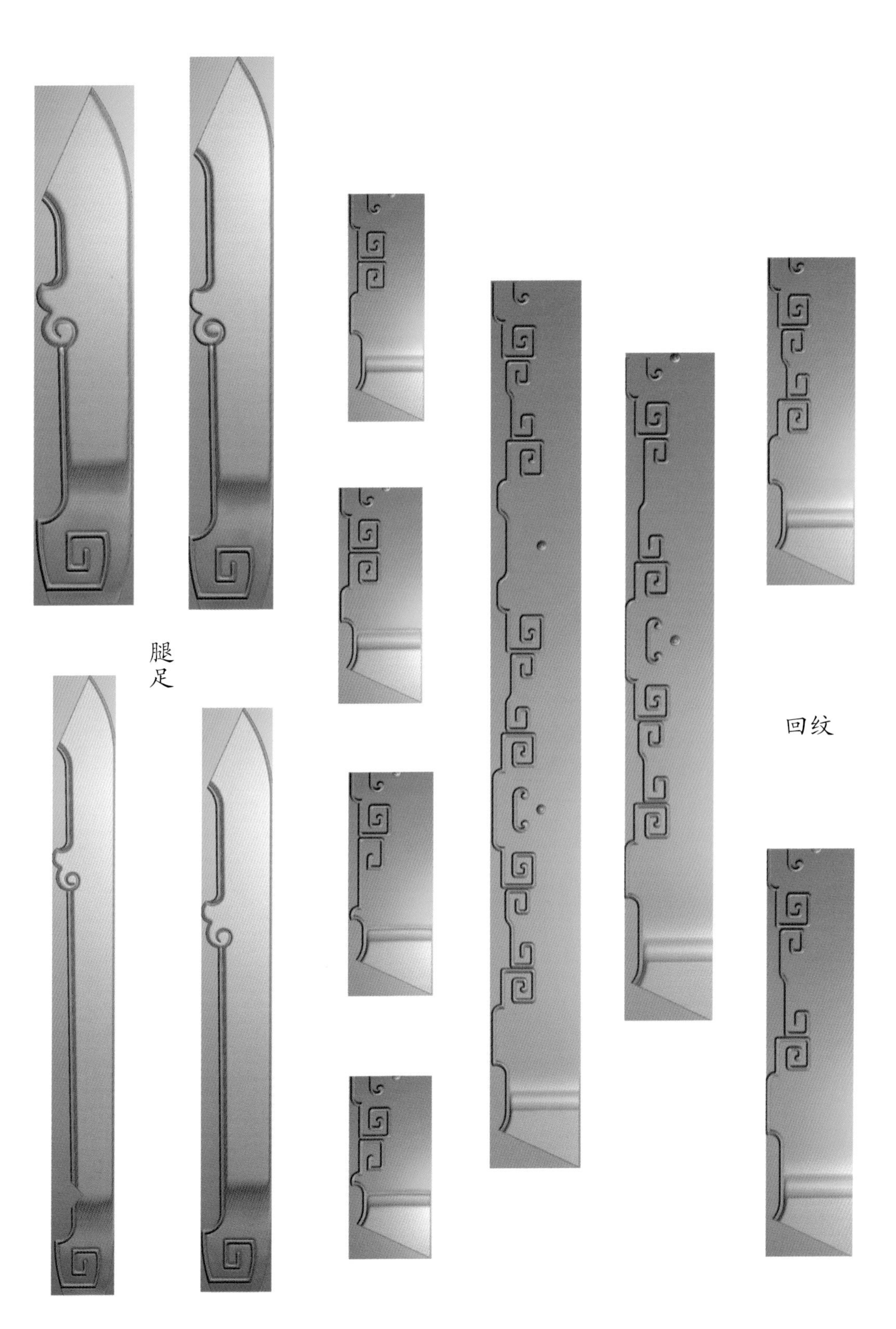
腿足
回纹

※ 五福卷书沙发

◆图纹寓意：

蝙蝠纹样变化相当丰富，有倒挂蝙蝠、双蝠、四蝠捧福禄寿、五蝠等。传统纹饰中将蝙蝠与“寿”字组合，曰“五蝠捧寿”。通常所言的五福分别为：一曰寿、二曰富、三曰康宁、四曰修好德、五曰考终命。也有将蝙蝠与云纹组合在一起，名曰“洪福齐天”；蝙蝠、寿山石加上如意或灵芝，名曰“平安如意”。福寿如意纹，织金“寿”字下部两个如意云托，托下是一倒飞的蝙蝠。万寿福禄纹，将鹿巧妙地画成团形，北负如意灵芝捧寿字寿字间饰展翅飞翔的蝙蝠，构图十分简洁大方。

◆款式点评：

此沙发背板分三屏，搭脑呈卷书状，背板中间雕有蝙蝠和铜钱纹案，其余部分皆镂空，边框雕有卷草纹样。扶手分两屏，边框也雕有卷草纹样。沙发面下束腰，牙板膨出，下连腿部，内翻马蹄足，牙板和足部皆雕有回纹。整器造型优雅，庄重大方。

◆文化点评：

此沙发沿用传统家具制造的雕刻、榫卯、镶嵌等工艺，将引人入胜的文化内涵引入其中。成功将西方人体工程学与东方传统审美学巧妙结合，工艺水平炉火纯青。繁缛的雕刻使沙发整体高贵华丽、紧凑稳重；寓意深远的雕饰更让沙发显的熠熠生辉、富贵庄严。

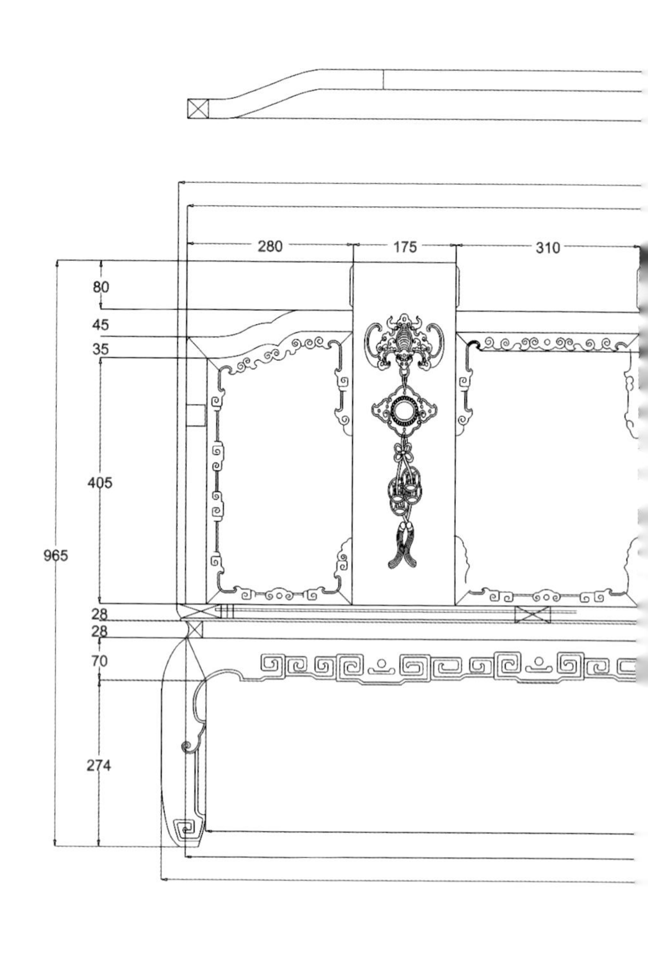
280
175
310
80
45
35
405
965
28
28
70
274

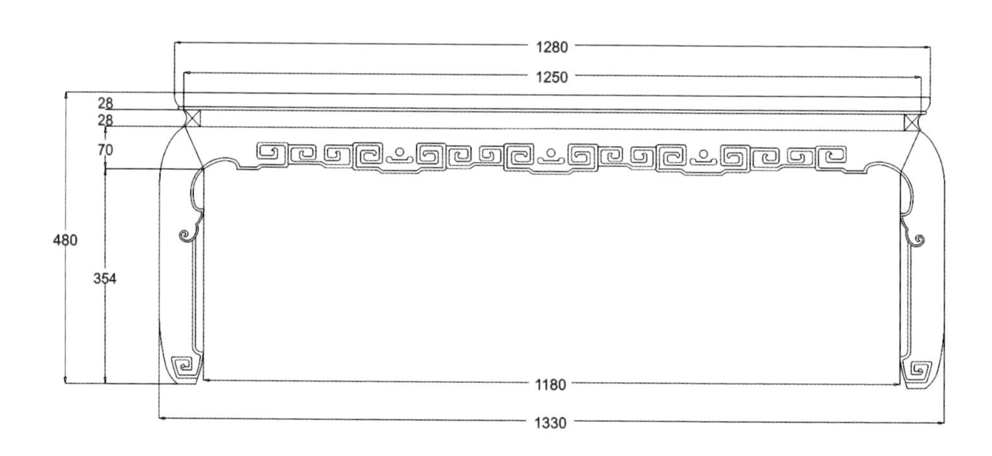
1280
1250
28
28
70
480
354
1180
1330

五福卷书沙发

——cad 图

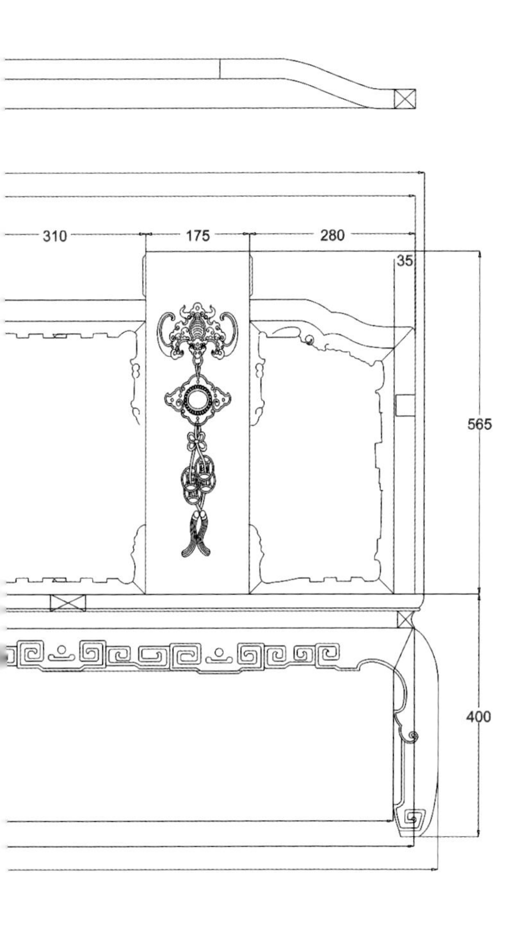
310
175
280
35
565
400

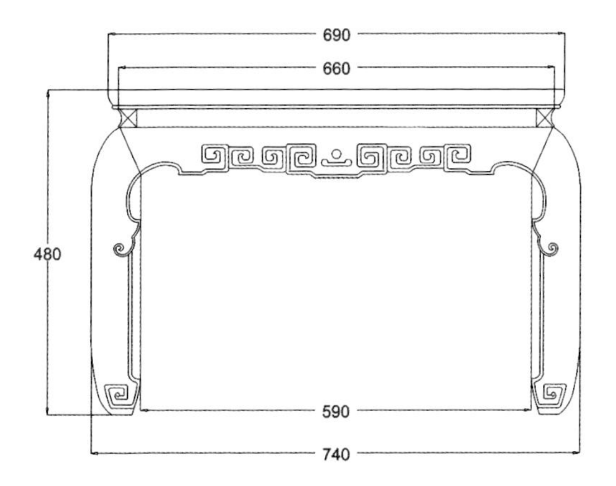
690
660
480
590
740

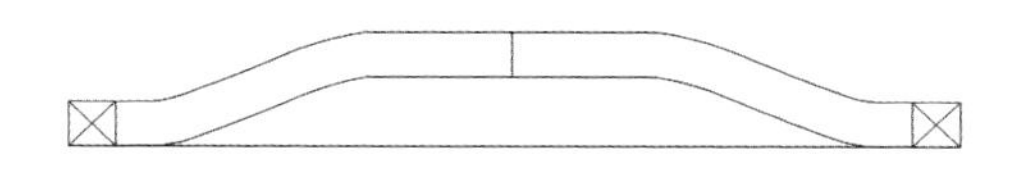

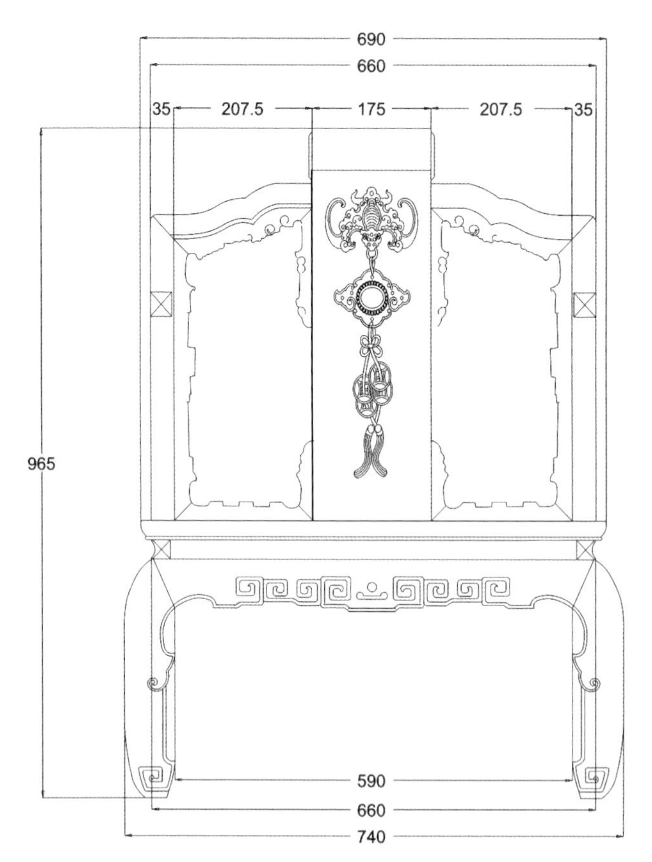
690
660
35
207.5
175
207.5
35
965
590
660
740

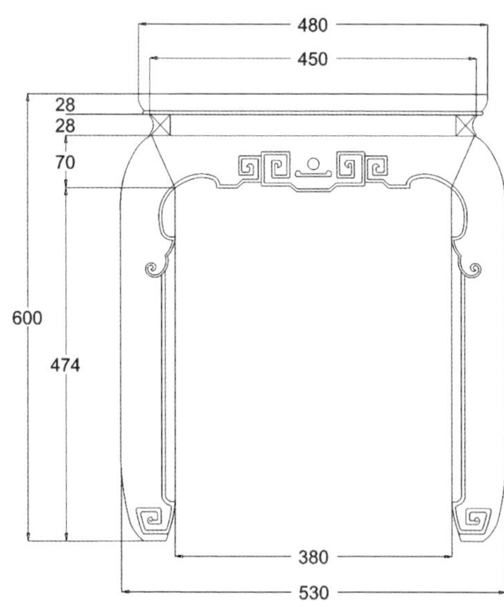
480
450
28
28
70
600
474
380
530

五福卷书沙发

——cad 图

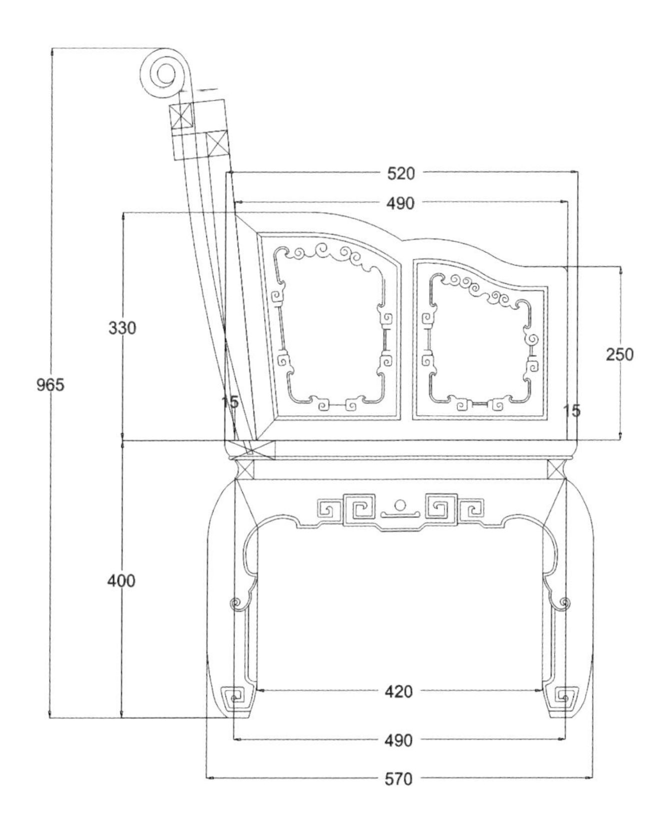
520
490
330
250
965
15
15
400
420
490
570

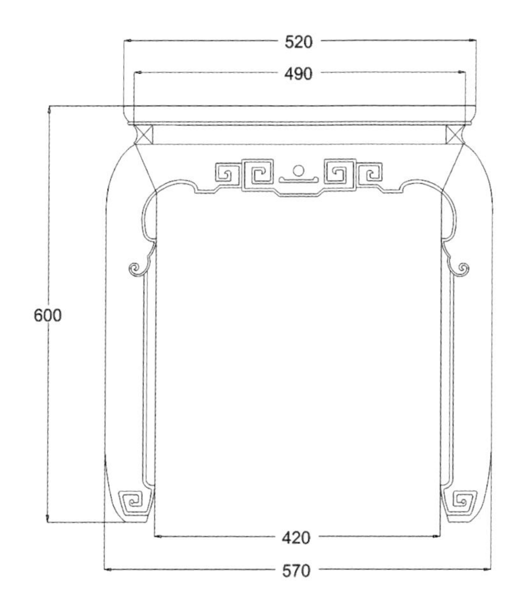
520
490
600
420
570

※ 五福卷书沙发雕刻图

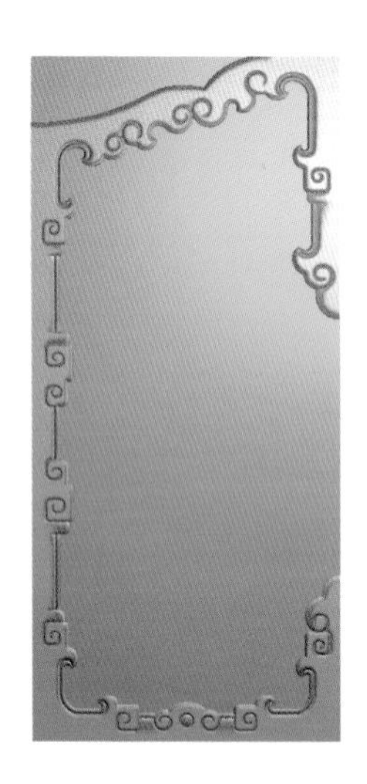

卷草纹

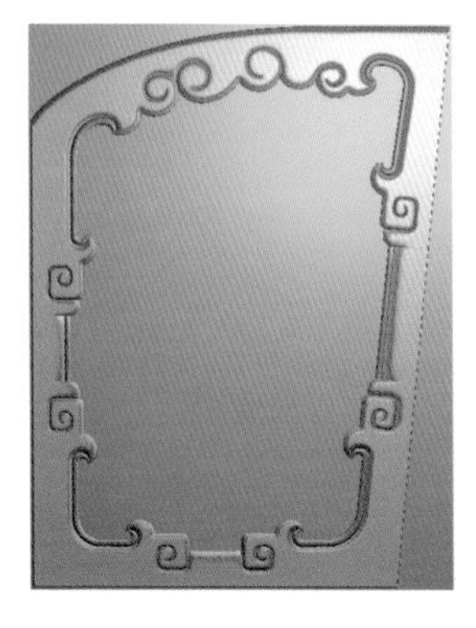

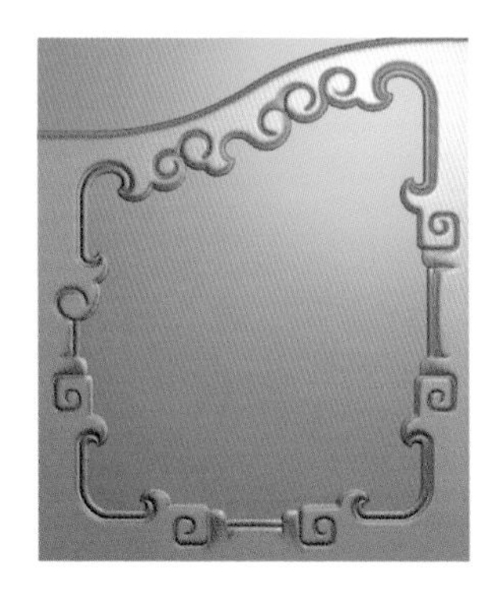

福在眼前

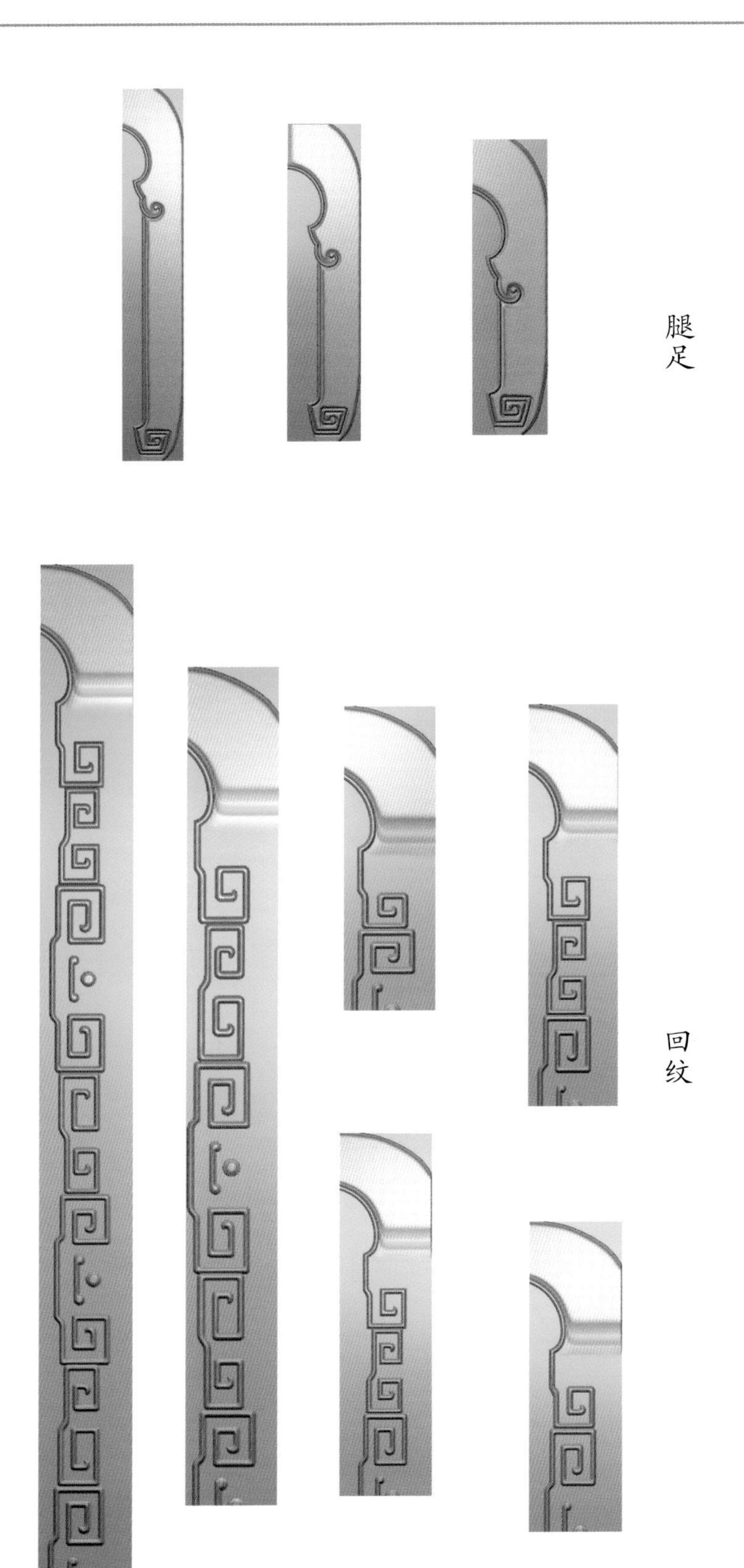

腿足

回纹

※ 吉祥如意沙发

◆款式点评：

沙发背板分三屏，搭脑呈如意云头状，装饰有卷草纹样。背板两侧镂空与扶手相连，扶手中间装有雕刻了变体寿纹的木板。背板两侧雕饰有卷草纹中间雕有童子骑在象背上，手持元宝的纹样。沙发面下束腰，牙板处雕有卷草纹样。

◆图纹寓意：

象是瑞兽，性柔顺。相传，佛象从天而降。“象”又与“祥”同音，故大象代表吉祥，好景象的意思。在家具装饰上，象常和宝瓶、如意、万年青等组成太平有象、吉祥如意、万象更新等吉祥图案。吉祥如意就是象和如意组成的图案。常见的组合方式是童子骑在象背上，手持如意，或象背上驮一宝瓶，瓶中插如意或戟，“戟”与“吉”谐音，寓意福禄康宁、美满如愿。

◆文化点评：

此沙发包含了吉祥长寿的寓意，雕工精美繁缛。不仅将传统家具制造的工艺和审美与西方人体工程学巧妙的结合，还将中国流传千年的神话故事雕刻其上，引入丰富的文化内涵，工艺水平超凡脱俗、炉火纯青。

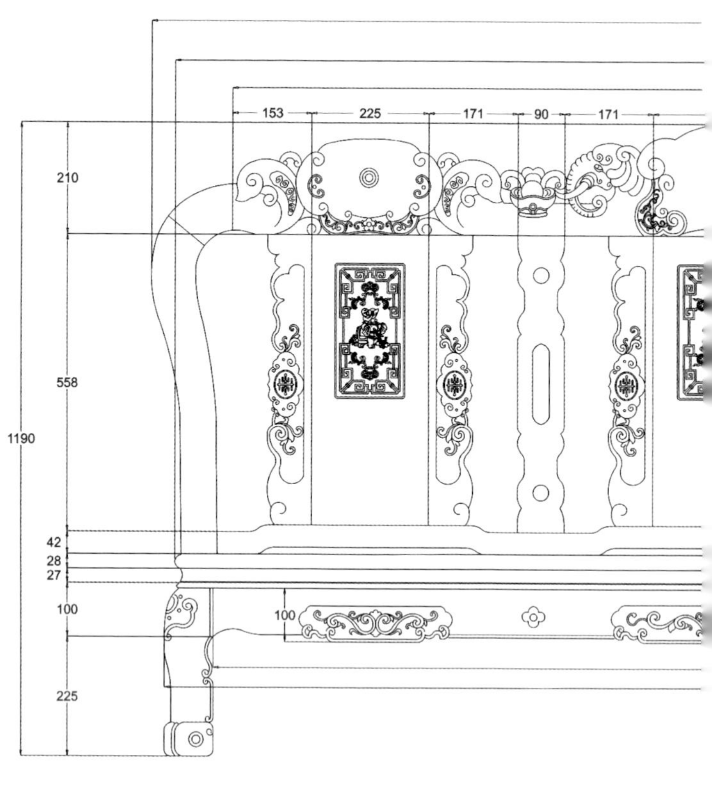
153
225
171
90
171
210
558
1190
42
28
27
100
100
225

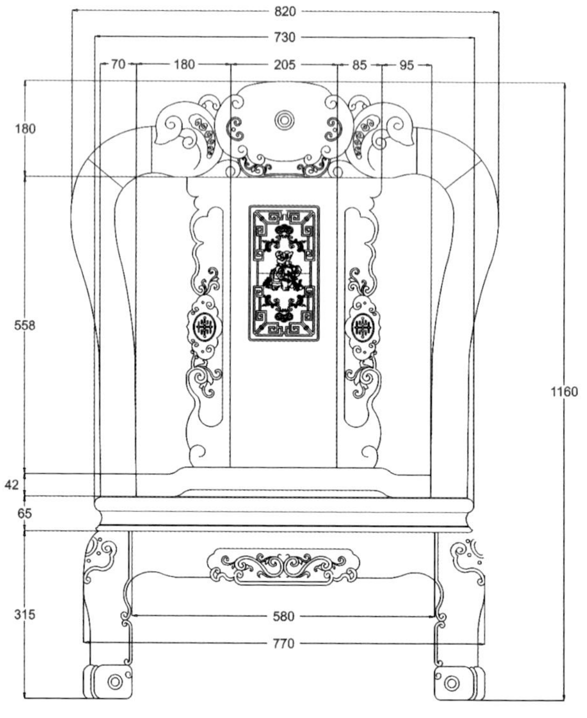
820
730
70
180
205
85
95
180
558
1160
42
65
315
580
770

吉祥如意沙发

——cad 图

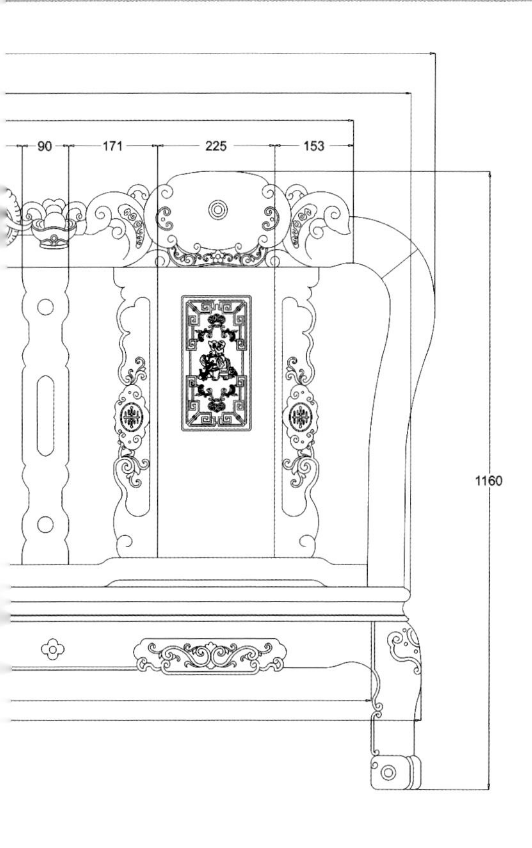
90
171
225
153
1160

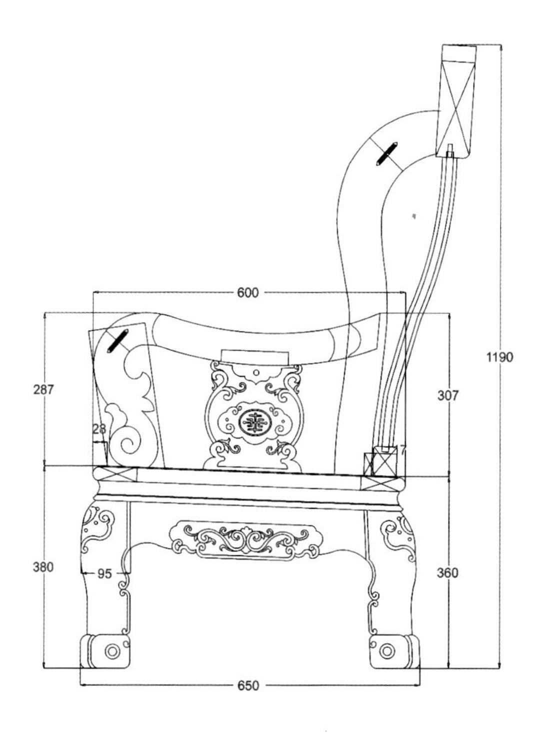
600
287
28
307
1190
380
95
360
650

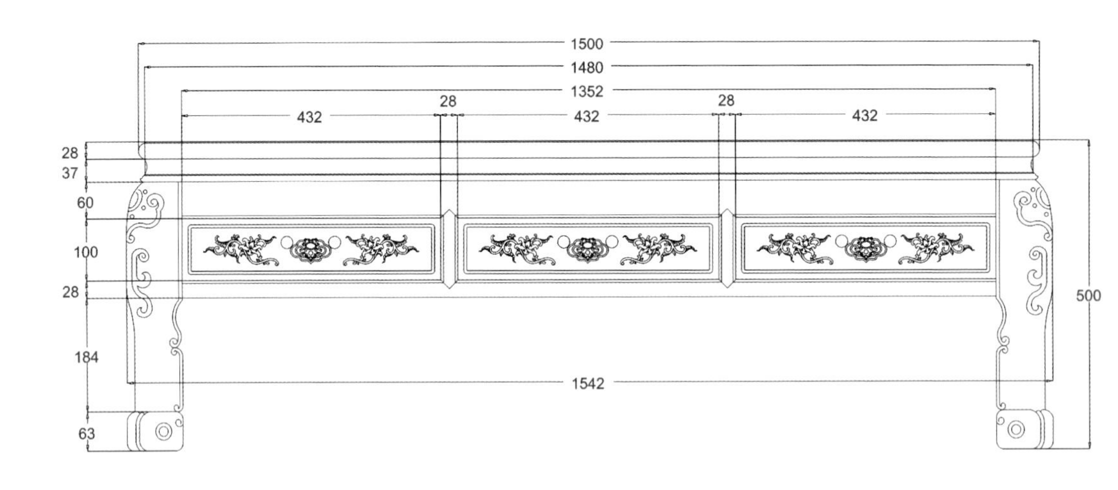
1500
1480
1352
28
28
432
432
432
28
37
60
100
28
184
63
1542
500

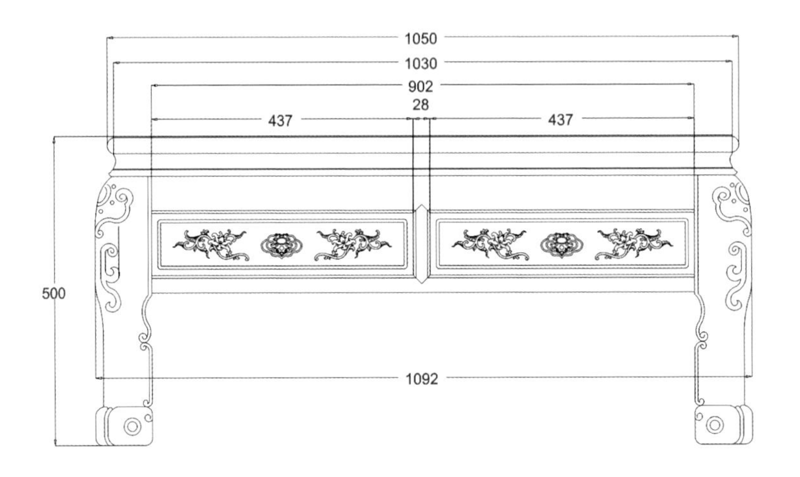
1050
1030
902
28
437
437
500
1092

吉祥如意沙发
——cad 图

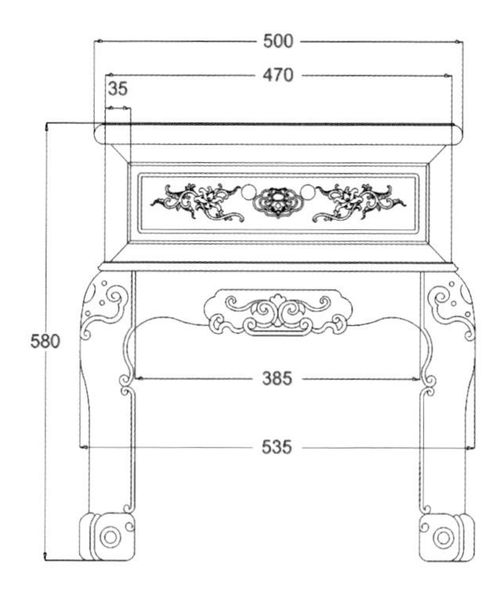
500
470
35
580
385
535

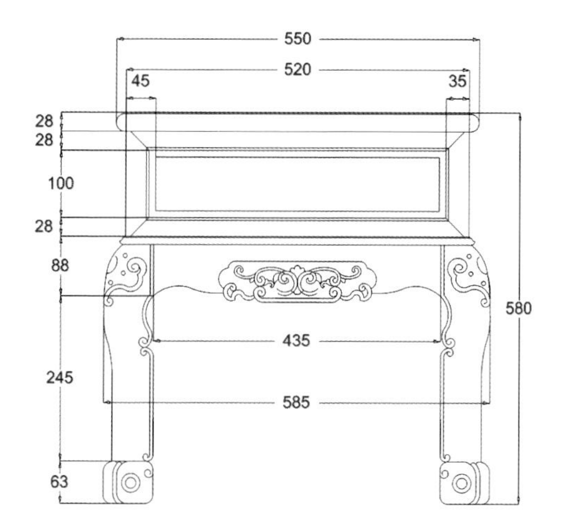
550
520
45
35
28
28
100
28
88
580
435
245
585
63

※ 吉祥如意沙发雕刻图

卷草纹

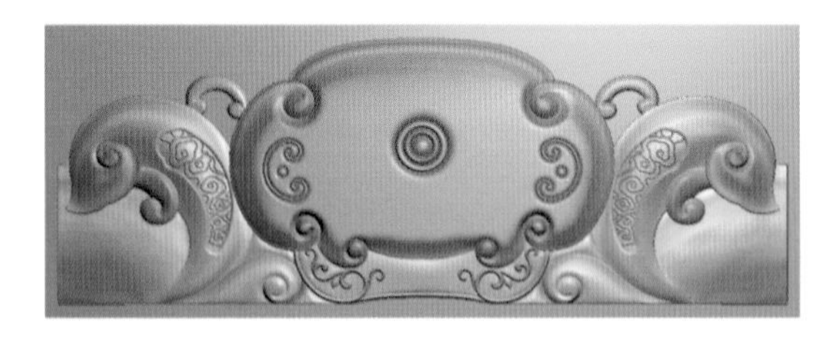

如意云头纹

吉祥如意

卷草纹

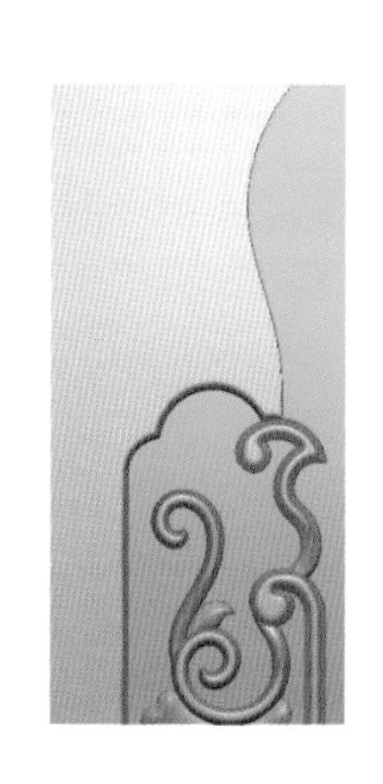

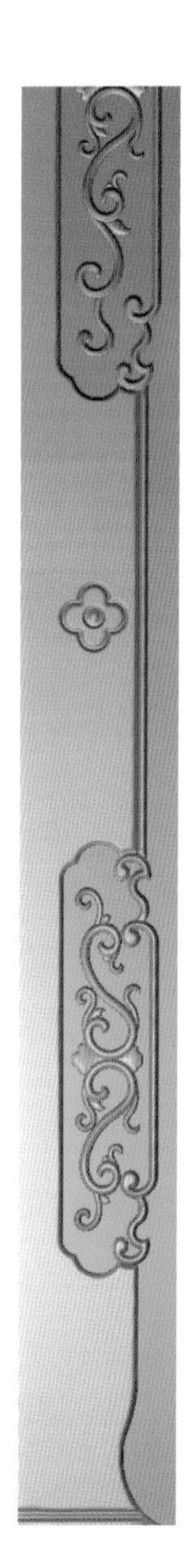

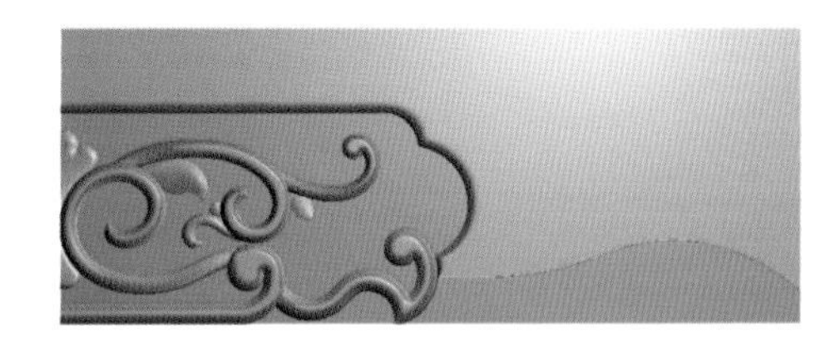

寿纹

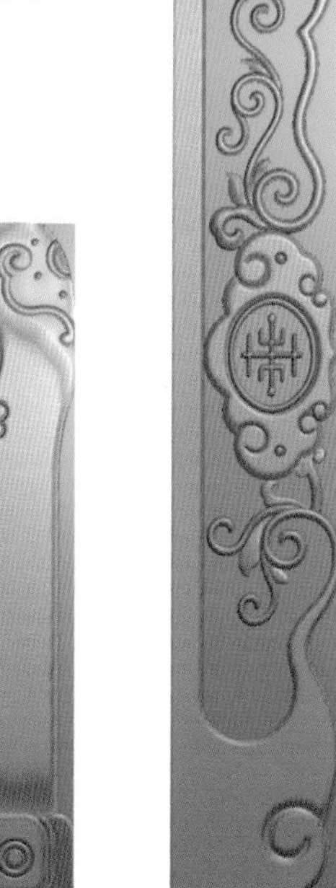

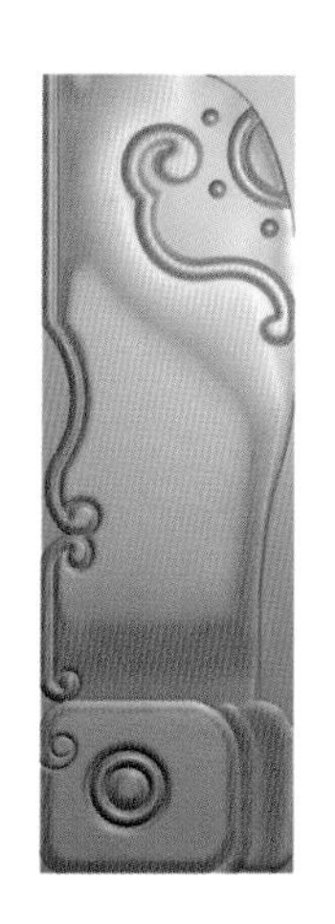

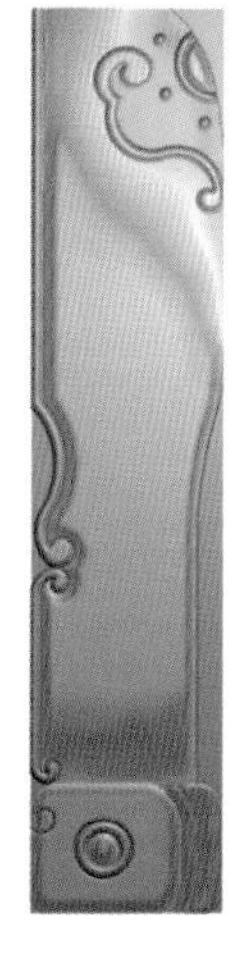

腿足

※ 兰亭沙发（款一）

◆款式点评：

沙发造型简洁，搭脑成罗锅状，背板处以直棂分为三屏，每屏中都有直棂连接的雕花背板。背板处雕有变体寿字纹样。扶手呈弧线形，弧度优美装饰有卷草纹样，雕刻有竹席底纹。牙板雕有卷草纹，腿部笔直，下方以卷草纹饰之。

◆图纹寓意：

卷草纹最早出现在汉代，到了南北朝时期，这种纹样已经被大量的运用在了石碑的边缘。这时的卷草纹风格简练朴实，节奏感强，在波状组织中以单片花叶、双片花叶或三片花叶对称排列在主干两侧，形成连续流畅的带状花纹。这时的卷草纹大多取材于忍冬。卷草纹包含了生机勃勃，绵绵不断的寓意。

◆文化点评：

气韵，或者称之为灵魂，是中式古典家具的力量和价值所在。面对那简洁的造型，挺拔的线条，秀丽素雅的身躯和散发着木材纹理自然纯美的家具珍品，仿佛一缕浮动的暗香令人神往，一股诱人的魅力令人流连。作为中式家具的常见款式，中式沙发也因其考究的做工、深厚的家具文化底蕴，受到越来越多人的推崇。

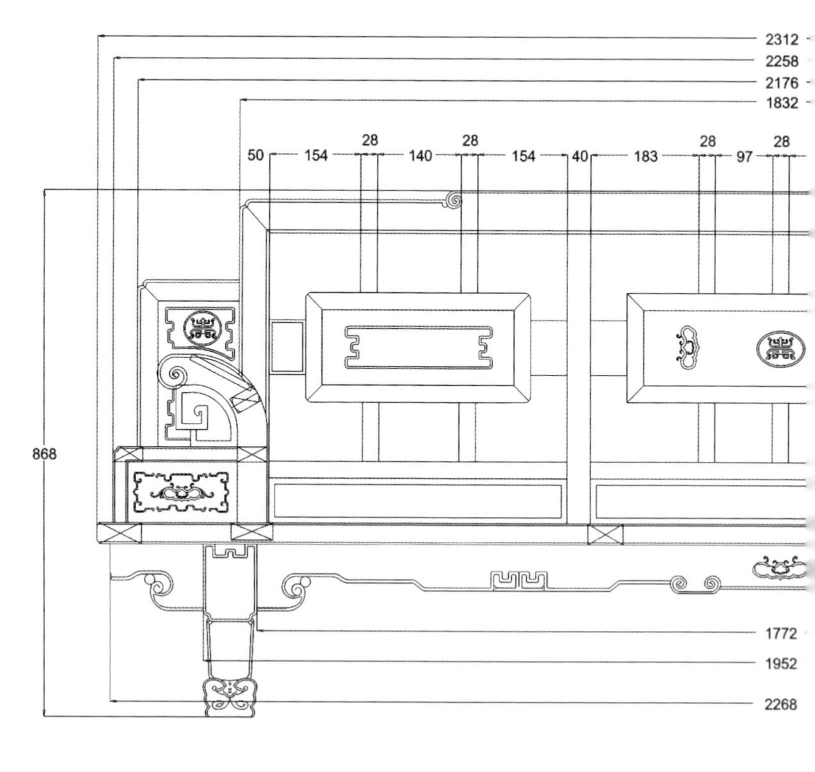
2312
2258
2176
1832
50
154
28
140
28
154
40
183
28
97
28
868
1772
1952
2268

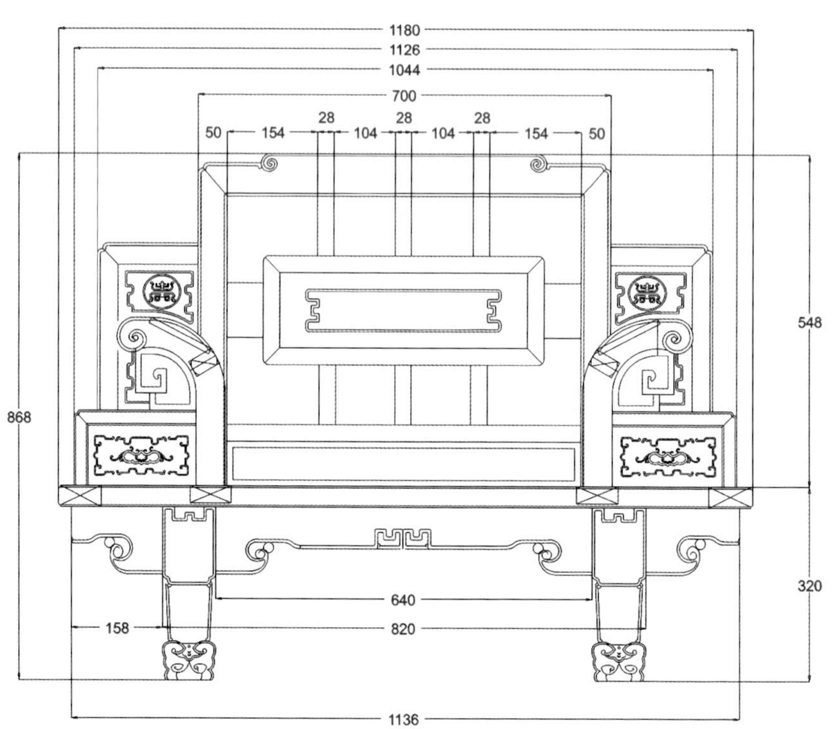
1180
1126
1044
700
50
154
28
104
28
104
28
154
50
868
548
320
640
158
820
1136

兰亭沙发

——cad 图

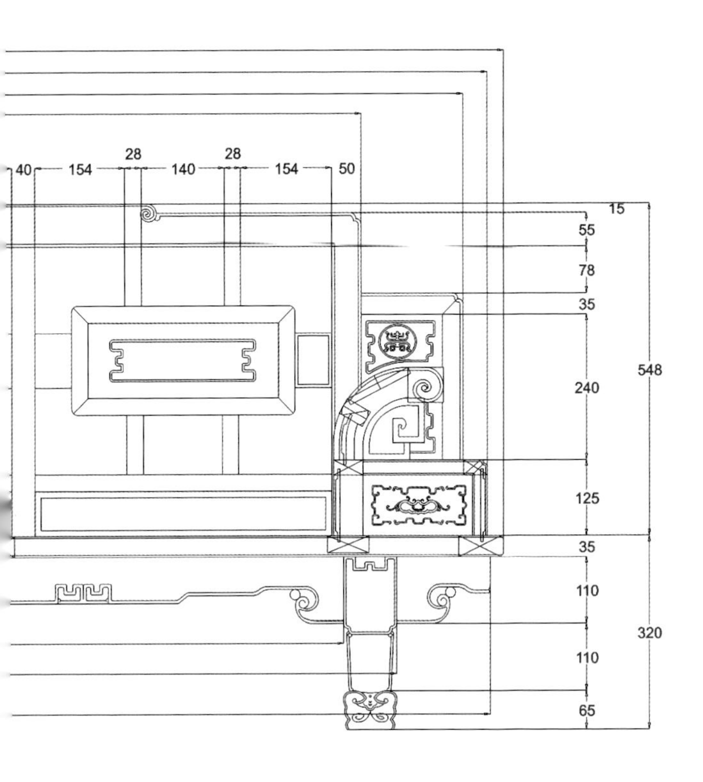
40
154
28
140
28
154
50
15
55
78
35
240
548
125
35
110
320
110
65

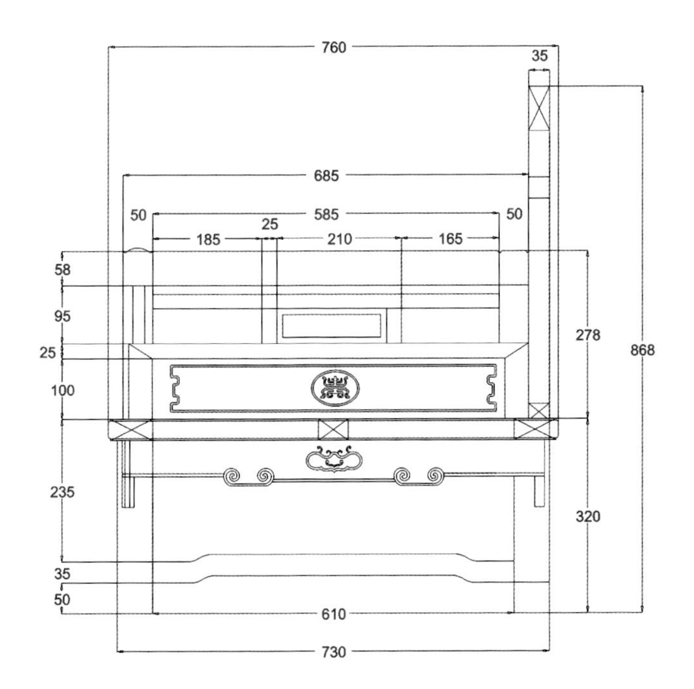
760
35
685
50
585
50
25
185
210
165
58
95
25
100
278
868
235
320
35
50
610
730

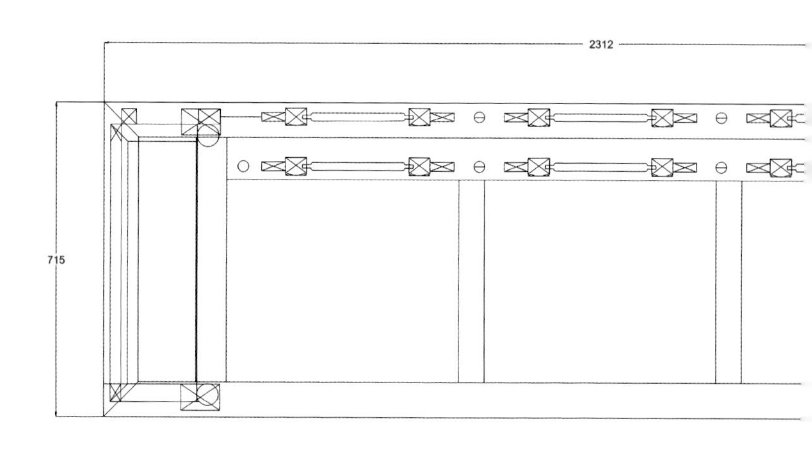

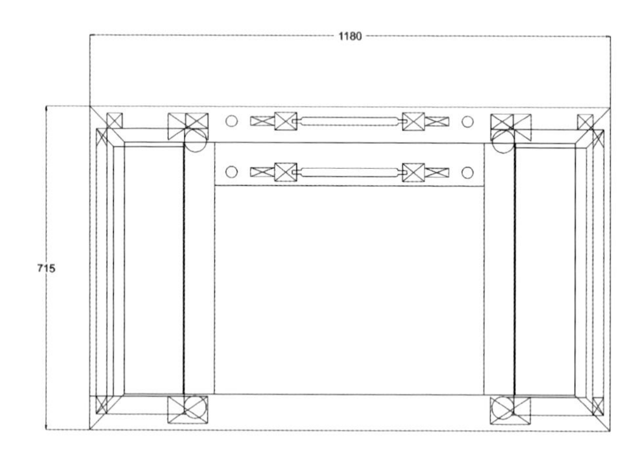

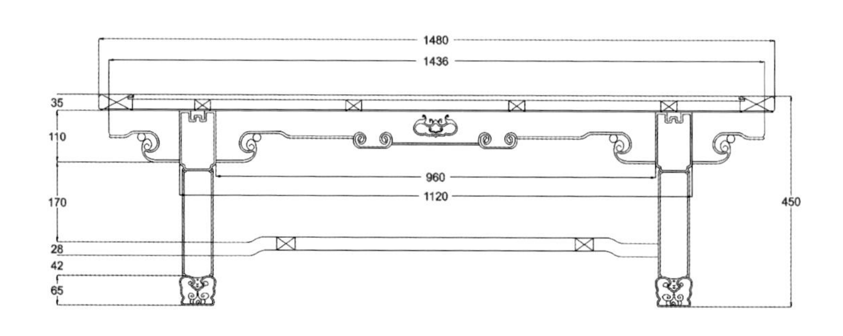

兰亭沙发

——cad 图

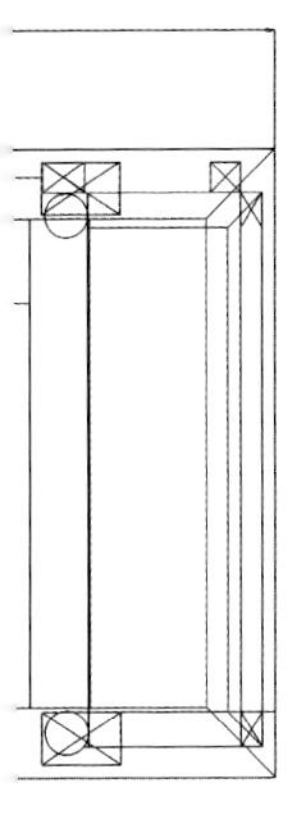

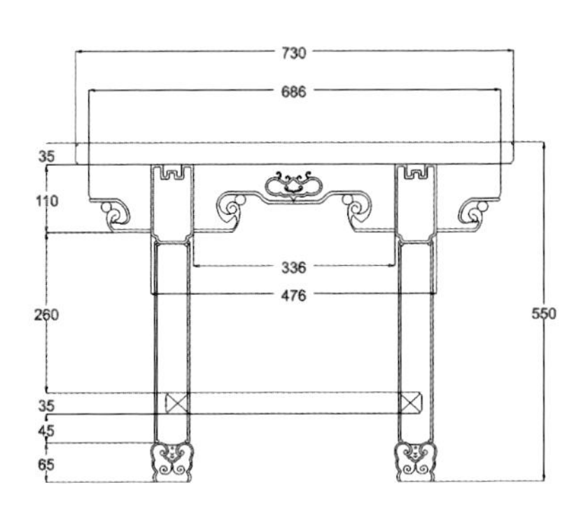
730
686
35
110
336
476
260
550
35
45
65

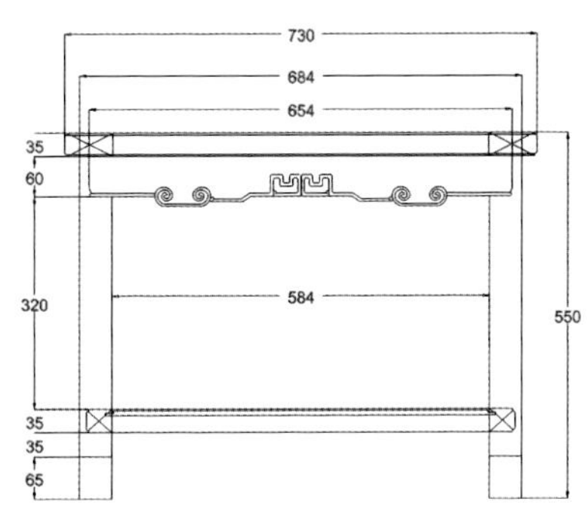
730
684
654
35
60
320
584
550
35
35
65

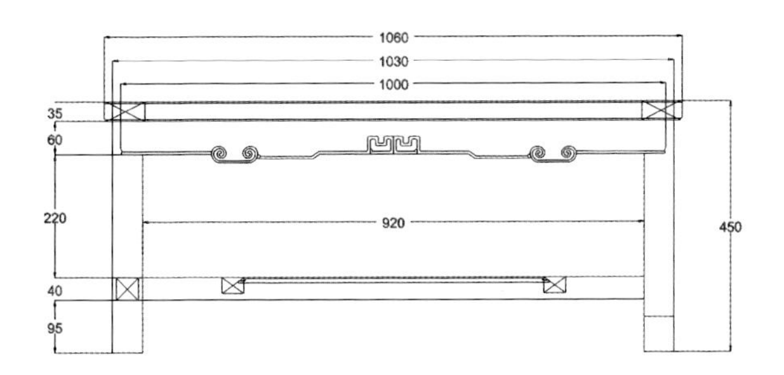
1060
1030
1000
35
60
220
920
450
40
95

※ 兰亭沙发雕刻图

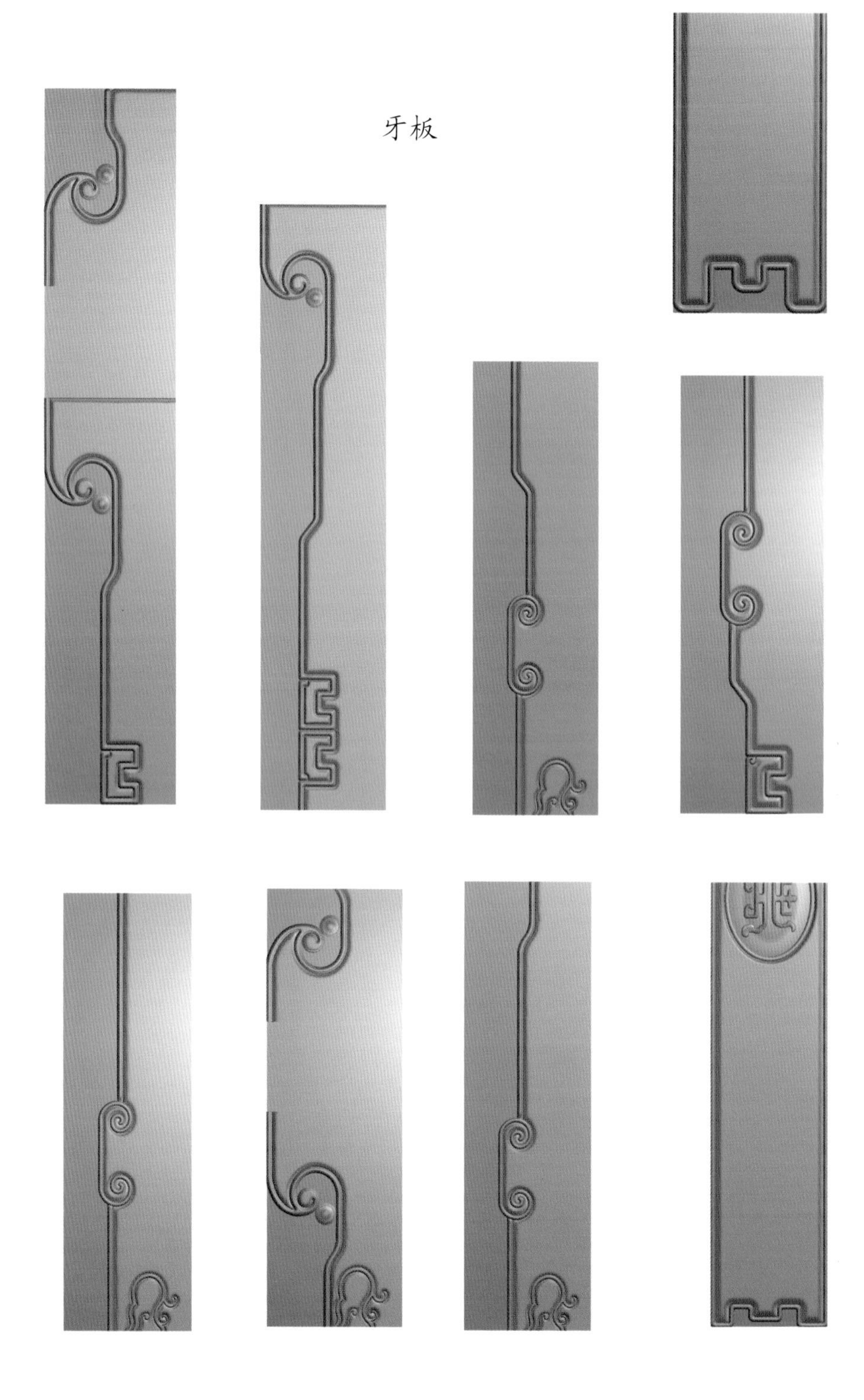
牙板

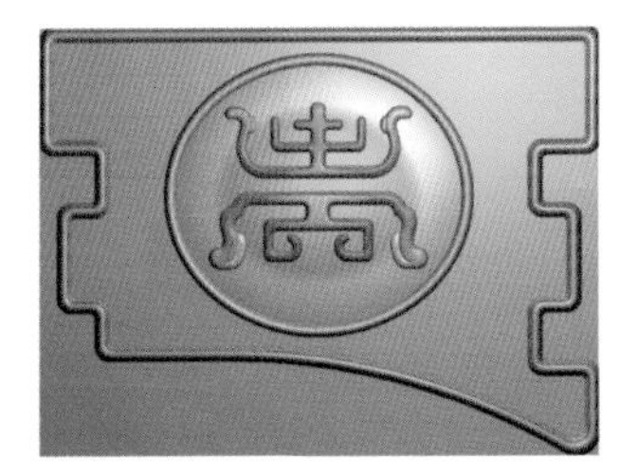

寿纹

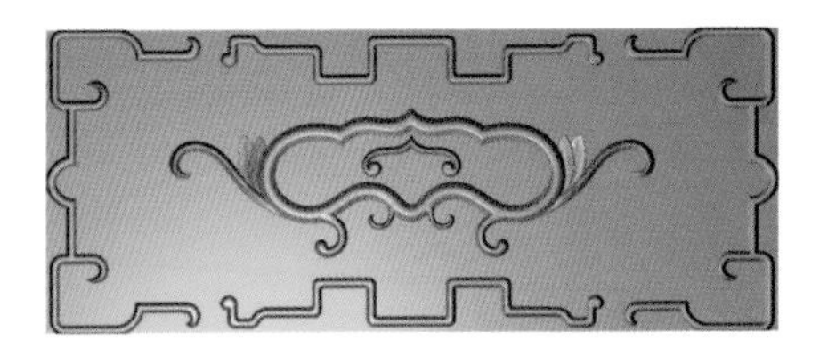

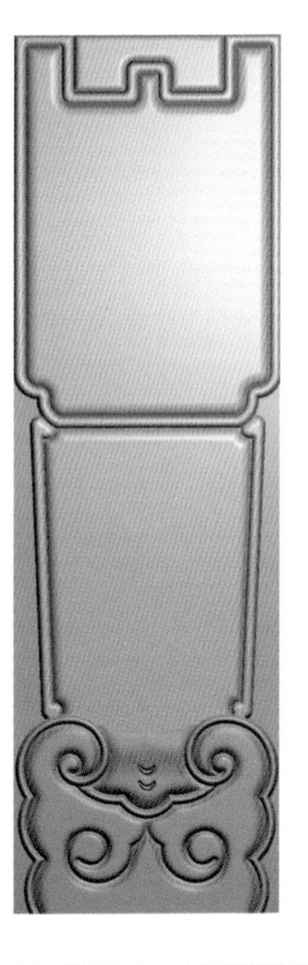

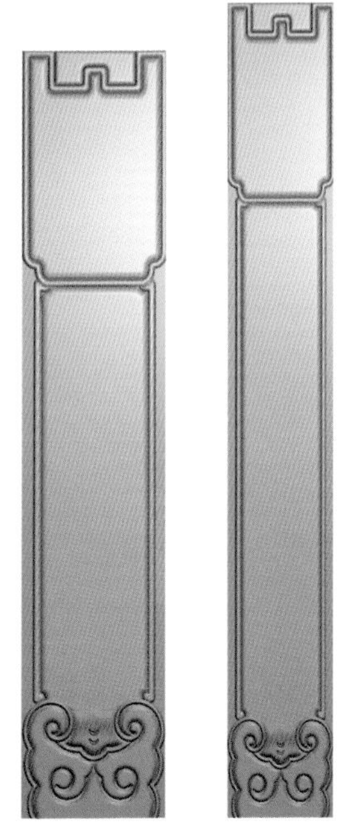

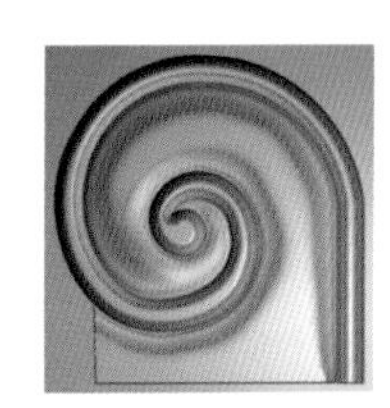

卷草纹

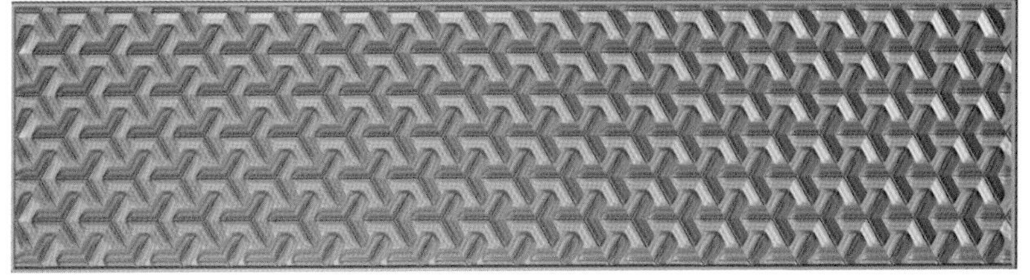

竹席底纹

※ 兰亭沙发（款二）

◆文化点评：

中式沙发一般体型较为宽大，适合摆放在房屋的客厅之中，从搭脑到椅脚，从靠背到扶手、围栏，几乎极尽装饰之美。中式沙发的制作，大多采用优质的木材制作，再加上雕刻或髹漆描金等技法，不仅费工而且还费时所以，一件制作精美的中式沙发，本身就是一件不可多得的艺术珍品。

◆款式点评：

此沙发背板分三屏，弧度自然，中间装有直棂，背板光素，仅在靠近上方处雕有如意云头纹装饰。沙发搭脑呈卷书状，两侧以回纹角花和背板相连。沙发扶手略有弧度，形状优美。沙发面下接腿，腿间有牙板，腿侧有角花，皆装饰有卷草纹样。

◆图纹寓意：

如意云头纹是古典纹样中常见的款式，如意纹和云纹的结合使这种纹饰兼具了两种纹样的寓意。既包含了如意象征事事顺心如意的寓意，又包含了云纹象征的风调雨顺和步步高升。回纹常被人们称作“富贵不断头”，象征了富贵绵长。

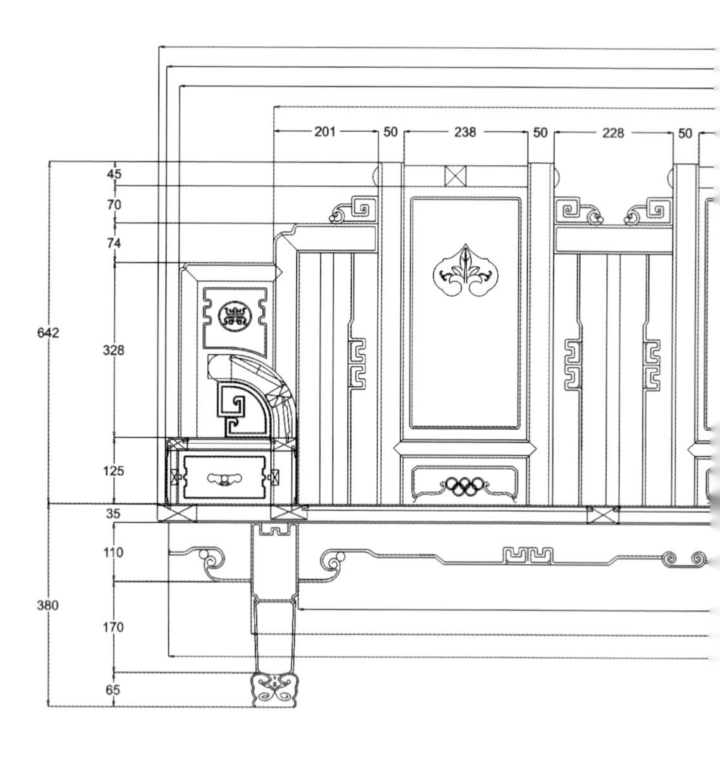

201
50
238
50
228
50
45
70
74
642
328
125
35
110
380
170
65

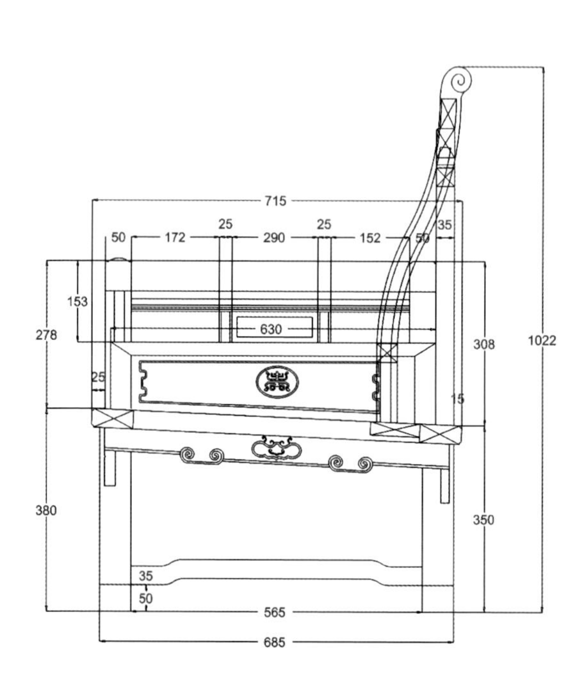

715
50
172
25
290
25
152
50
35
153
278
630
308
1022
25
15
380
350
35
50
565
685

兰亭沙发

——cad 图

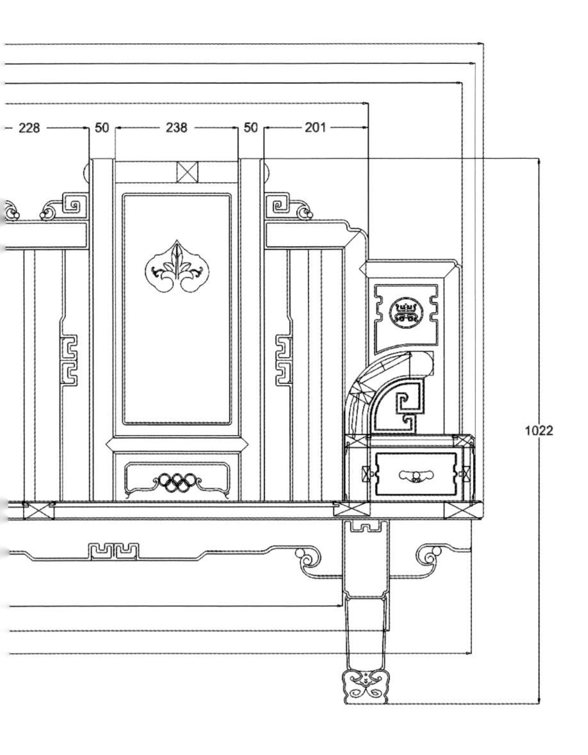
228
50
238
50
201
1022

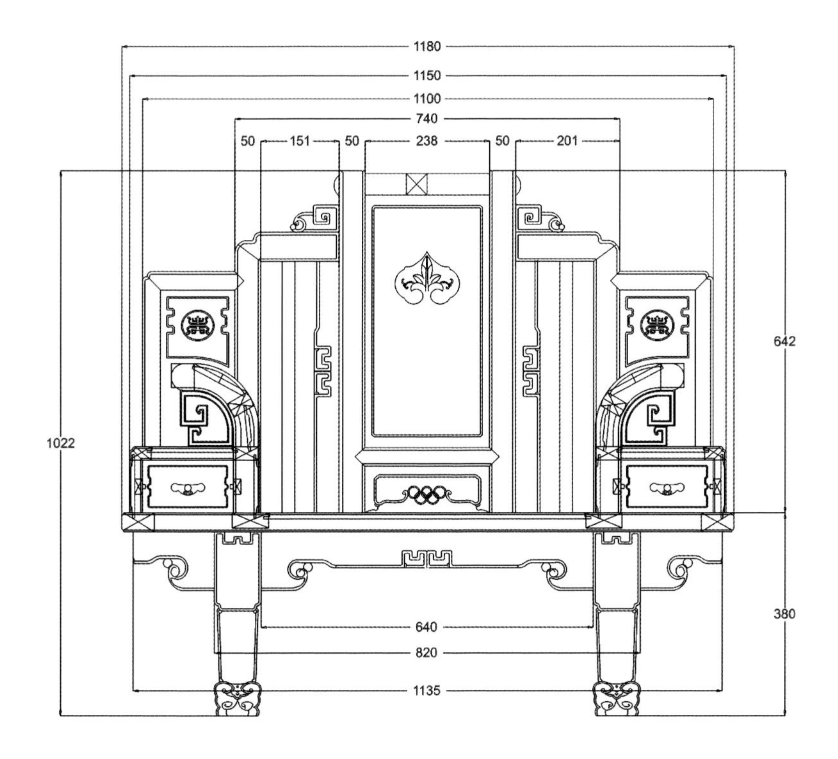
1180
1150
1100
740
50
151
50
238
50
201
1022
642
380
640
820
1135

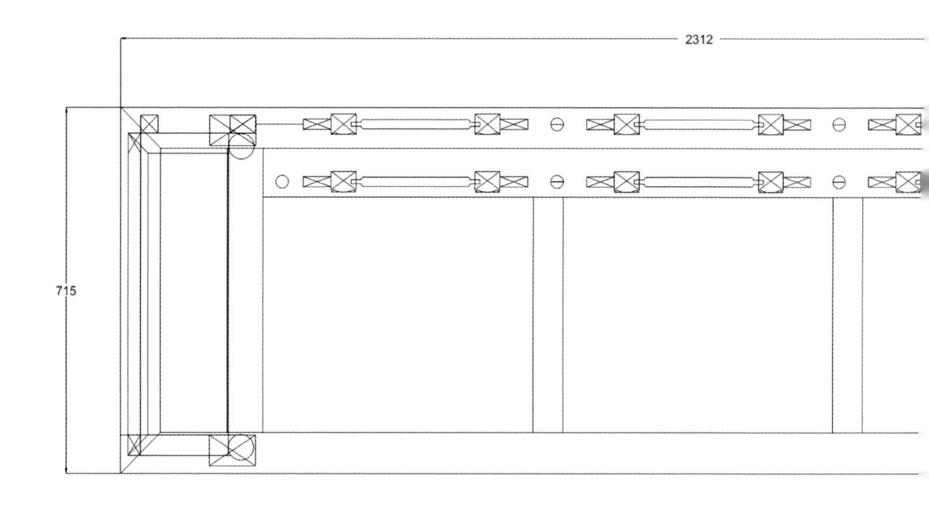

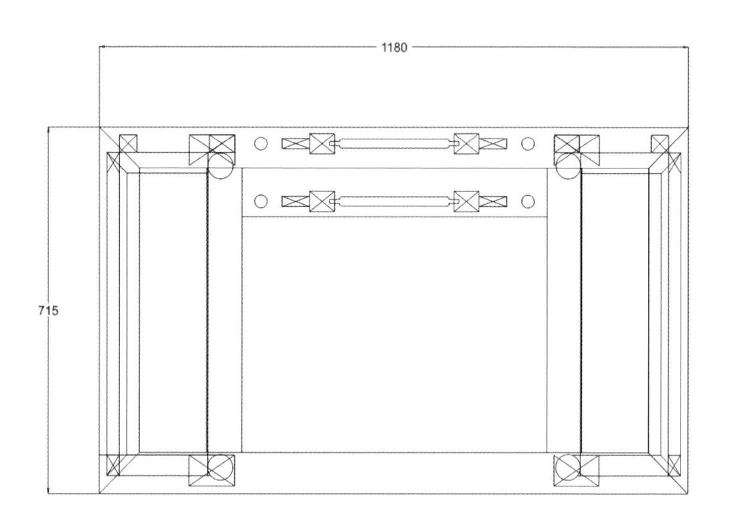

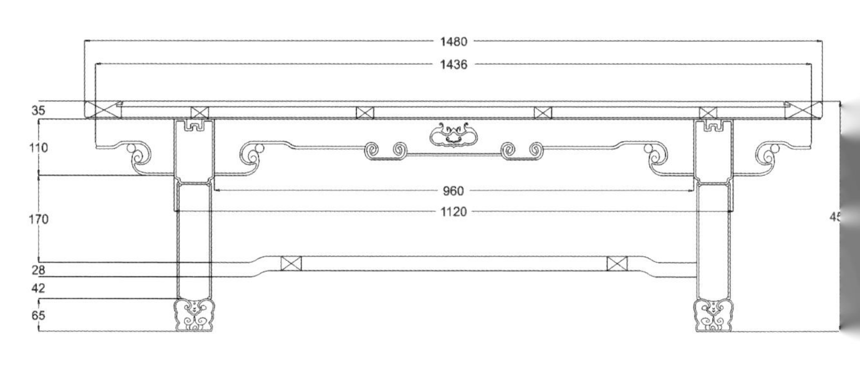

兰亭沙发

——cad 图

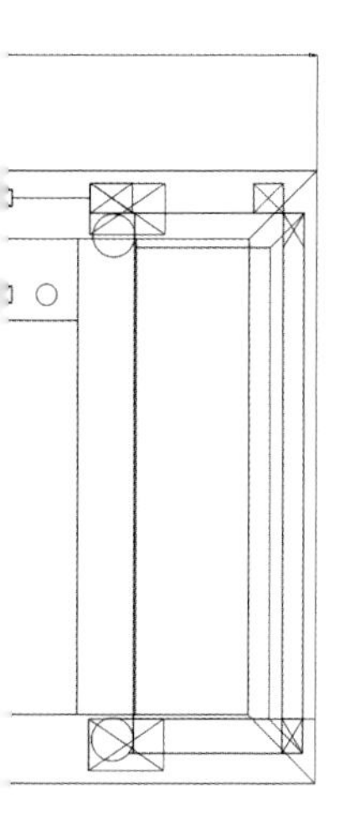

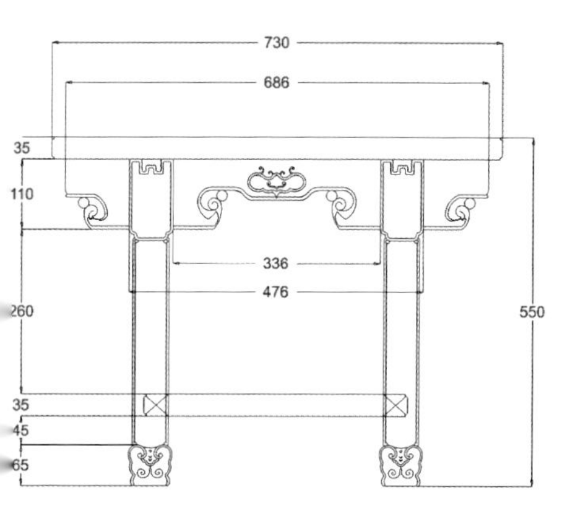

730
686
35
110
336
476
260
550
35
45
65

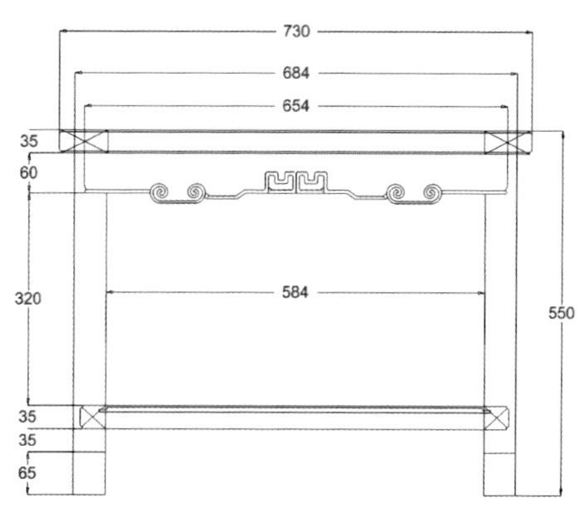

730
684
654
35
60
320
584
550
35
35
65

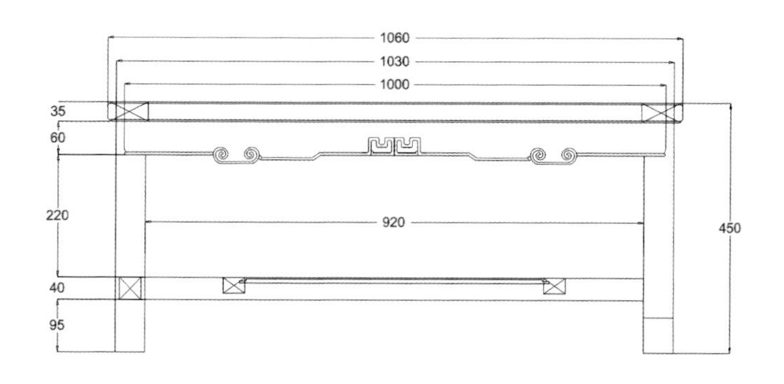

1060
1030
1000
35
60
220
920
450
40
95

※ 兰亭沙发雕刻图

卷草纹

寿字

回纹角花

回纹角花

如意云头纹

※ 寿字沙发

◆图纹寓意：

“寿”是中国汉字中一个古老、神秘而又多变的异形单字。一个看上去普通的“寿”字就有几千种不同写法。

我国对于寿字的应用是从商代开始的。秦始皇统一文字后，秦篆一通天下，也统一了寿字的写法，“寿”字就有了较为固定的书写形式。两汉时期，“寿”字笔画形态还是以先秦为依据的，其形态变化不大。经过了数千年的演变，“寿”字变成今天我们所见到的样子，各式各样的“寿”字让人目不暇接。古今历代碑刻、钟、鼎、汉砖、竹简、典籍、器物、书画都留下了大量的寿字墨宝。中国人对寿字的创造和运用，表现出十分的想象力。既对寿字进行变形变体的创造，又对寿字进行巧妙组合，来表达对长寿的祈望。

◆款式点评：

沙发背板分三屏，中间以镂空的直棂作为装饰，搭脑呈罗锅状。背板上方雕有装饰了卷草纹的变体“寿”字，下方是如意云头纹和回纹。背板两侧装有回纹镂空。沙发面下高束腰镶绦环板。牙板处雕有回纹图样，沙发腿与牙板相连，内翻马蹄足。

◆文化点评：

“吾国家具事业，发于周秦，备于唐宋，盛于明清。”中式家具承载了几千年的文化，是先祖遗留下来的传统精髓。在古代只有达官贵人、贵族名胄才会使用雕饰精美的家具，这是一种身份的象征。中式家具用纯天然的材质制作，运用雕刻、榫卯、镶嵌、曲线等传统工艺。镂花雕刻惟妙惟肖，耐腐蚀，不易变形，经久耐用。很多中式家具背后都有一段鲜为人知的故事，因此，很多人称中式家具为人文家具、艺术家具。

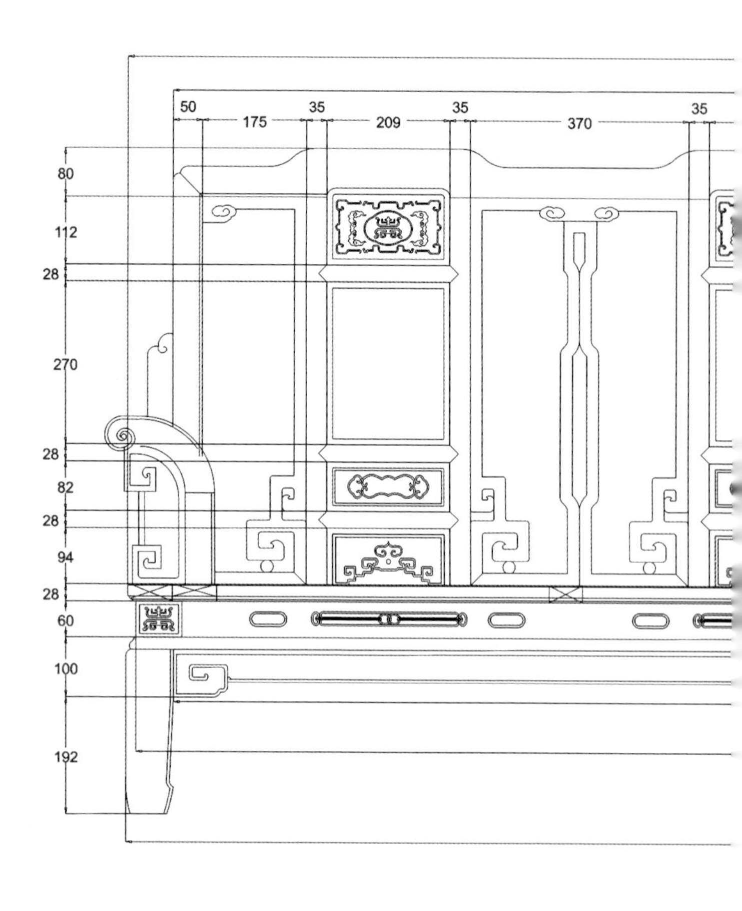
50
175
35
209
35
370
35
80
112
28
270
28
82
28
94
28
60
100
192

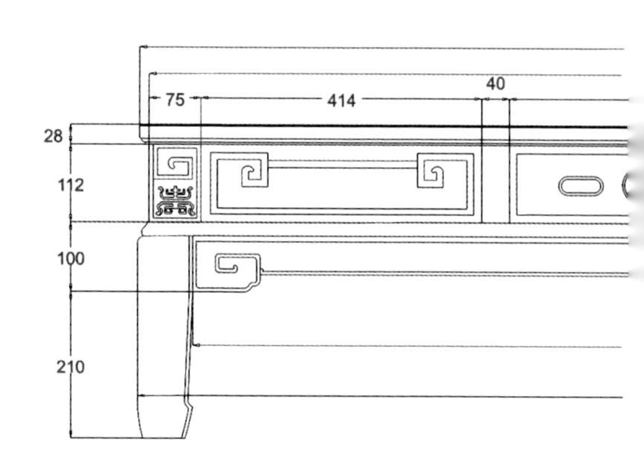
75
414
40
28
112
100
210

寿字沙发
——cad 图

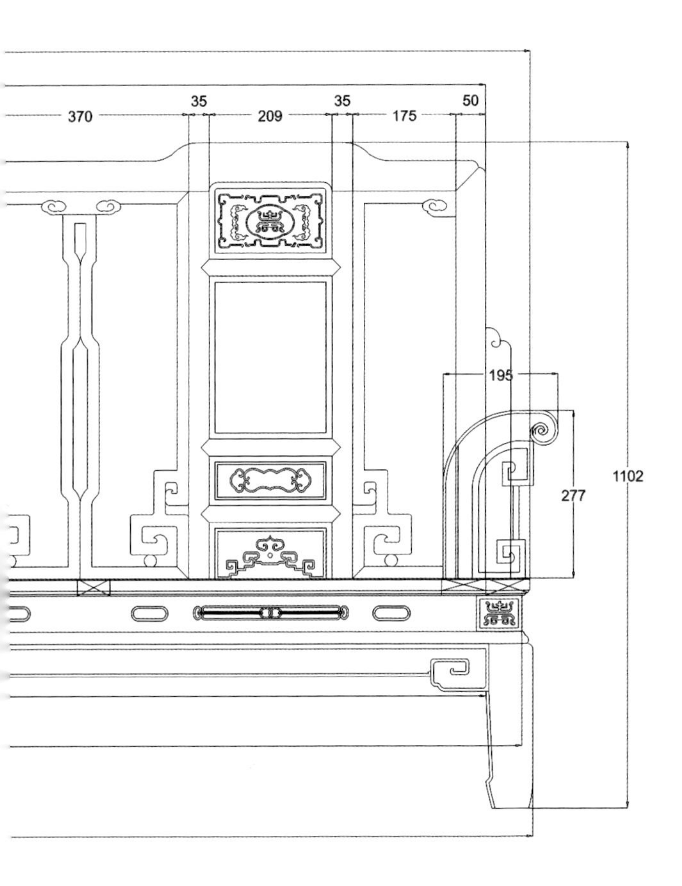
370
35
209
35
175
50
195
277
1102

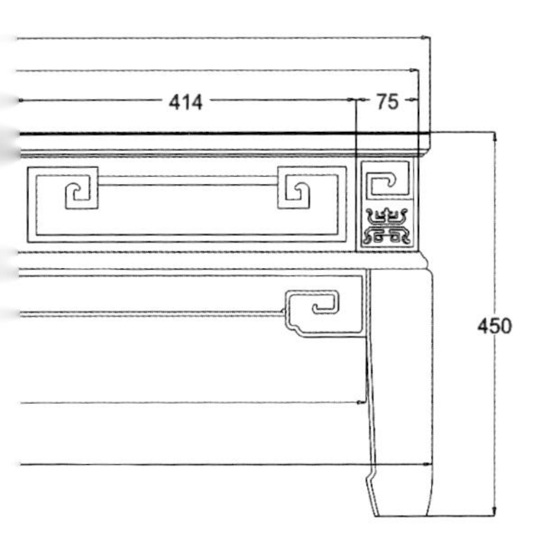
414
75
450

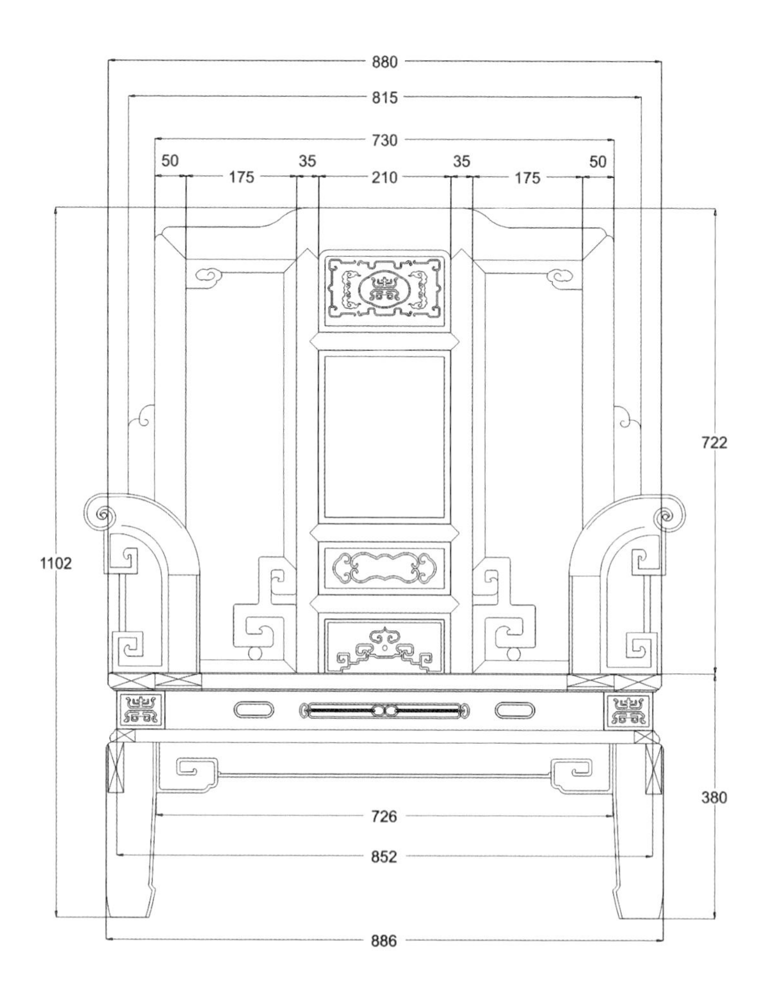
880
815
730
50
175
35
210
35
175
50
1102
722
380
726
852
886

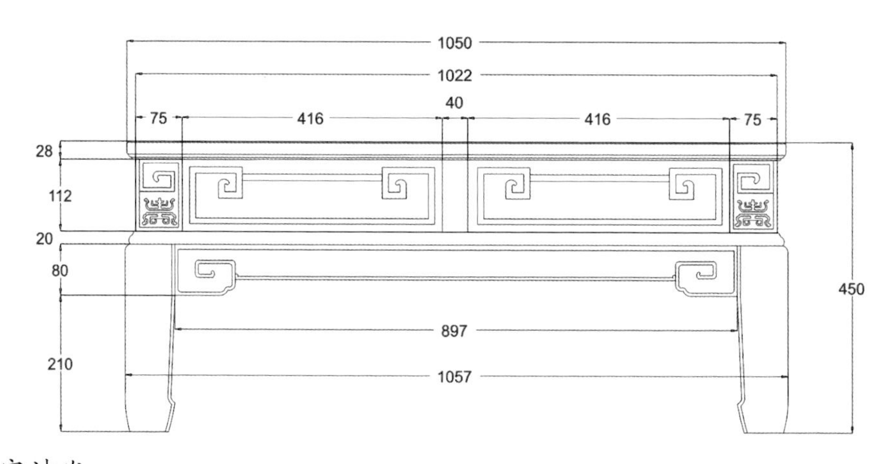
1050
1022
75
416
40
416
75
28
112
20
80
210
450
897
1057

寿字沙发

——cad 图

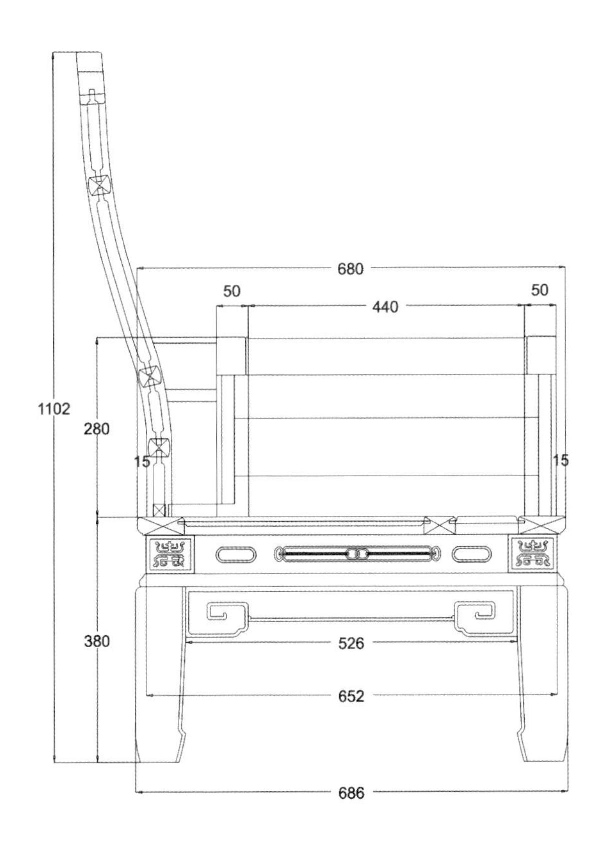
680
50
440
50
1102
280
15
15
380
526
652
686

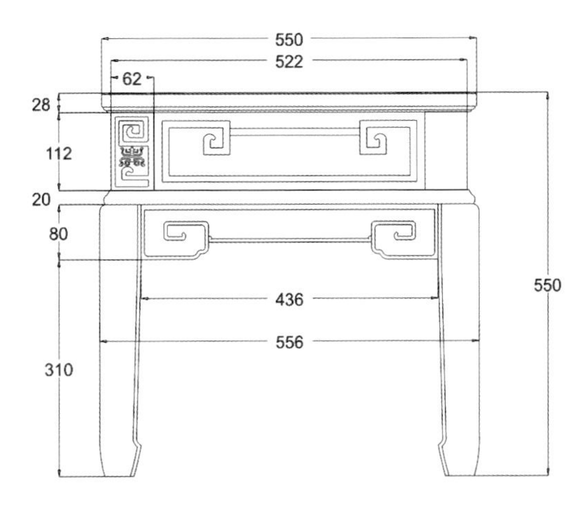
550
522
62
28
112
20
80
436
556
550
310

※ 寿字沙发雕刻图

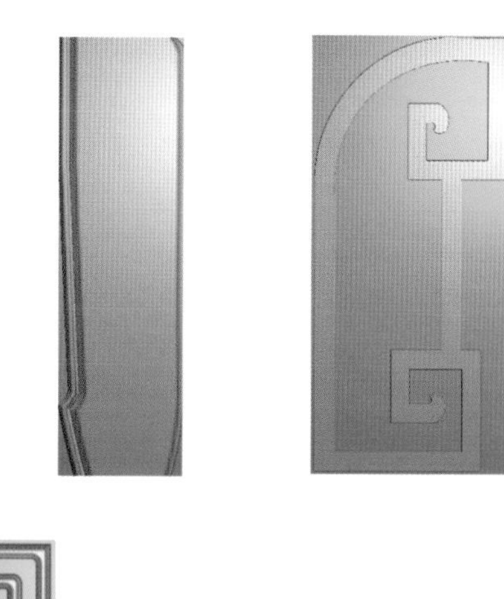

寿字

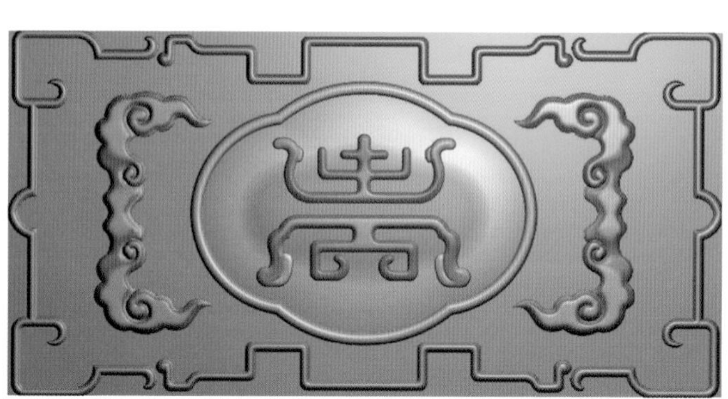

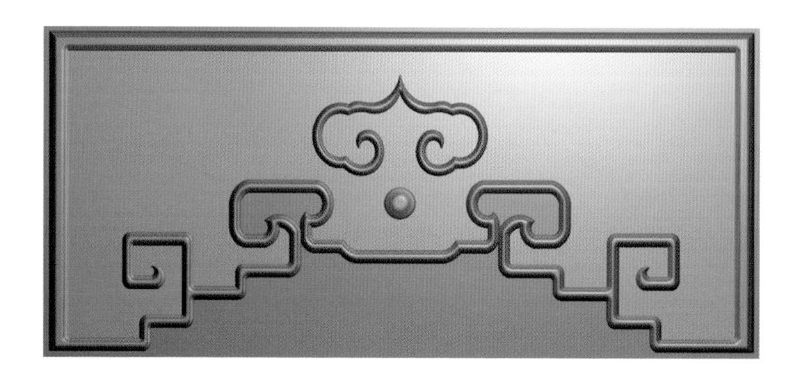

如意云头纹

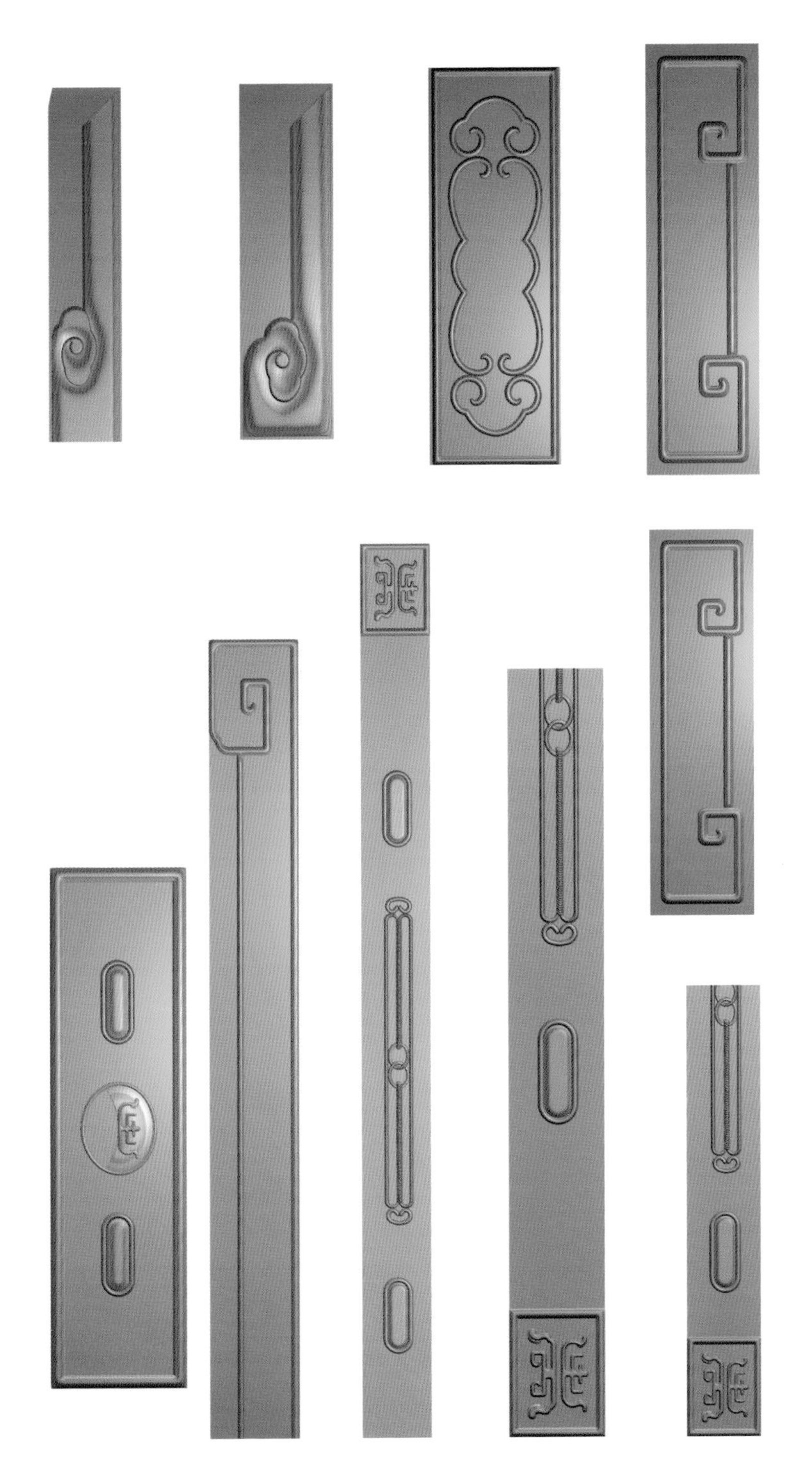

※ 拐子纹宝座沙发

◆款式点评：

此沙发搭脑呈卷书状，背板处装饰有回纹图案，以回纹分成三屏，每屏都镶有雕成拐子龙纹的黄杨木。扶手和背板相连，亦以镶有雕成拐子龙纹的黄杨木装饰。此沙发面下高束腰镶绦环板，彭牙鼓腿，牙板光素，内挖马蹄足下方接托泥。整器造型优美，华丽端庄，富丽堂皇。

◆图纹寓意：

“拐子龙纹”，又称“拐子纹”，起源于草龙纹，实质是龙纹的一种。其实，拐子龙纹是变体的龙纹，高度简化的龙头，而龙身为回纹与卷草纹的结合体，这种式样是最常见的拐子龙纹。线条横竖分明的回纹与弯曲翻转的卷草纹巧妙地结合在一起，使拐子龙纹增添了几分柔和，避免了线条呆板僵硬，又恰当地凸显了纹饰的硬朗、挺拔，因此拐子龙纹是刚柔并济的图案纹饰。

◆文化点评：

“一木一器，一器一形。”每件中式家具皆不相同，各具特色。近年来，材质珍贵、独具匠心且经久耐用的中式家具愈发受到人们的喜爱，在某种程度上，已成为了使用者品位、修养的一种标志。中式家具带来的文化及艺术享受，让接触过的人，在不经意间就爱上它。

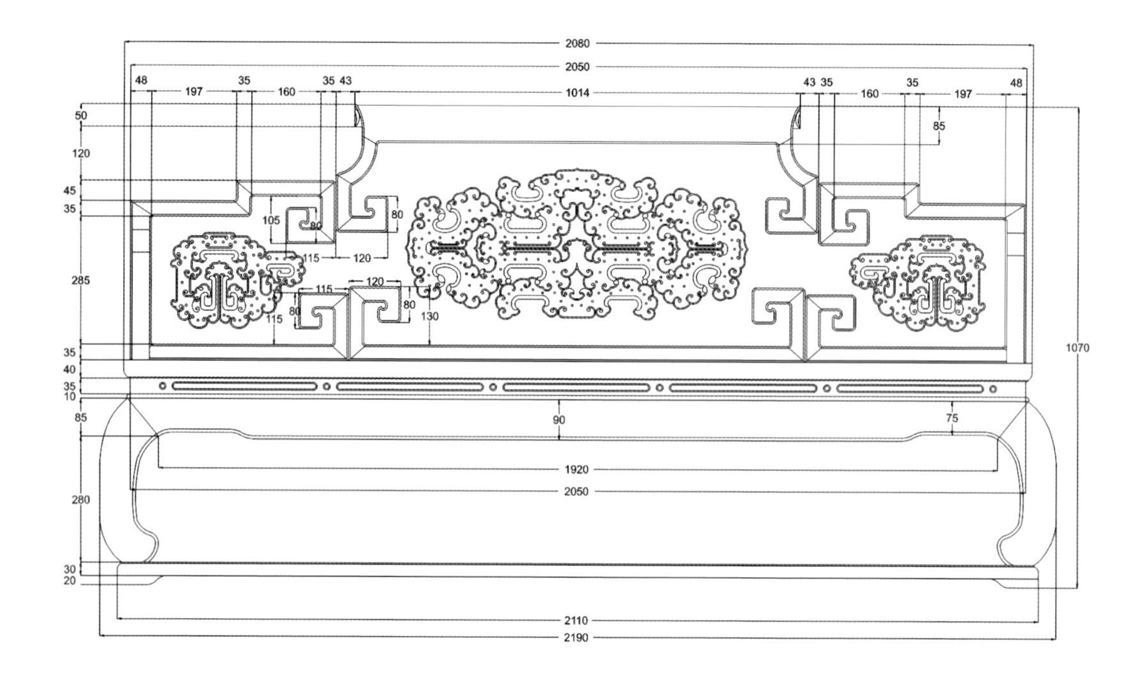

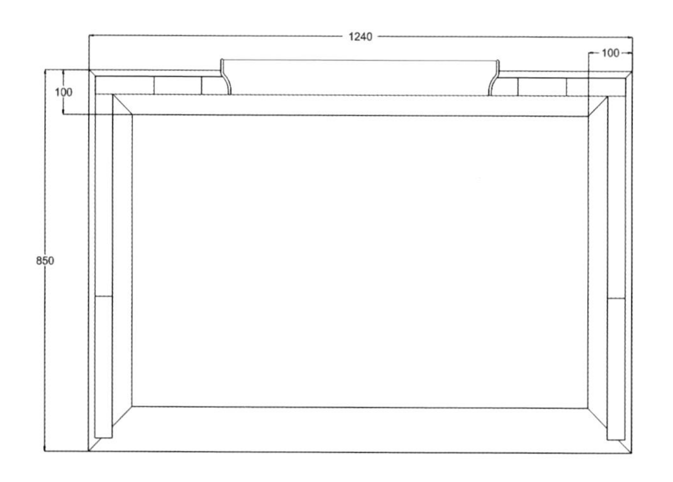

拐子纹宝座沙发

——cad 图

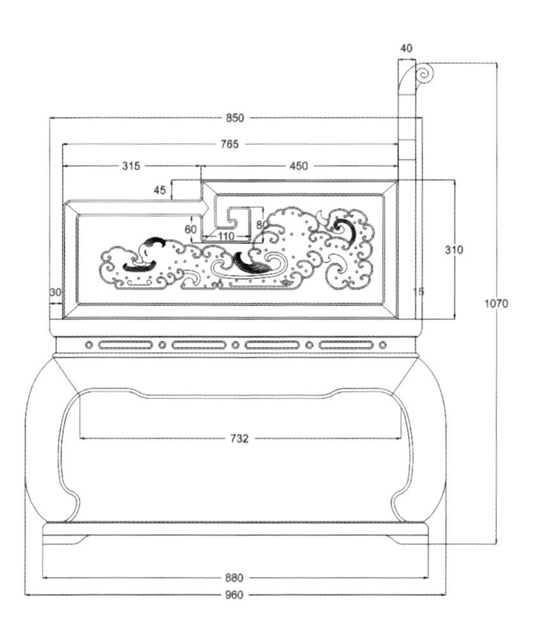
40
850
765
315
450
45
60
110
80
310
1070
30
15
732
880
960

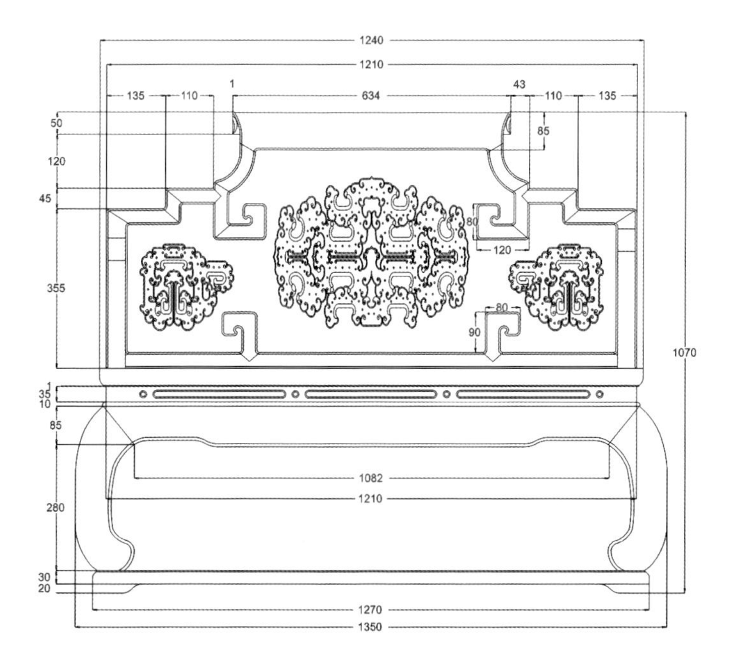
1240
1210
135
110
1
634
43
110
135
50
85
120
45
80
120
355
80
90
1070
1
35
10
85
1082
1210
280
30
20
1270
1350

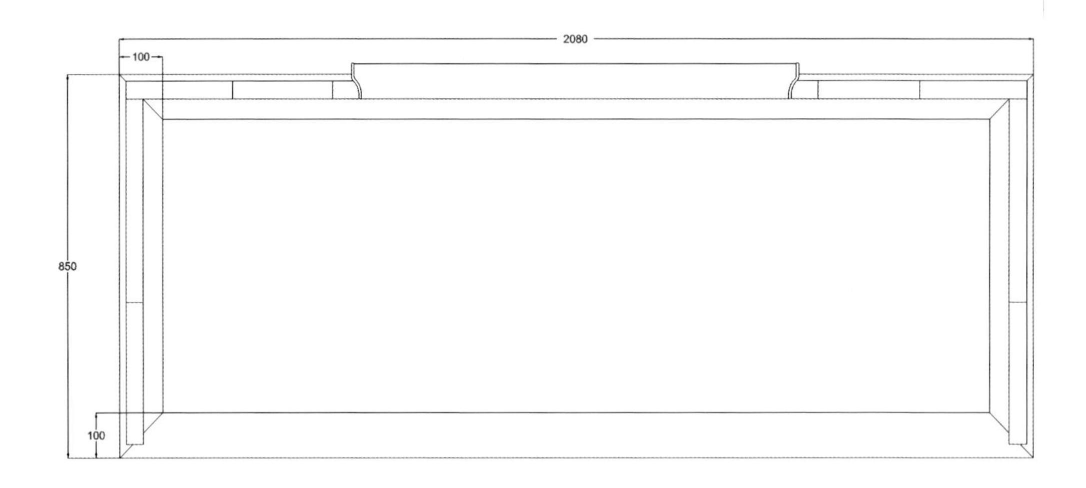

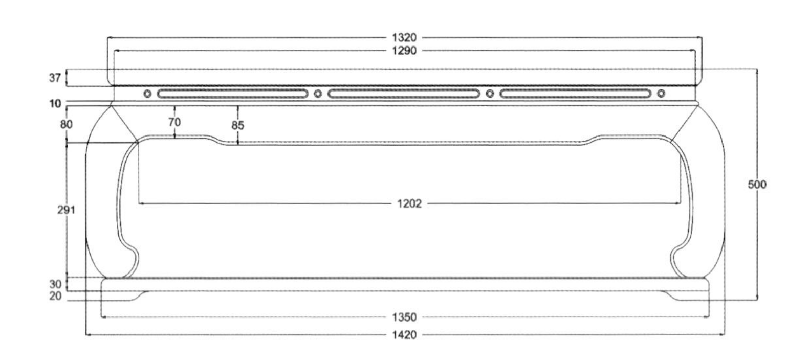

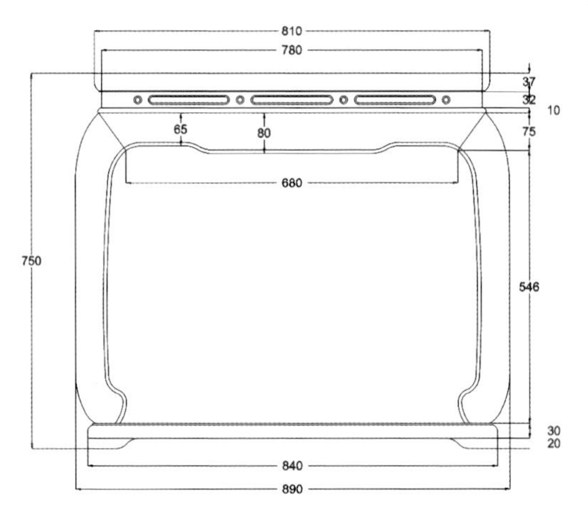

拐子纹宝座沙发

——cad 图

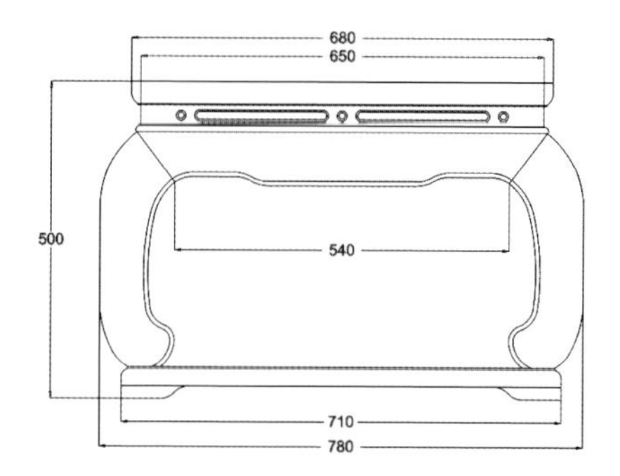
680
650
500
540
710
780

1350
70
70
710

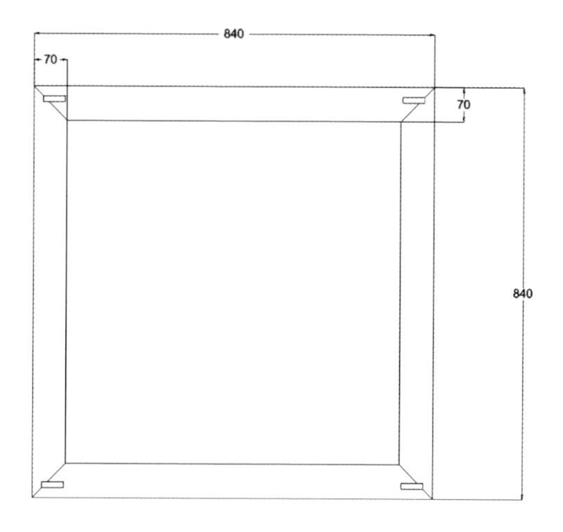
840
70
70
840

※ 拐子纹宝座沙发雕刻图

拐子龙纹

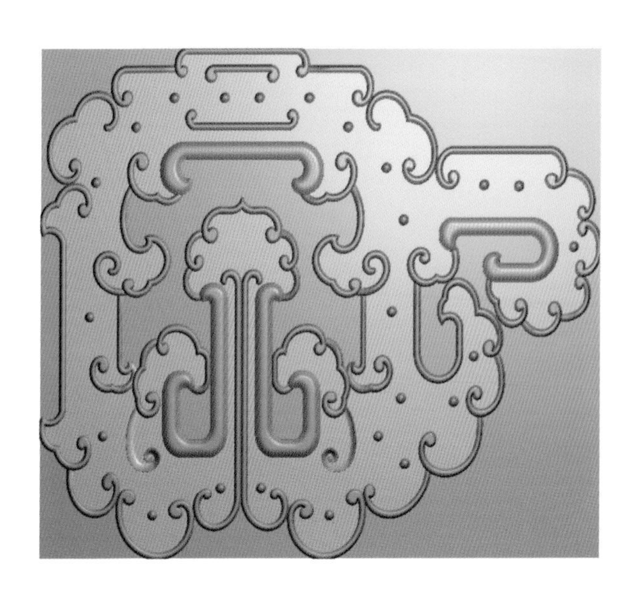

拐子龙纹

※ 龙凤大床

◆图纹寓意：

凤凰是传说中的百鸟之王，雄为“凤”，雌为“凰”。作为常见的传统纹样之一，凤凰一直被人们当做仁义和吉祥的象征。龙是中国神话中的一种善变化、能兴云雨、利万物的神异动物，传说能隐能显，春分时登天，秋分时潜渊。又能兴云致雨，为众鳞虫之长，很长一段时间都是皇权的象征，历代帝王都自命为龙，使用器物也以龙为装饰。传说中华夏民族的先祖炎帝、黄帝，和龙都有密切的关系。相传炎帝为其母感应“神龙首”而生，死后化为赤龙。因而中国人自称为“龙的传人”。

◆款式点评：

此床背板处浮雕以龙头，床头弧度自然，饰以回纹、云纹。床尾雕有凤凰和牡丹的图案，四周饰以回纹、云纹和如意云头纹。床侧雕有龙凤和谐图案。两侧床头柜圆角喷出，面下有两屉，屉下高束腰，彭牙加云纹三弯腿，牙板处雕有缠枝莲纹样。

◆文化点评：

民国初年出现的“片子床”就是现代的床，或称“大床”、“洋床”。片子床的出现是床具的一大进步，它使十分复杂的睡具变得简单化，以前后两个片架组成，中间用床梃相连，上放床屉，使用方便，搬迁省力，造价也低。

1876
1564
1180
1048
938
889
30
280
40
80
1700
1840

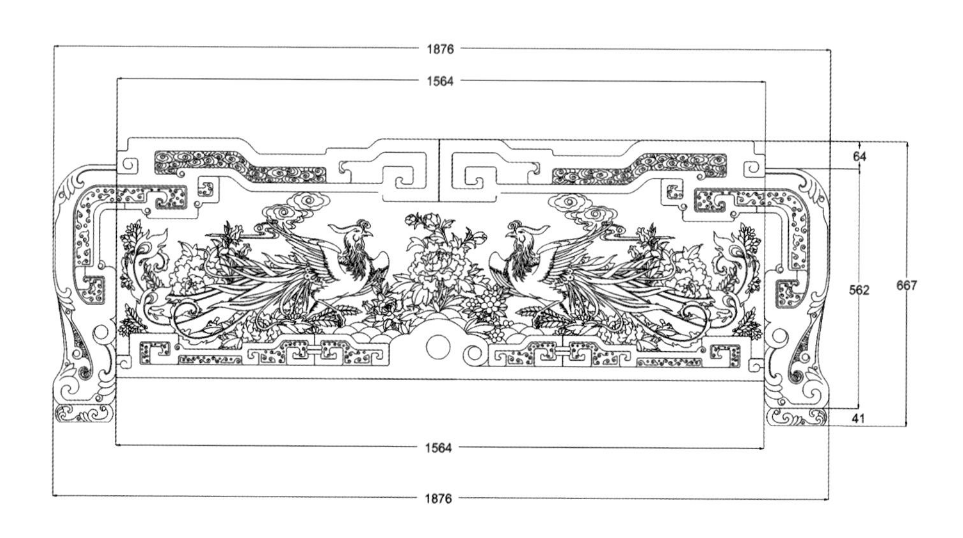
1876
1564
64
562
667
41
1564
1876

龙凤大床

——cad 图

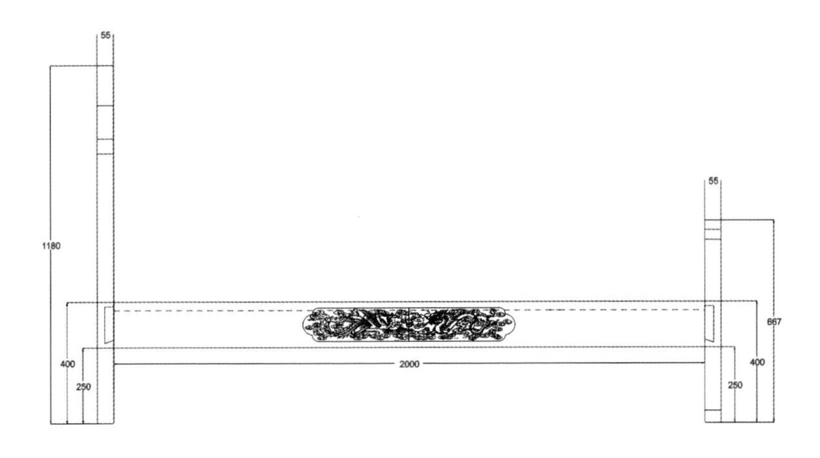
55
1180
55
667
400
250
2000
400
250

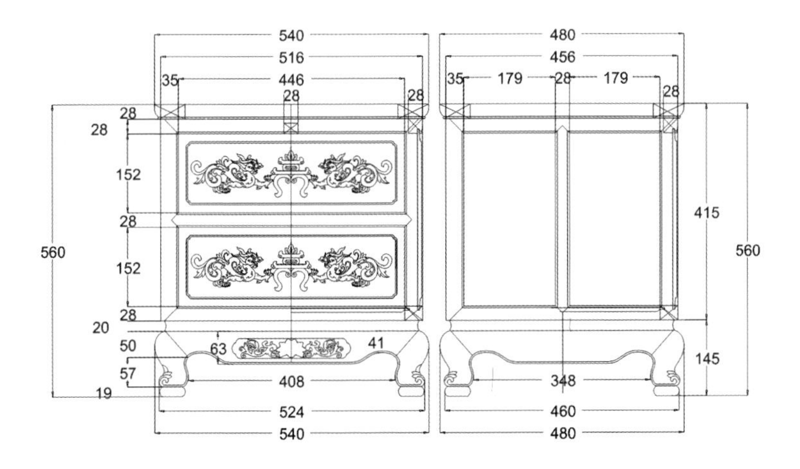
540
516
35
446
28
28
28
28
152
28
152
28
20
50
63
41
57
19
560
408
524
540
480
456
35
179
28
179
28
415
560
145
348
460
480

※ 龙凤大床雕刻图

背板雕刻

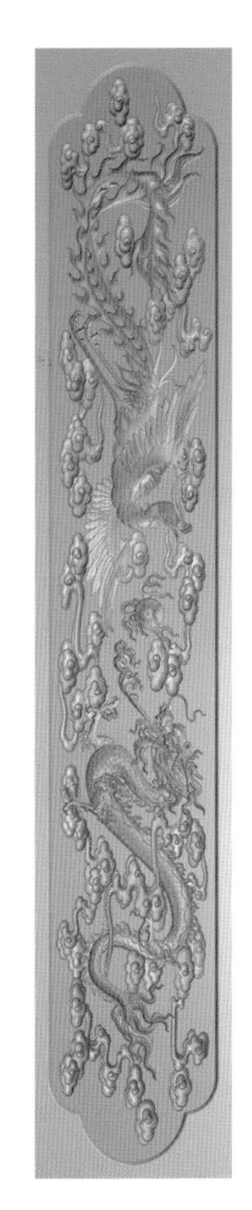

缠枝莲纹牙板

床尾雕刻

※ 福禄寿大床

◆图纹寓意：

松树树龄长久，经冬不凋，很早以前就已经作为吉祥长寿的象征，在《诗经·小雅·斯干》就有关于松树象征的记载："秩秩斯干，幽幽南山。如竹苞矣，如松茂矣。"也正是因为如此，松树被道教所推崇，成为道教神话中长生不死的重要原型。电视柜上雕刻了松树的图案，除了寓意长寿之外还有傲霜斗雪、卓然不群的含义。鹤是中国珍稀禽类，它的叫声高亢响亮。《诗经》有云："鹤鸣于九霄，声闻于天。"说它能飞得很高，在天上鸣叫鹤被道家看成神鸟，在鹤前加仙，又称仙鹤。鹤的寿命一般在五六十年，是长寿的禽类。道教故事中就有修炼之人羽化后登仙化鹤的典故。沙发上雕有这样的纹样，不仅寓意美好，更为房间增色不少。蝙蝠谐音福，寓意福气降临。福禄寿三星代表了人们最为喜爱的文化寓意。

◆款式点评：

背板分为五屏，上方呈山字形，以回纹、卷草纹镂空，中间雕有倒立的蝙蝠纹样。下方分别雕有青松仙鹤以及福禄寿三星。两侧延伸处雕有青松、仙鹤和鹿。床尾以及卷草纹装饰，回纹镂空，中间亦雕有蝙蝠纹样。床侧面由抽屉，屉脸安装黄铜拉手，雕有蝙蝠、祥云等纹样。床头柜圆角喷出，共三屉，屉脸亦装有黄铜拉手，雕有蝙蝠祥云纹样。

◆文化点评：

民国床比之明清以来的拔步床、架子床、罗汉床要简单得多，它打破了“屋中屋”的原有概念，发生了质的飞跃。民国床是由西洋的概念、中国的质料和中国的做工融合而成，在西洋床前后挡板加床杠、床屉的基础上，大量使用了中国古典的装饰手段，这样的结合，就出现了雍容富贵、典雅大气的海派床，其用料是老红木，在做工上较为考究，在样式是基本沿用款式的花纹装饰，很是大气。还有一类是铜制的床，常见的铜床是将架子床简化了，其四围的栏杆向上伸展，上面用铜杆相连，这是为便于张挂蚊帐，此类床市场多见，无甚收藏价值。另有一类铜床则罕见，就是以片子床为蓝本，以铜铸出，其上的铜饰花纹与整个床架十分协调，不失为一件艺术品。

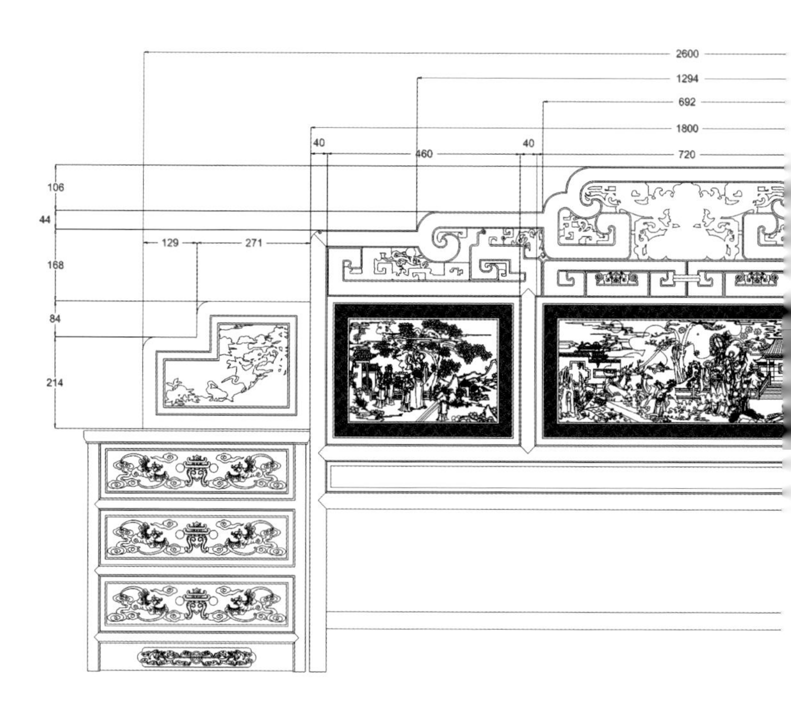
2600
1294
692
1800
40
460
40
720
106
44
168
84
214
129
271

2000
40
613
40
614
40
613
40
28
40
400
212
40
75
80
1800
65
40
40
130
700
305
460
720
460
40
40
40
40
40
40
80

福禄寿大床

——cad 图

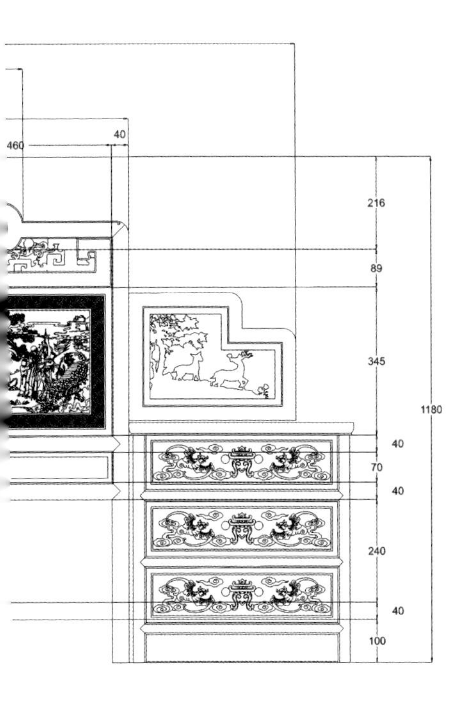
460
40
216
89
345
1180
40
70
40
240
40
100

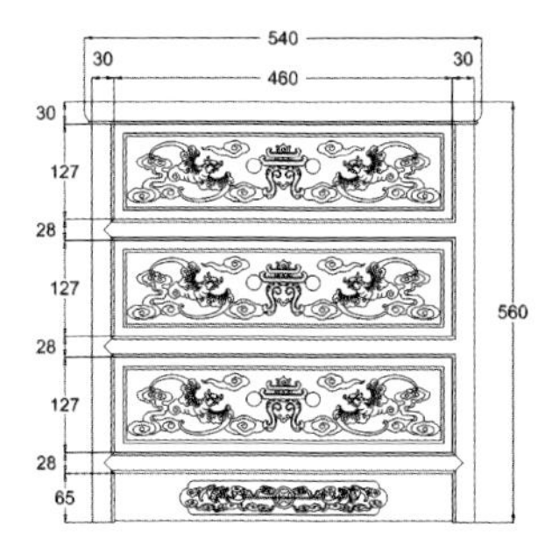
540
30
460
30
30
127
28
127
28
127
28
65
560

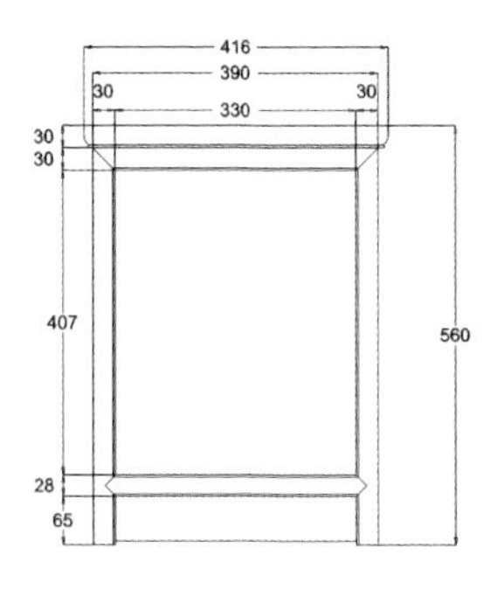
416
390
30
30
330
30
30
407
560
28
65

※ 福禄寿大床雕刻图

鹿图

仙鹤图

蝙蝠祥云纹

蝙蝠祥云纹

※ 鸿运一生大床

◆款式点评：

此床雕有竹席底纹，床头以如意云头型框圈和合二仙雕饰，左右雕有仙童捧寿图案。床头以回纹装饰框架，掺杂暗八宝纹样。床尾有蝙蝠型框，中间雕有鸳鸯戏水图，两侧装饰有百吉纹、铜钱以及祥云等纹样，两侧床头柜上方和搭脑处雕有仙童。床两侧雕有蝙蝠图样。床头柜齐头立方式，有两屉，屉脸雕有暗八仙纹样。整器雕饰精美，繁复华丽。

◆图纹寓意：

暗八宝是我国的传统寓意纹样。“汉钟离持扇，吕洞宾持剑，张果老寺鱼鼓，曹国舅持玉版，铁拐李持葫芦，韩湘子持箫，蓝采和持花篮，何山姑持荷花”，以八仙手中所持之物组成的纹饰，俗称“暗八仙”。它与“八仙”文同样寓意祝颂长寿之意。百吉纹象征吉祥如意；祥云纹样象征步步高升，风调雨顺；铜钱代表财富，象征财源滚滚。

◆文化点评：

床是卧室中必备的第一器物，虽然简单，但在它的设计上则可谓匠心独运，各呈其巧。片子床的样式较多，形状各异，像方形、菱形、尖形、圆形的片架；雕刻的图案几乎没有重样的，从做工上分有透雕、浮雕、立本雕等；在装饰是也各具其妙，有用真皮装饰，有以镶嵌玉石、铜、银等乍装饰，有用各种瘿子木装饰的，还有用磨边镜子作装饰。这样的陈设使卜室发生变化，洋房、洋窗、洋门、外加洋床，这样似乎更配套。

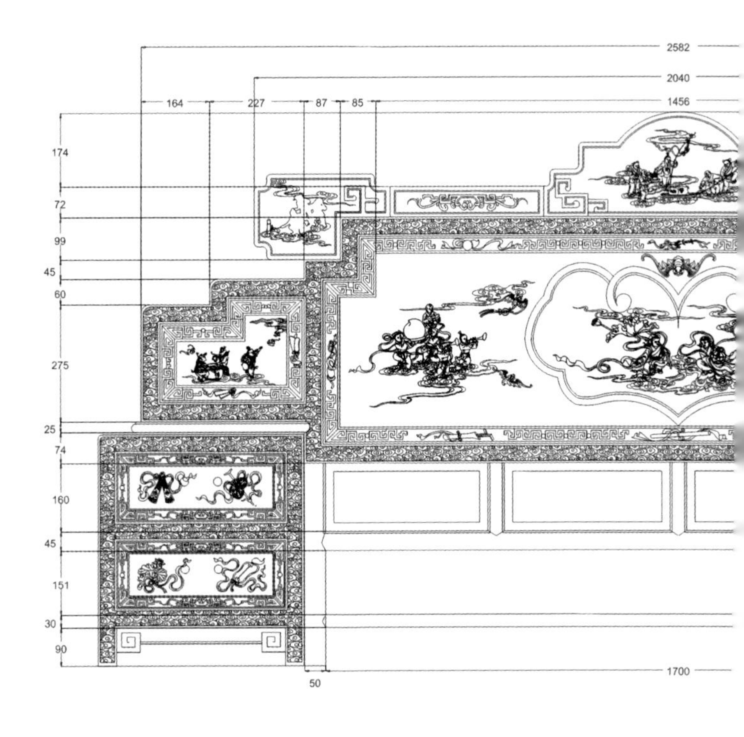
2582
2040
164
227
87
85
1456
174
72
99
45
60
275
25
74
160
45
151
30
90
50
1700

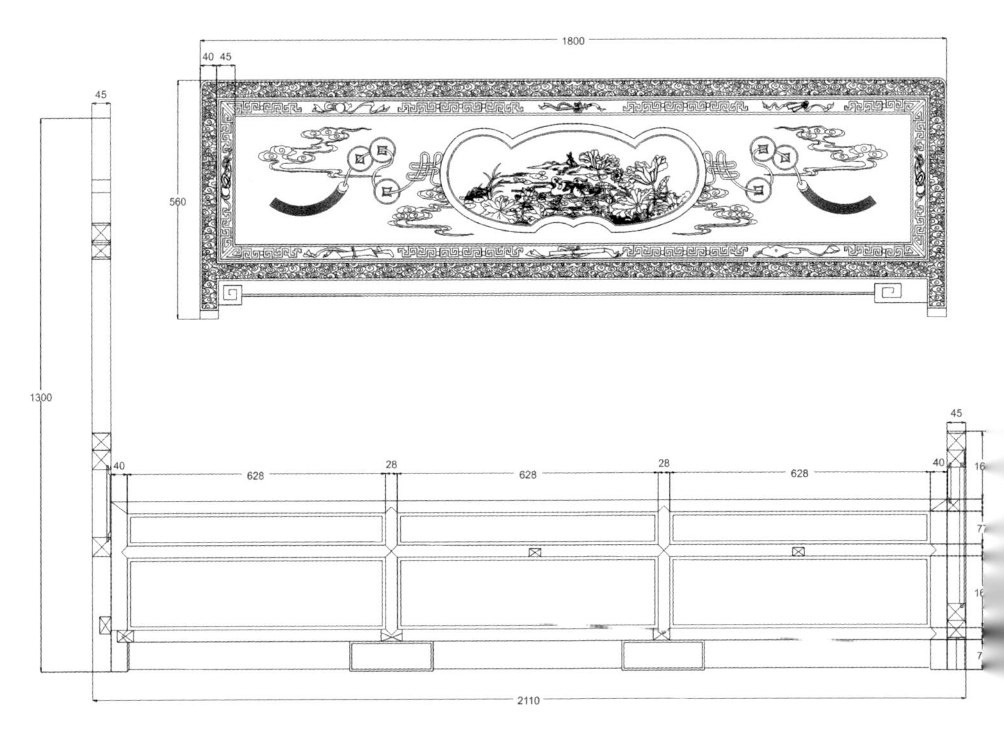
1800
40
45
45
560
1300
40
628
28
628
28
628
40
45
2110

鸿运一生大床

——cad 图

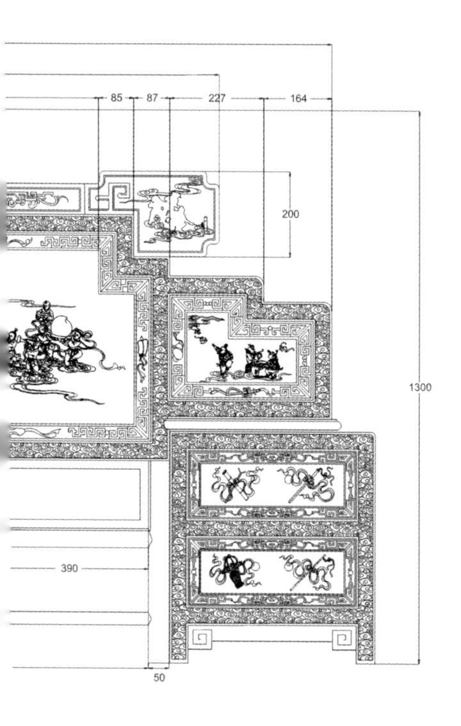
85
87
227
164
200
1300
390
50

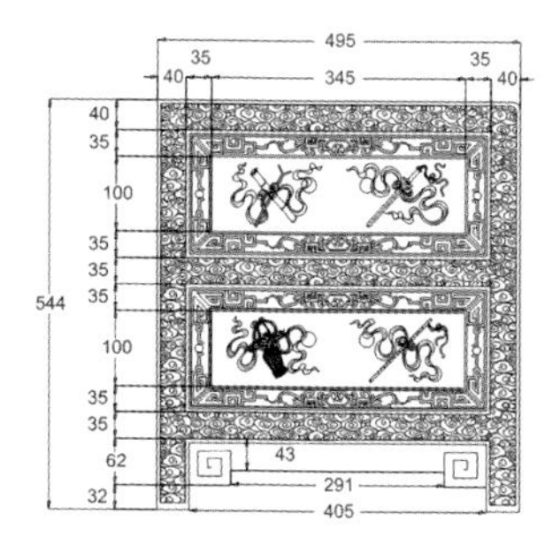
495
35
35
40
345
40
40
35
100
35
35
35
544
100
35
35
62
43
32
291
405

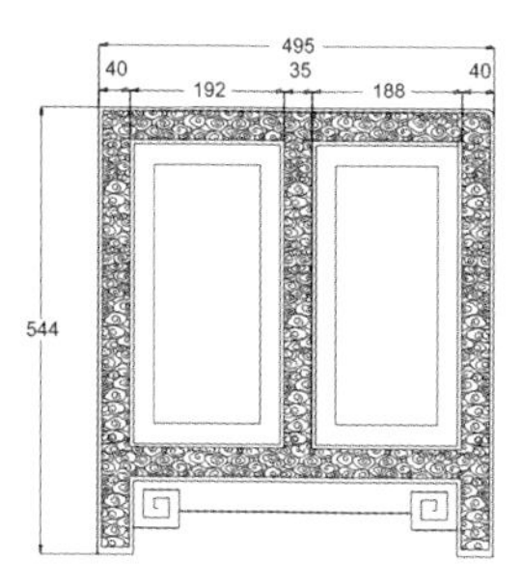
495
40
192
35
188
40
544

※ 鸿运一生大床雕刻图

仙童捧寿图

屉面

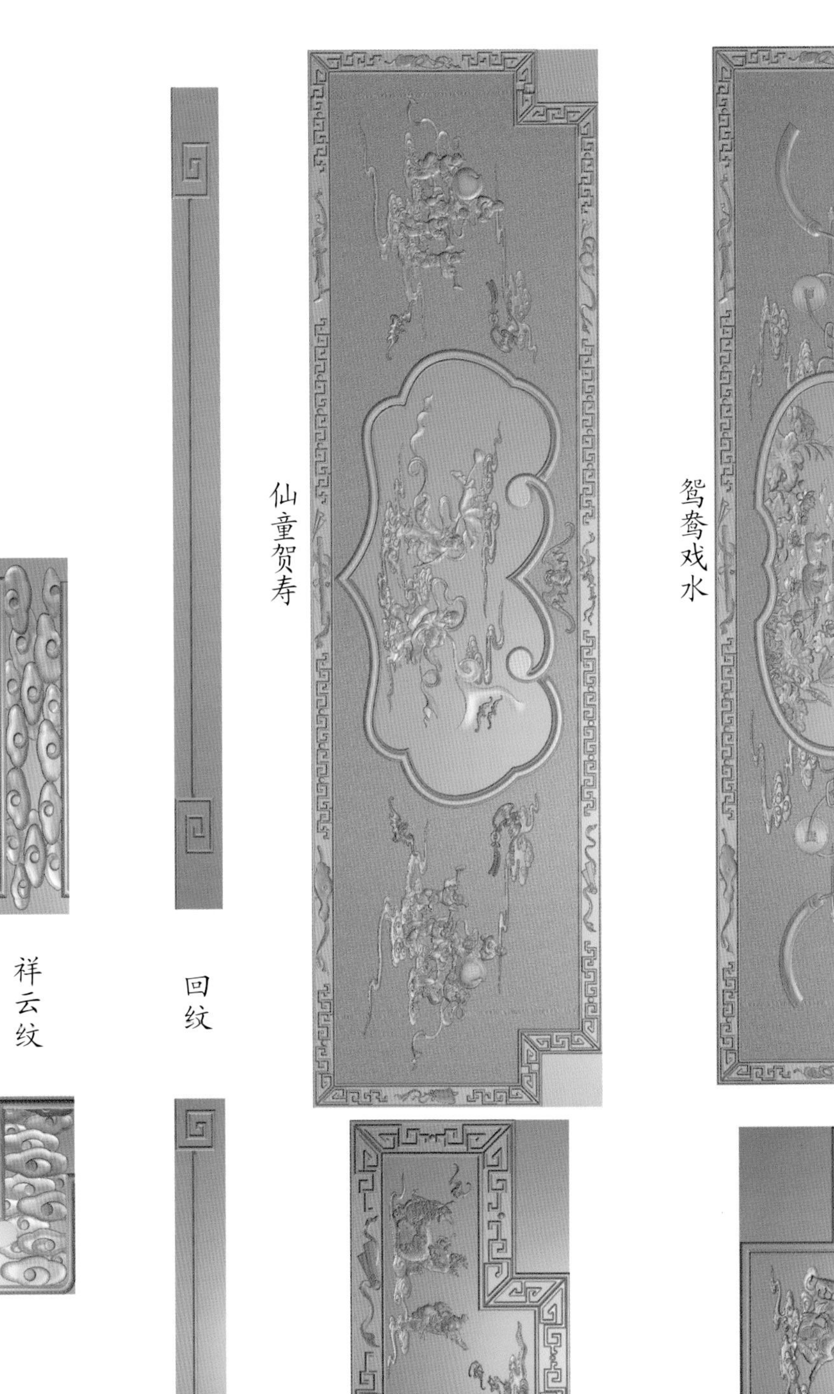

祥云纹

回纹

仙童贺寿

鸳鸯戏水

※ 七仙女大床

◆图纹寓意：

在我国古代艺术品装饰纹样中，缠枝纹是比较常见的传统纹饰，自魏晋至今两千余年。因为这种纹样的造型和姿态，因此纹样被赋予了连绵不断，生生不息的含义，这种纹样充分体现了古代人们对自然美的描绘以及美好愿望的传递。作为装饰语言的牡丹图案，不仅具有人们赋予的象征性和寓意，而且还具有浓郁民族气息。牡丹纹样以富丽饱满的形态和艳丽夺目的色泽，在我国人民心目中享有特殊的地位。人们把对生活的美丽憧憬和良好祝愿融入了牡丹图案之中，因此牡丹纹样意寓着繁荣昌盛，渊源流长。缠枝牡丹，又名“万寿藤”，寓意吉庆。因结构连绵不断，故又具“生生不息”之意。

◆款式点评：

此床床头上方镂空雕刻七位仙女的飞天造型，雕工细腻，生动灵活。床头上雕有仕女图，图中女子娴静优雅。其下分三屏，雕有缠枝莲等纹样。床面下高束腰，雕有缠枝牡丹纹样，彭牙接短腿，腿部雕有螺旋纹样。床头柜圆角喷出，面下高束腰，有三屉，屉脸装有黄铜拉手。牙板与柜腿相连。雕饰精美，造型优雅。

◆文化点评：

大床两边一般都会搭配合适的床头柜。这种床头柜今天已经司空见惯了，但是在民国时期，这可是家具中时髦的物件。床头柜不是一件独立的家具，而是与床配套的小件家具，它常常和床及衣柜等形成一套，其样式虽不是很多，但也有许多不同的款式，显示着木工匠人的巧妙构思。常见的床头柜的样式是门打开以后，上面有一个抽屉，下面装一盛小件衣物的小柜。

40
122
40
228
40
50
50
103
40
37
40
273
39
543
50
50
42

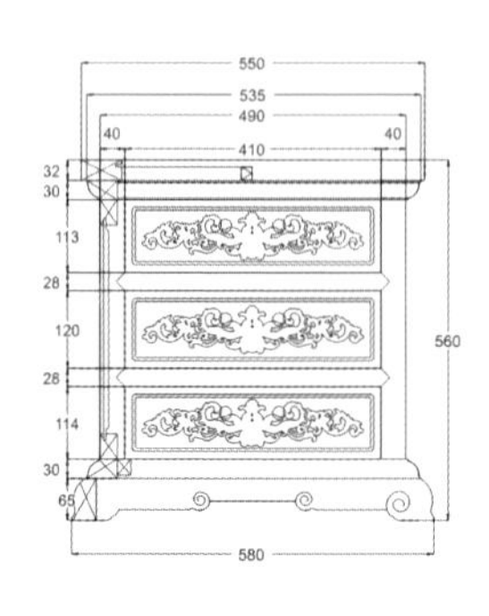
550
535
490
40
410
40
32
30
113
28
120
28
114
30
65
560
580

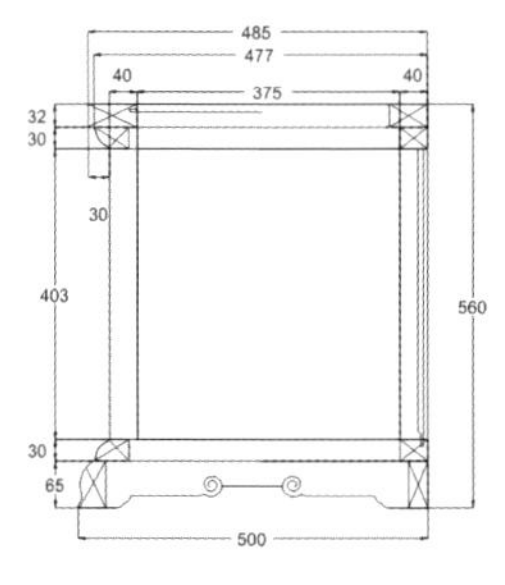
485
477
40
375
40
32
30
30
403
560
30
65
500

七仙女大床

——cad 图

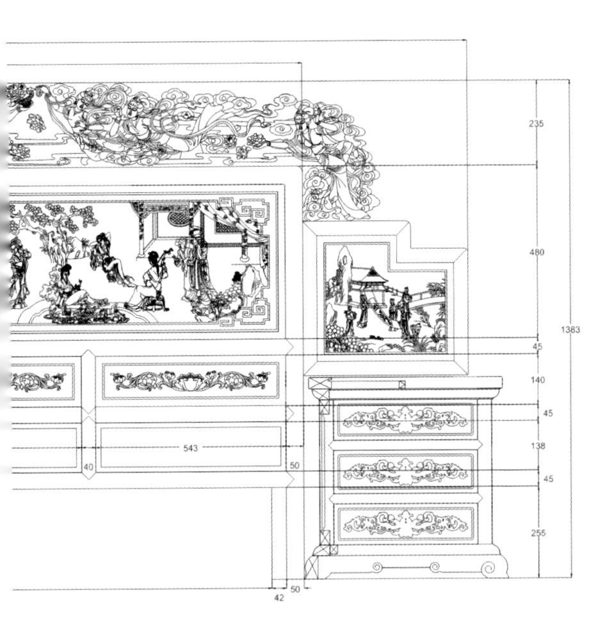
235
480
1383
45
140
45
138
45
255
543
40
50
50
42

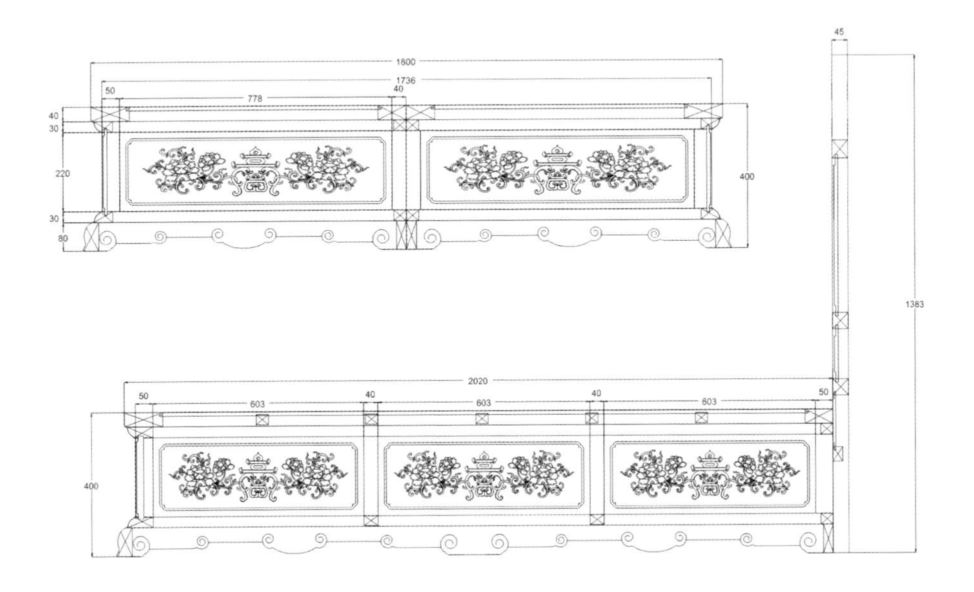
45
1800
1736
50
778
40
40
30
220
30
80
400
1383
2020
50
603
40
603
40
603
50
400

※ 七仙女大床雕刻图

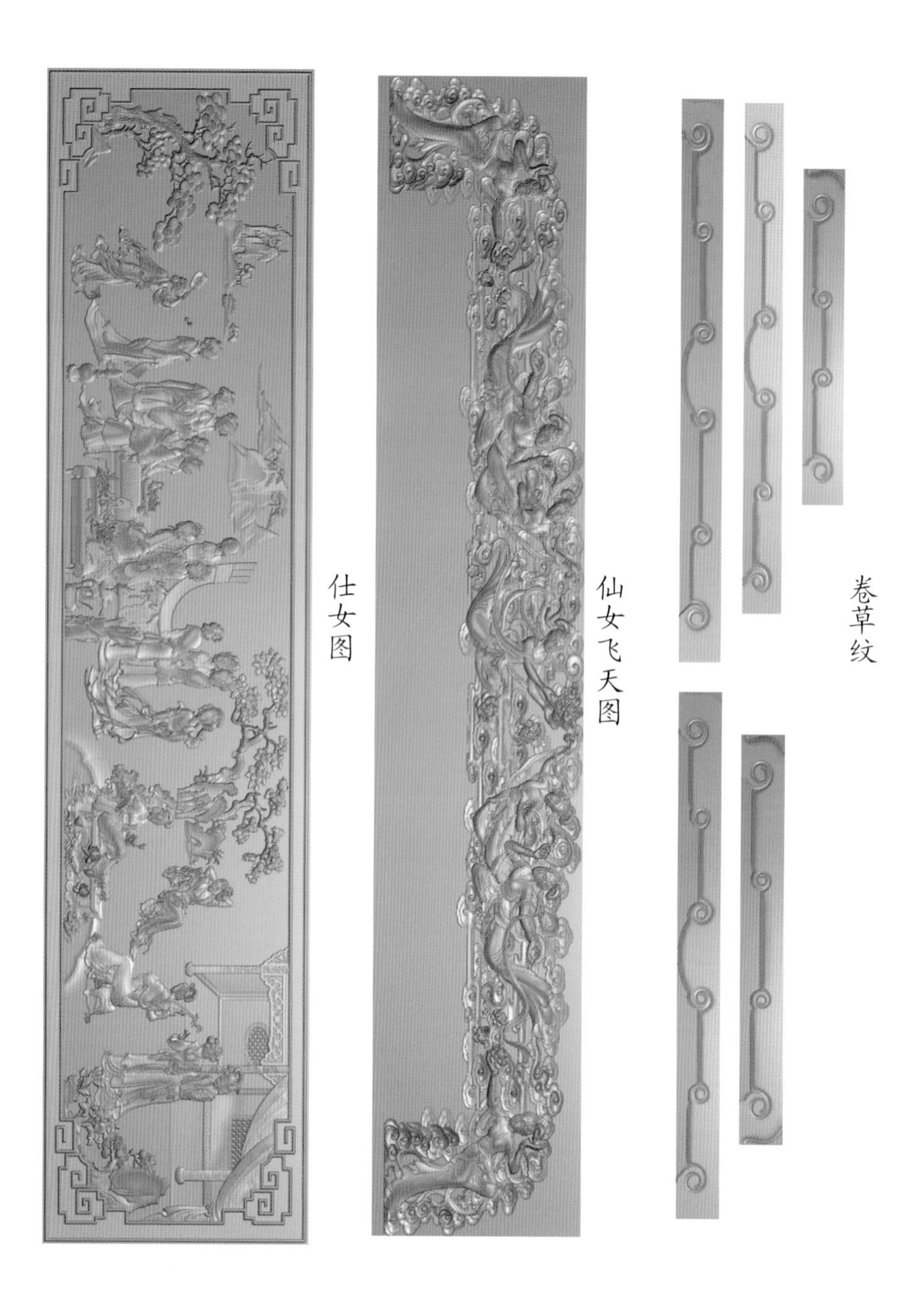

仕女图

缠枝莲纹

缠枝牡丹纹

※ 园林风光大床

◆图纹寓意：

园林风光的雕刻使家居整体显得开阔，这样的雕饰能够帮助我们改善心情。如意云头和如意宝石纹高贵华丽，为家具增添了富贵之意。回纹又称回回锦，寓意“富贵不断头”。卷草纹是我国古代的常见纹样之一，这种纹样最早出现在汉代，这时的卷草纹大多取材于忍冬，风格简练朴实，节奏感强。唐代的卷草纹则以牡丹的枝叶为主，花朵繁复华丽，层次丰富；叶片曲卷，富有弹性。总体结构舒展而流畅，生机勃勃。到了明清两代，卷草纹的风格趋向繁缛、纤弱，柔和的曲线成为了这时卷草纹最大的特点。卷草纹寓意连绵不断，生生不息。

◆款式点评：

此床床头三屏，外框雕有古线和回纹，装饰有如意宝石、如意云头、卷草等纹样。床面下高束腰，牙板和床腿相连，清式马蹄床脚。牙板上也雕饰有卷草、如意宝石等纹样。背板大面积的园林风光雕刻使整张床显得大气端庄。床头柜圆角喷出，面下高束腰，有两屉，屉脸装黄铜拉手，牙板光素，回纹马蹄柜腿。

◆文化点评：

片子床的出现与社会大背景紧密相连。随着城市化的进程加快，人的居住空间变小，社会生活加快，搬移性增大。明清以来的拔步床、架子床，都是四周有围栏，庞然如建筑物，虽然后来有了一定的简化，但格局没有根本性的突破，适应不了新的社会生活变化，家具就出现了改革，那种传统的庞然大床被“片子床”取代，这是历史的必然。

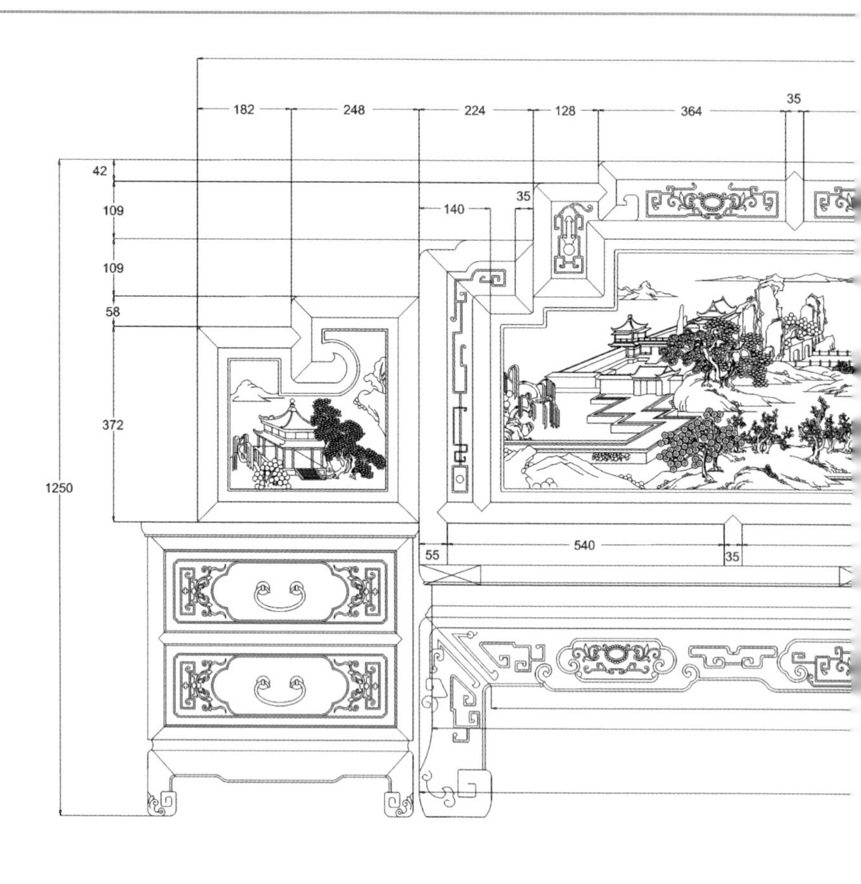
182
248
224
128
364
35
42
109
109
58
372
1250
140
35
55
540
35

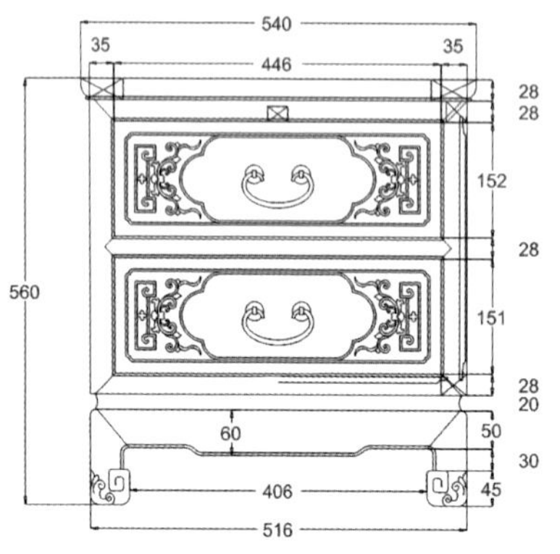
540
35
446
35
28
28
152
28
151
28
20
50
30
45
560
60
406
516

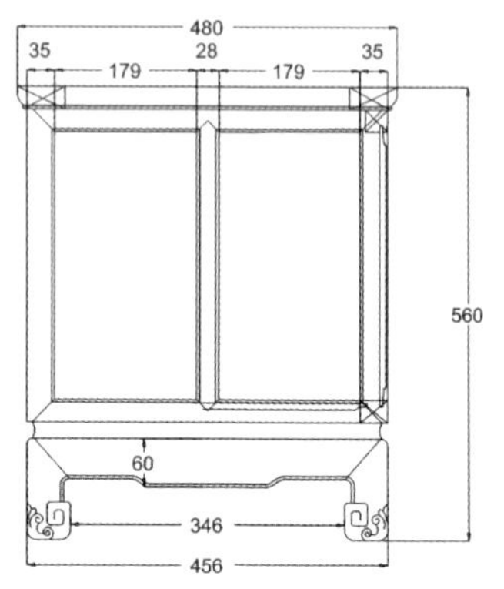
480
35
179
28
179
35
560
60
346
456

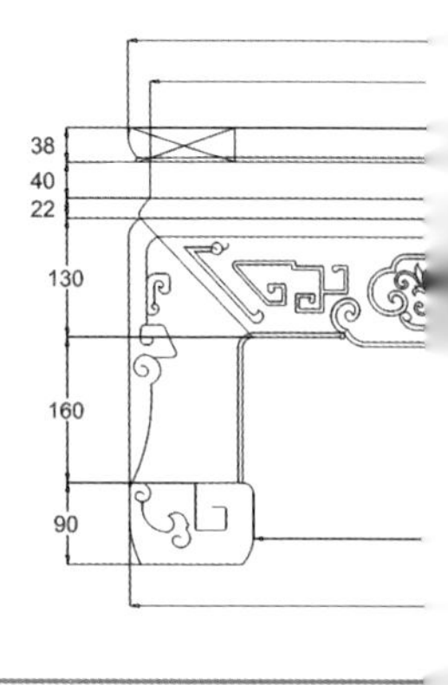
38
40
22
130
160
90

园林风光大床

——cad 图

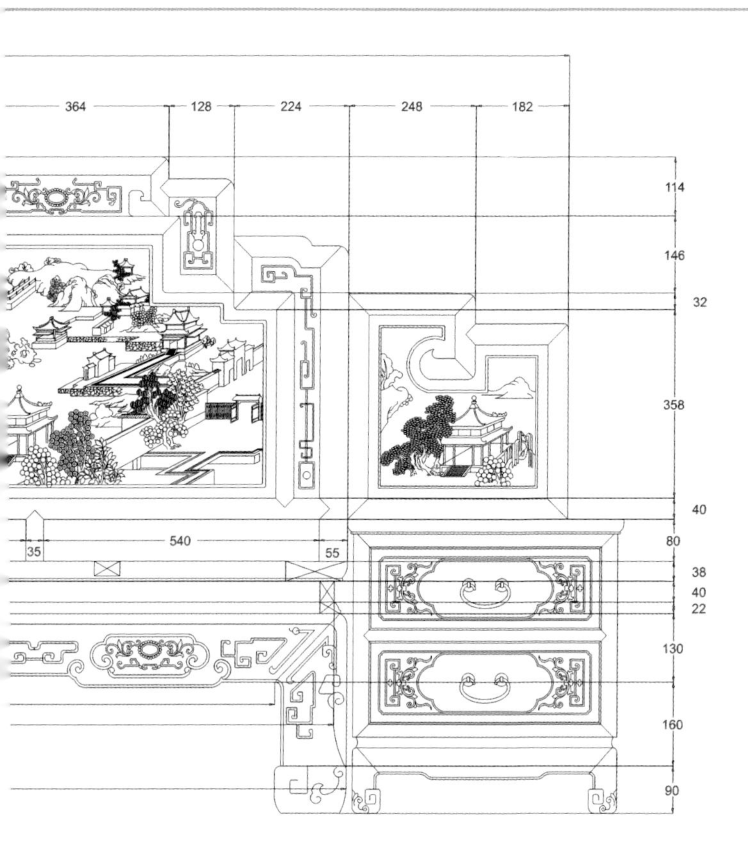
364
128
224
248
182
114
146
32
358
40
80
38
40
22
130
160
90
35
540
55

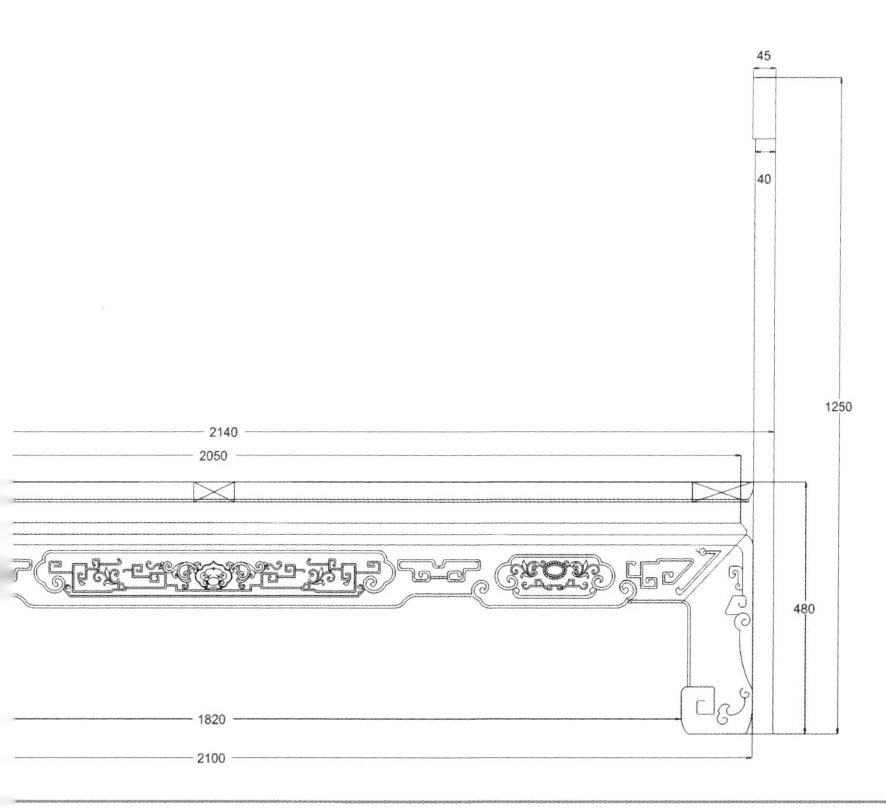
45
40
1250
2140
2050
480
1820
2100

※ 园林风光大床雕刻图

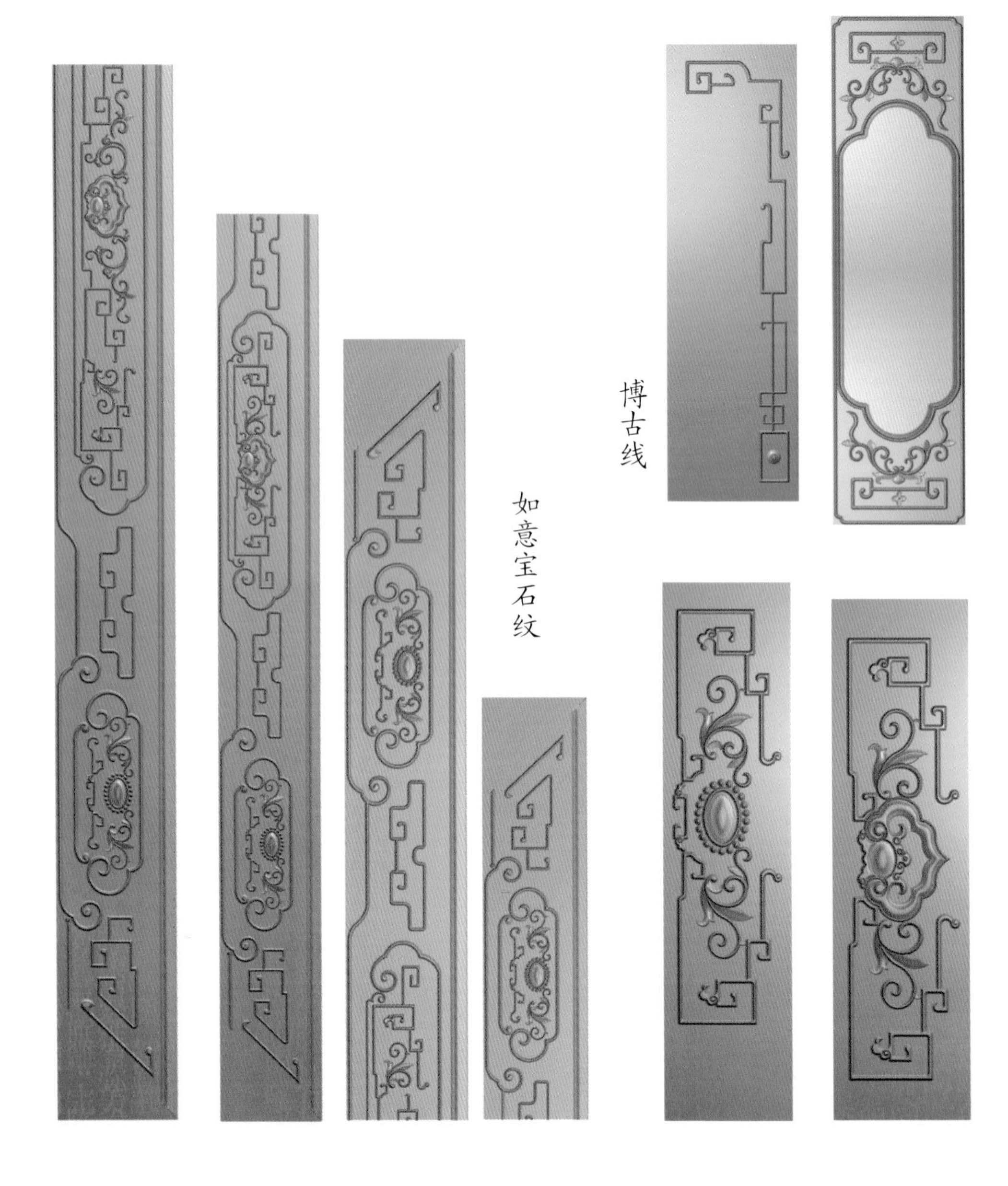

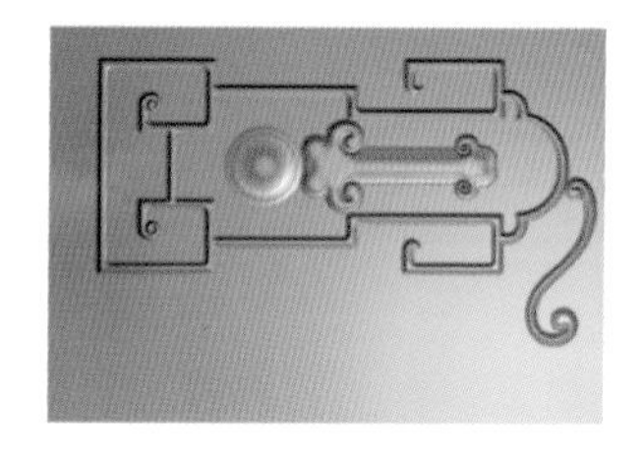

背板风景图

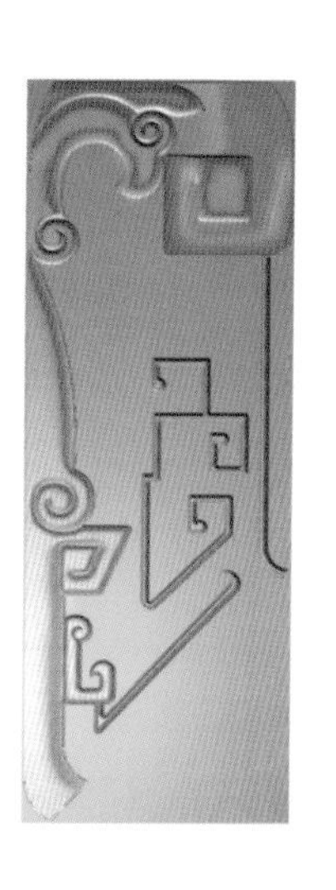

※ 西番莲大床

◆款式点评：

此床床头三屏，外框雕有古线和回纹，装饰有如意宝石、如意云头、卷草等纹样。床面下高束腰，牙板和床腿相连，清式马蹄床脚。牙板上也雕饰有卷草、如意宝石等纹样。背板大面积的西番莲纹雕刻使整张床显得富丽堂皇。床头柜圆角喷出，面下高束腰，有两屉，屉脸装黄铜拉手，牙板光素，回纹马蹄柜腿。

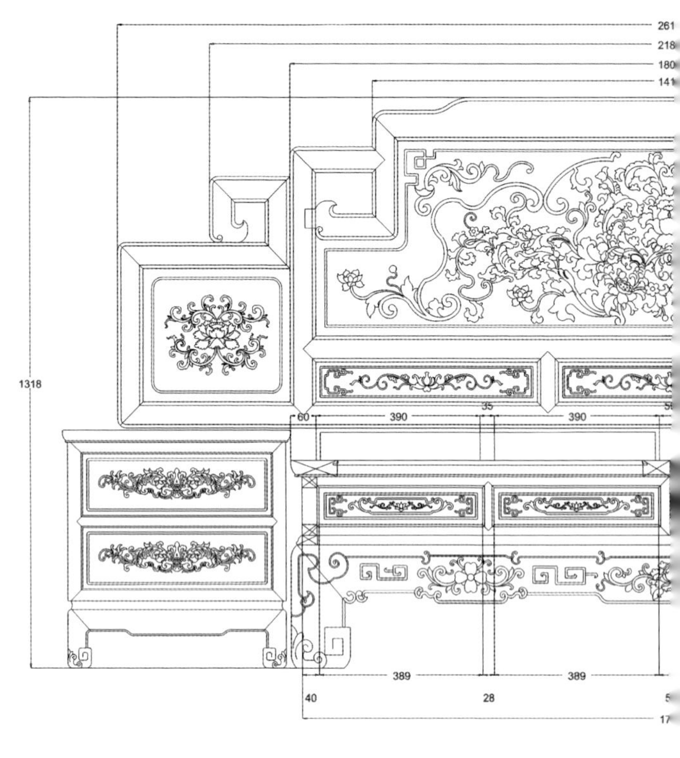
261
218
180
141
1318
60
390
35
390
389
389
40
28

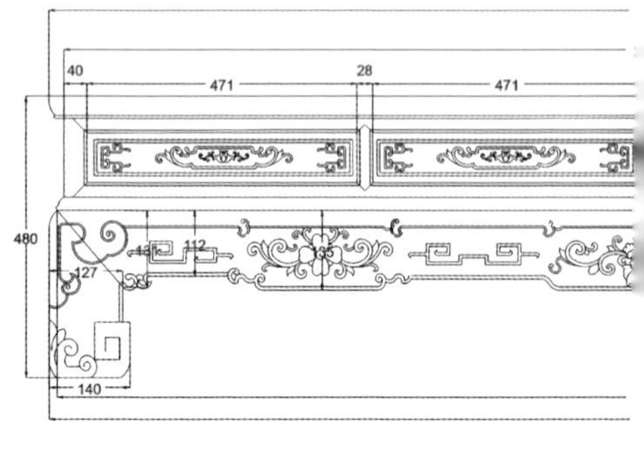
40
471
28
471
480
112
135
127
140

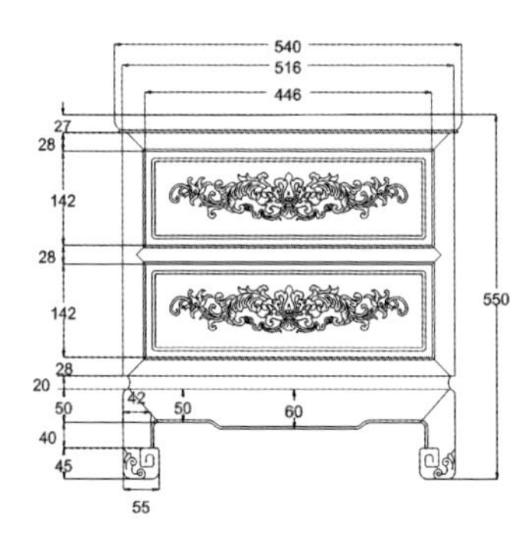
540
516
446
27
28
142
28
142
28
20
50
40
45
42
50
60
550
55

西番莲大床

——cad 图

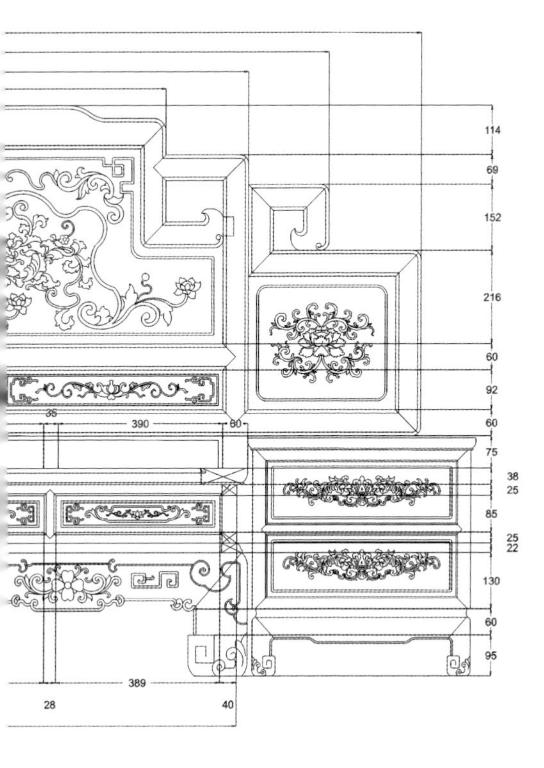
114
69
152
216
60
92
60
75
38
25
85
25
22
130
60
95
36
390
60
389
28
40

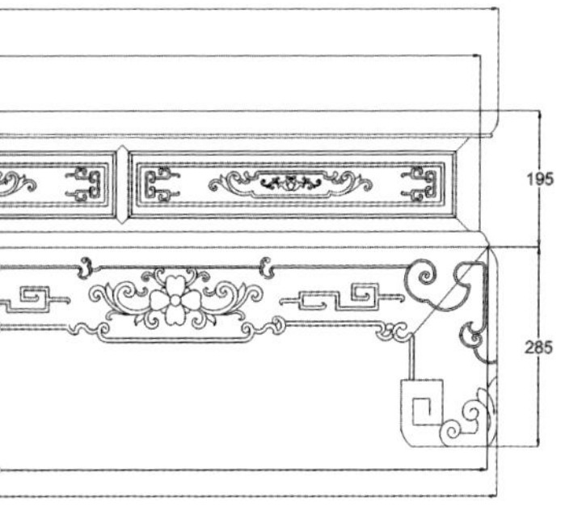
195
285

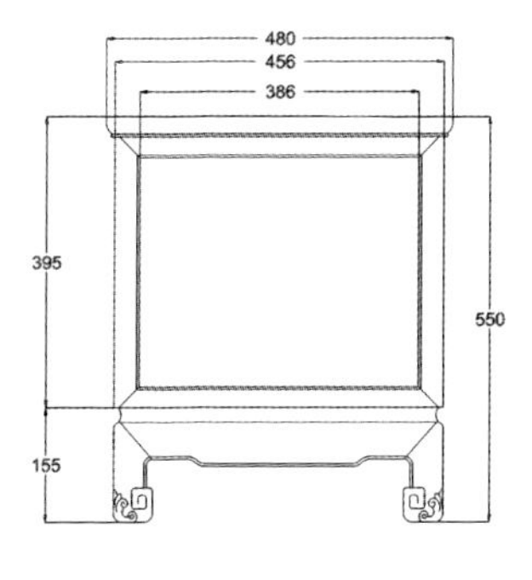
480
456
386
395
550
155

※ 西番莲大床雕刻图

西番莲纹

卷草纹

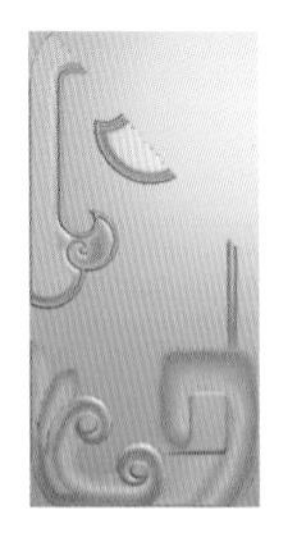

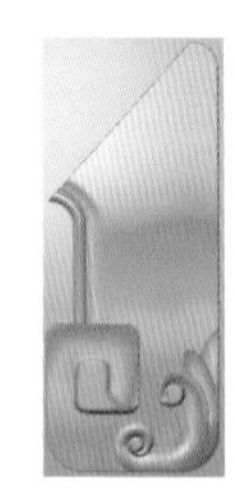

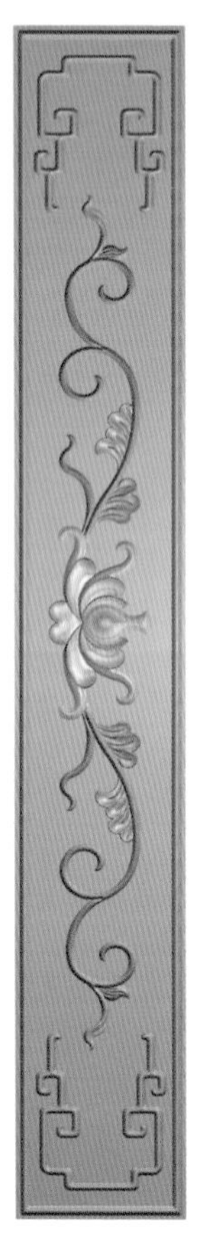

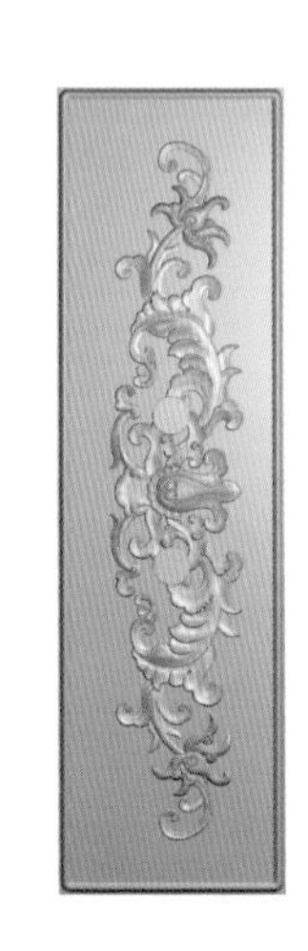

西番莲纹

※ 紫光大床

◆款式点评：

此床形态较为方正，床头部分镂空装饰有卷草纹样。背板分三屏，两屏光素，中间一屏雕有荷花、宝瓶、回纹等装饰性纹样。床身侧面也雕有缠枝莲等纹样。床尾呈罗锅状，分三屏，中间一屏中雕有荷花、蚌壳、如意、蝙蝠等纹样。床头柜圆角喷出，有两屉，屉脸装有黄铜拉手，屉脸下束腰，牙板光素，内翻马蹄足。

◆图纹寓意：

莲花品质高洁，并蒂莲的纹饰是指在一支茎上长出两朵莲花，称为并蒂，比喻男女好合，有情爱之意。唐代徐彦伯《采莲曲》中：既觅同心侣，复采同心莲。并蒂莲还有同心莲、合欢莲等叫法。荷花有的开得正旺，有的已经结了莲蓬。寓意花开富贵，多子多福。宝瓶象征永保平安，如意和蝙蝠的纹样则象征事事顺心如意，有福到来。

◆文化点评：

床是卧室中必备的第一器物，只有床“矮化”了，卧室中视觉才感到开阔，才有了大衣柜、梳妆台来填充空间，并且床的尺寸在民国以后是逐步增宽增大和增高的，尤其是北方，民国时期制作的大床高度可达2.2米以上，躺在其中就是一间小房子。

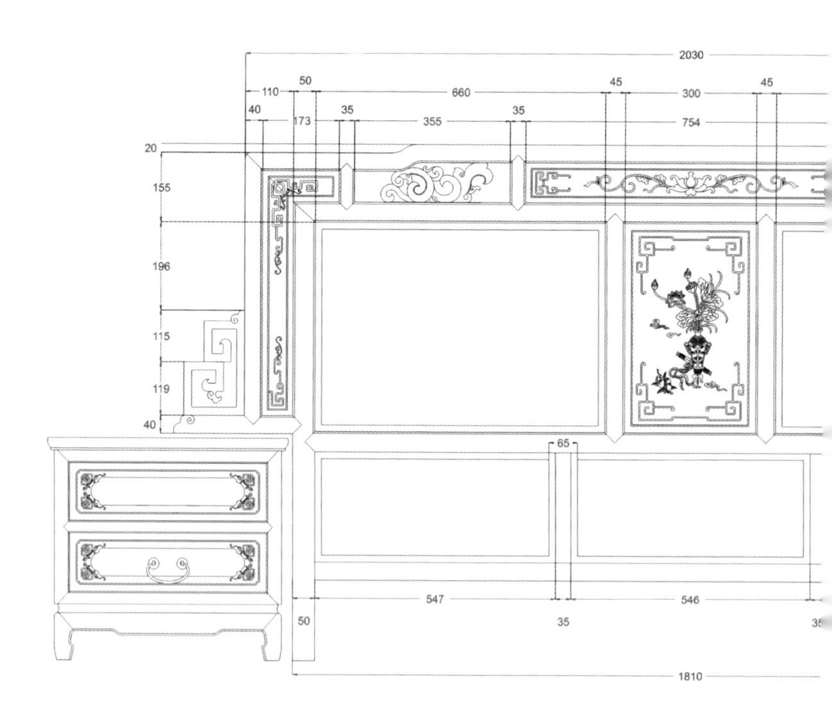
2030
110
50
660
45
300
45
40
173
35
355
35
754
20
155
196
115
119
40
65
547
546
50
35
1810

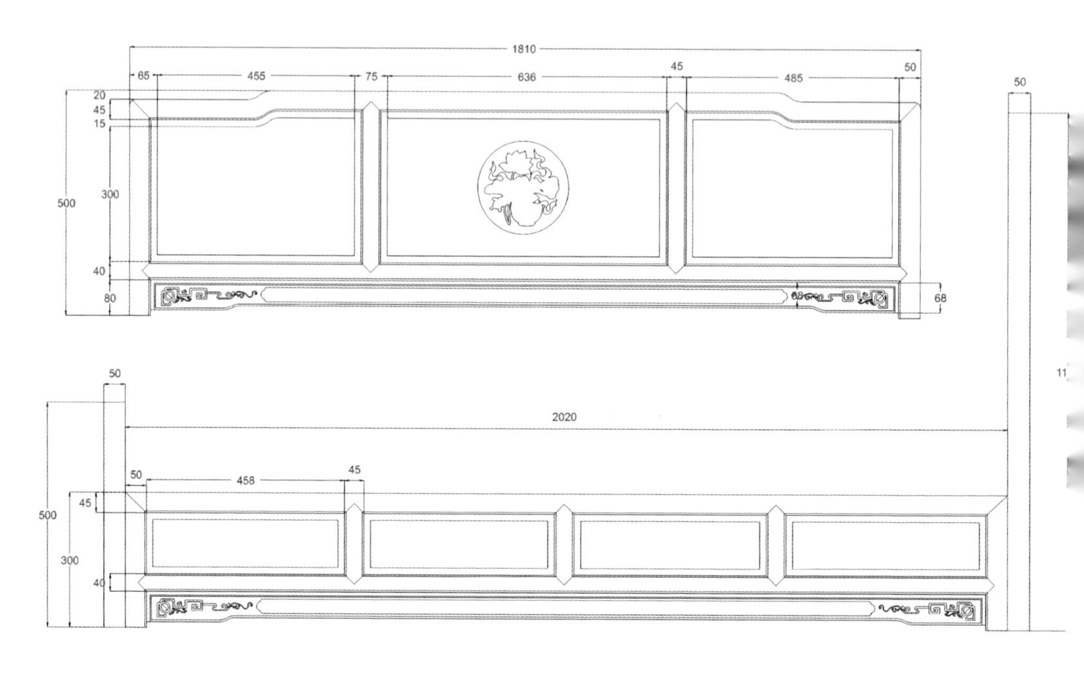
1810
65
455
75
636
45
485
50
20
45
15
500
300
40
80
68
50
50
2020
50
458
45
45
500
300
40

紫光大床

——cad 图

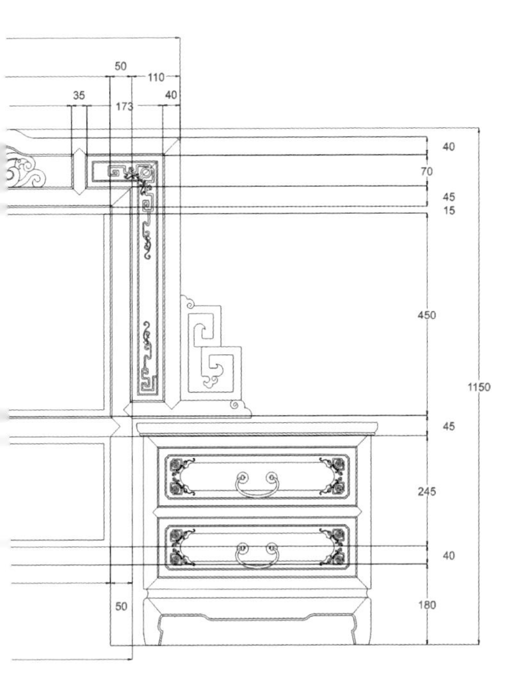
50
110
35
173
40
40
70
45
15
450
1150
45
245
40
50
180

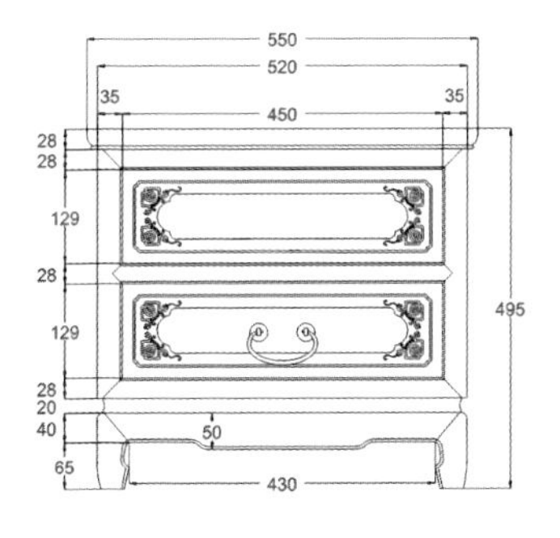
550
520
35
35
450
28
28
129
28
129
28
20
40
50
65
430
495

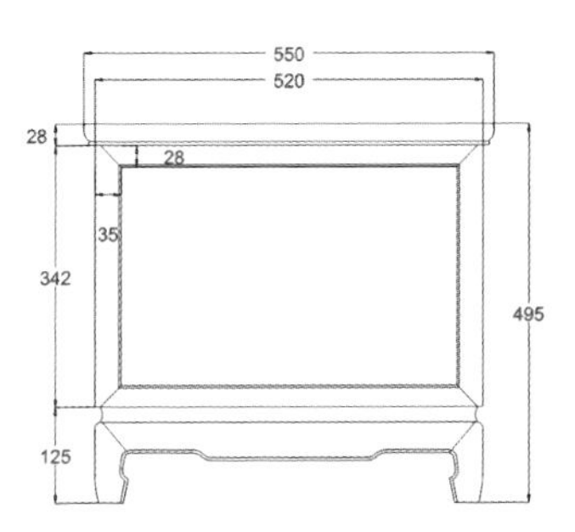
550
520
28
28
35
342
495
125

※ 紫光大床雕刻图

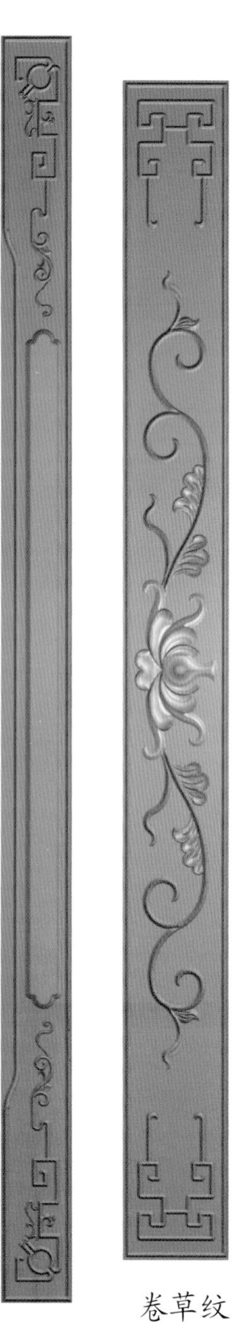

卷草纹

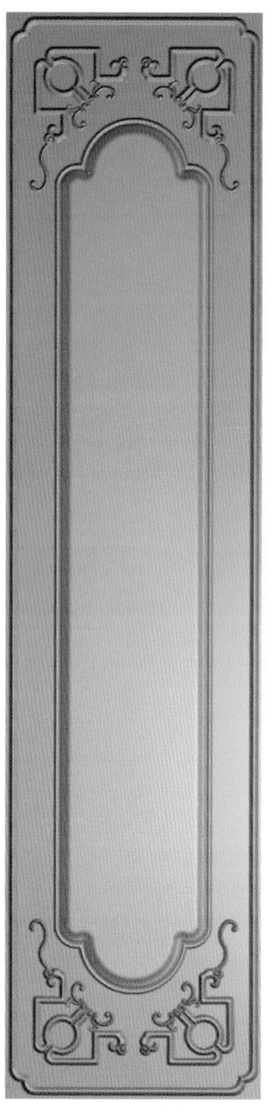

抽屉面

回纹

卷草纹

抽屉面

※ 豪华大床

◆款式点评：

此床造型较方正端庄，床头后连一块板，搭脑突出，雕有回纹装饰。床头成弧形，方便依靠；共分三屏，中间一屏雕有元宝和百吉纹。床尾方正，分三屏，中间一屏也雕有元宝百吉纹样。床头柜圆角喷出，有两屉，屉脸雕有卷草纹和如意云头纹样。

◆图纹寓意：

“中国结”见人爱，给人一种喜庆吉祥的感觉。中国结最大的特点在于，整个结是由一线贯穿、一气呵成的。线可以根据不同的迂回曲折方式，构成不同的图像。这些图像象征的都是美好的庆贺和祝愿。曲直相交、模拟绳线编结而成的百吉图案，是取“八结”的谐音，为“百事吉祥”的象征，寓意连续不断、路路相通。以结表情，以结含义。中国结讲究的是上下一致、左右对称、正反相同、首尾相连，是表示团结、欢聚、喜乐、幸福的载体。

◆文化点评：

明清时期，中国建筑的重心是在客厅和书房。传统的观念认为，客厅和书房是一个家庭的“对外窗口”，在家具摆放上格外用心，无论使用的材质还是设计的样式都力求考究，由此一来品位必然上升。时至民国，受西方文化影响，这种情况有了偏移。西方历来重视卧室，重视卧室必然使卧室家具的品位提升。

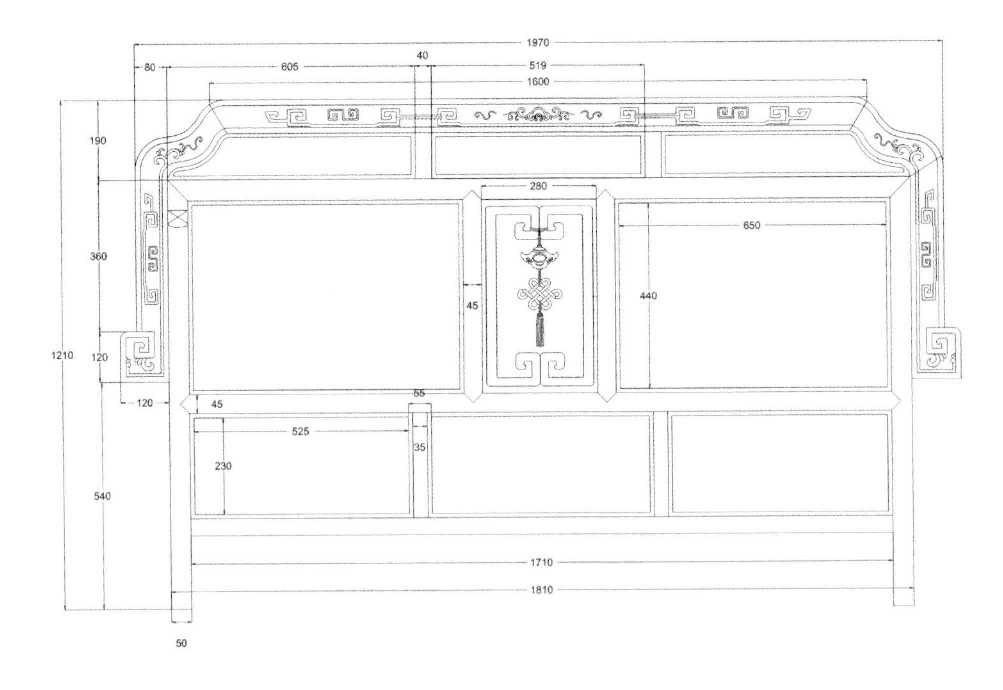
1970
80
605
40
519
1600
190
280
650
360
45
440
1210
120
120
45
55
525
35
230
540
1710
1810
50

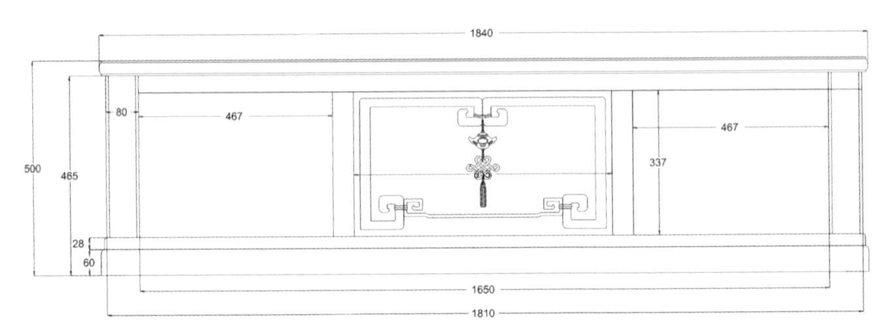
1840
500
465
80
467
467
337
28
60
1650
1810

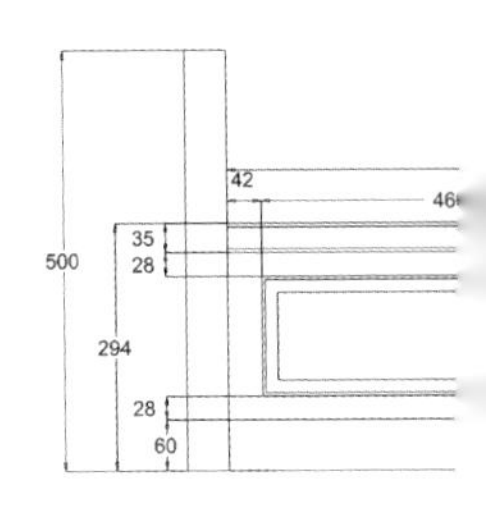
42
500
35
28
294
28
60

豪华大床

——cad 图

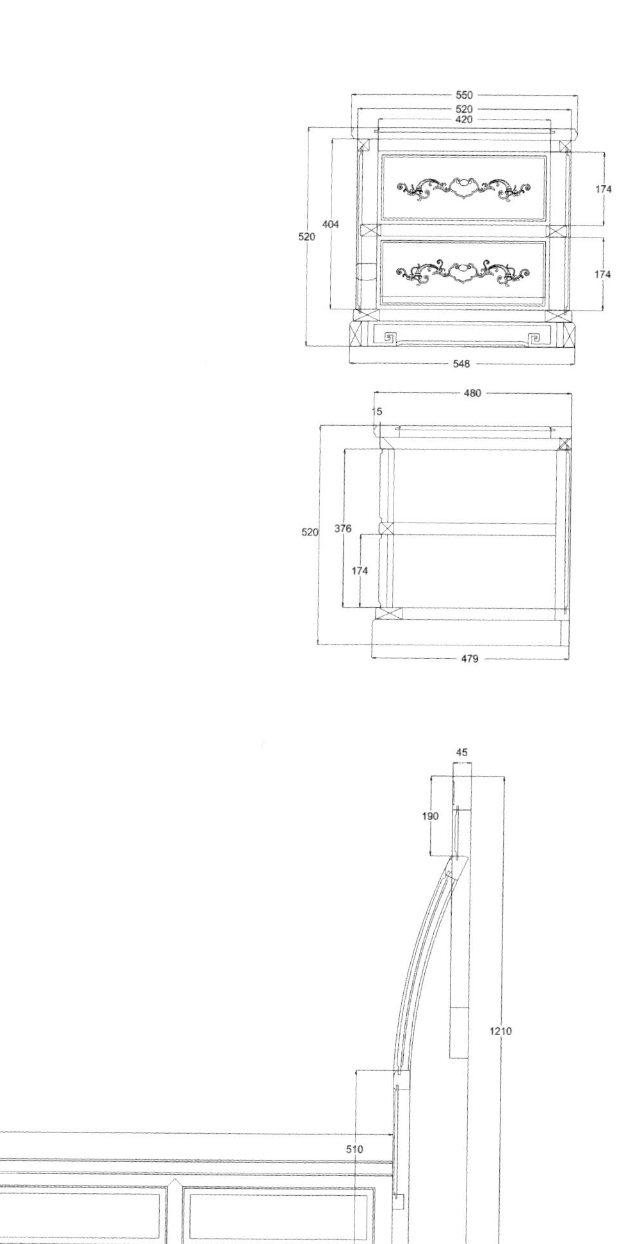
550
520
420
520
404
174
174
548
480
15
520
376
174
479
45
190
1210
2020
510
180

※ 豪华大床雕刻图

屉脸雕刻

元宝百吉纹

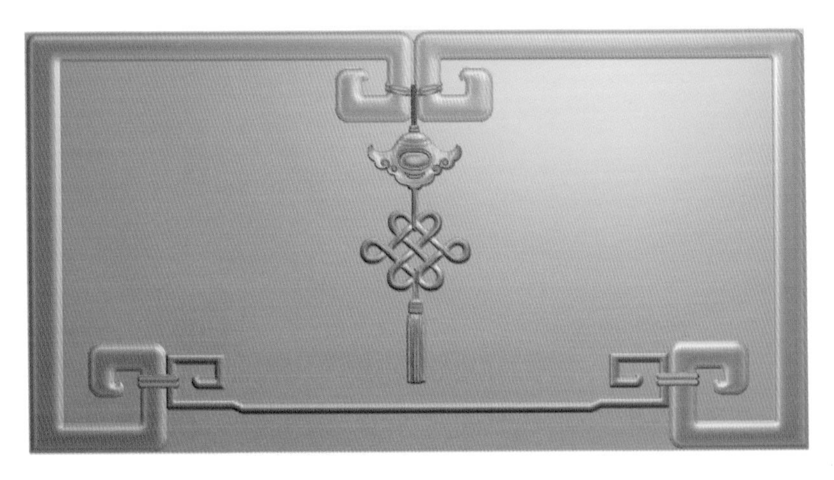

回纹

卷草纹

※ 花鸟月洞床

◆款式点评：

此床属于月洞式架子床，床腿呈三弯式，与牙板相连，牙板处雕刻有卷草纹样。牙板上是束腰，束腰雕饰有缠枝莲纹样。束腰以上是床板，床板四周安有床帏，正面床帏呈月洞状，镂空雕刻有花鸟纹样。雕工精致华美，线条舒展细腻。

◆图纹寓意：

缠枝莲是我国常见的吉祥纹样之一，又名“万寿藤”，寓意吉庆。因结构连绵不断，故又具“生生不息”之意。螭龙纹是一种典型的传统装饰纹样，常被用于房屋门窗、家具、瓷器和服饰上。螭是古代传说中的一种动物，属蛟龙类。螭龙纹比龙纹有更适于装饰，形状多遍变，因此它成为了最常见的花纹之一。螭纹寓意极为广泛，大都具有吉祥之意。卷草纹寓意生生不息，绵绵不绝。花鸟的雕刻让家具显得生动自然。

◆文化点评：

架子床是明代非常流行的一种床，通常它的四角安立柱、床顶、四足，除四角外在正面两侧尚有二柱，有的为六柱，柱上端承床顶，因为像顶架，所以称架子床。架子床的种类较多，有月洞式门架子床、带门围子架子床、带脚踏式架子床等。架子床一般为透雕装饰，如带门围子架子床。正面有两块方形门围子，左、右、后三面也有长围子，围栏上楣子板，四周床牙都雕塑有精美的图案。架子床的外形酷似一个缩小的房间，床的柱杆就像房子的立柱；床顶下周围有挂檐，很像房子中的“雀替”，匠工在其上雕饰花纹，使整个床器更显华丽，在床正面装垂花门的更显恢弘壮观；床的下端有矮围子，其做法图案纹样像房子的柱及栏杆，给人的感觉上下相应，和谐统一，雕工精湛。

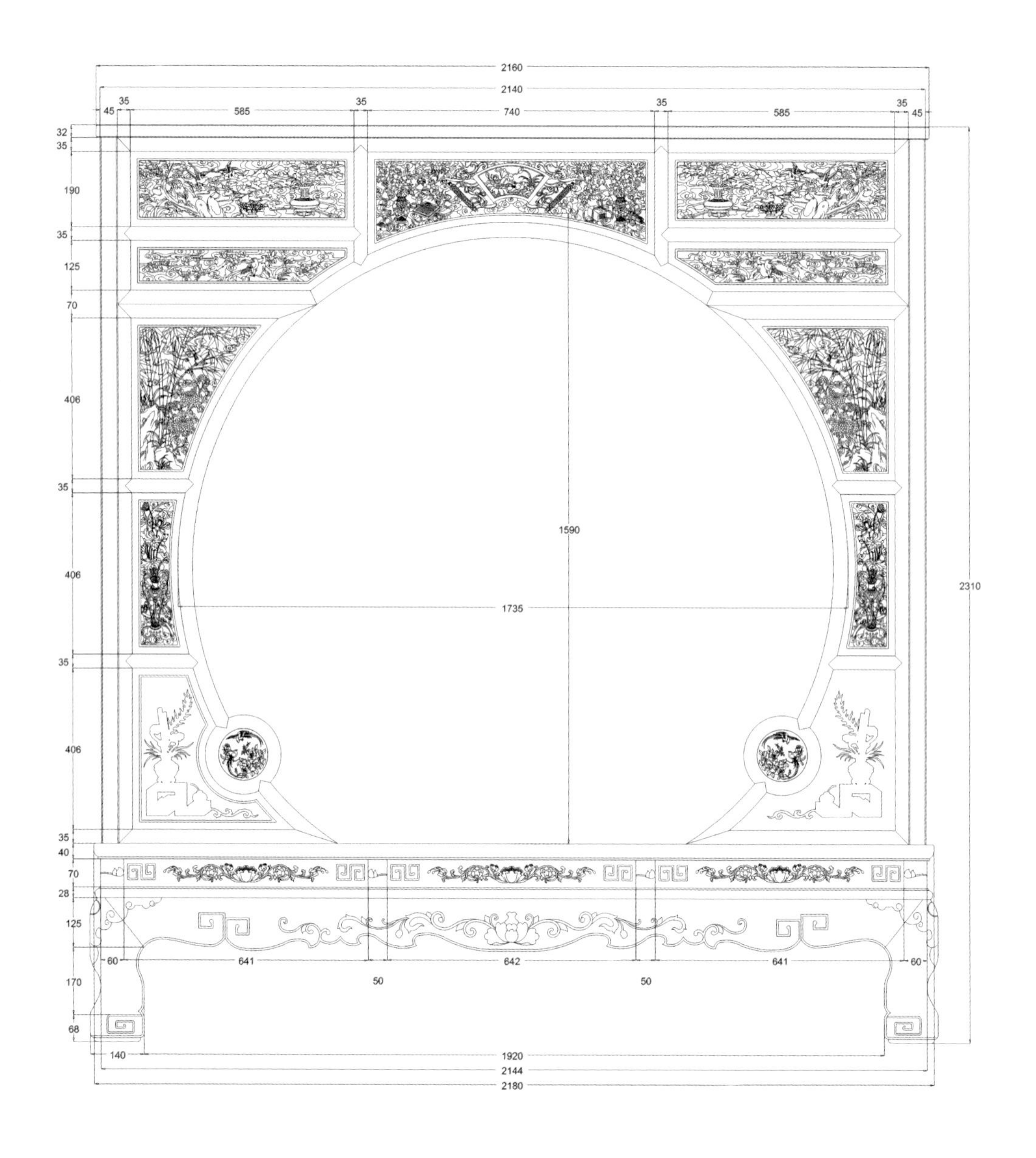
2160
2140
45
35
585
35
740
35
585
35
45
32
35
190
35
125
70
406
35
406
35
406
35
40
70
28
125
170
68
1590
1735
2310
60
641
50
642
50
641
60
140
1920
2144
2180

花鸟月洞床

——cad 图

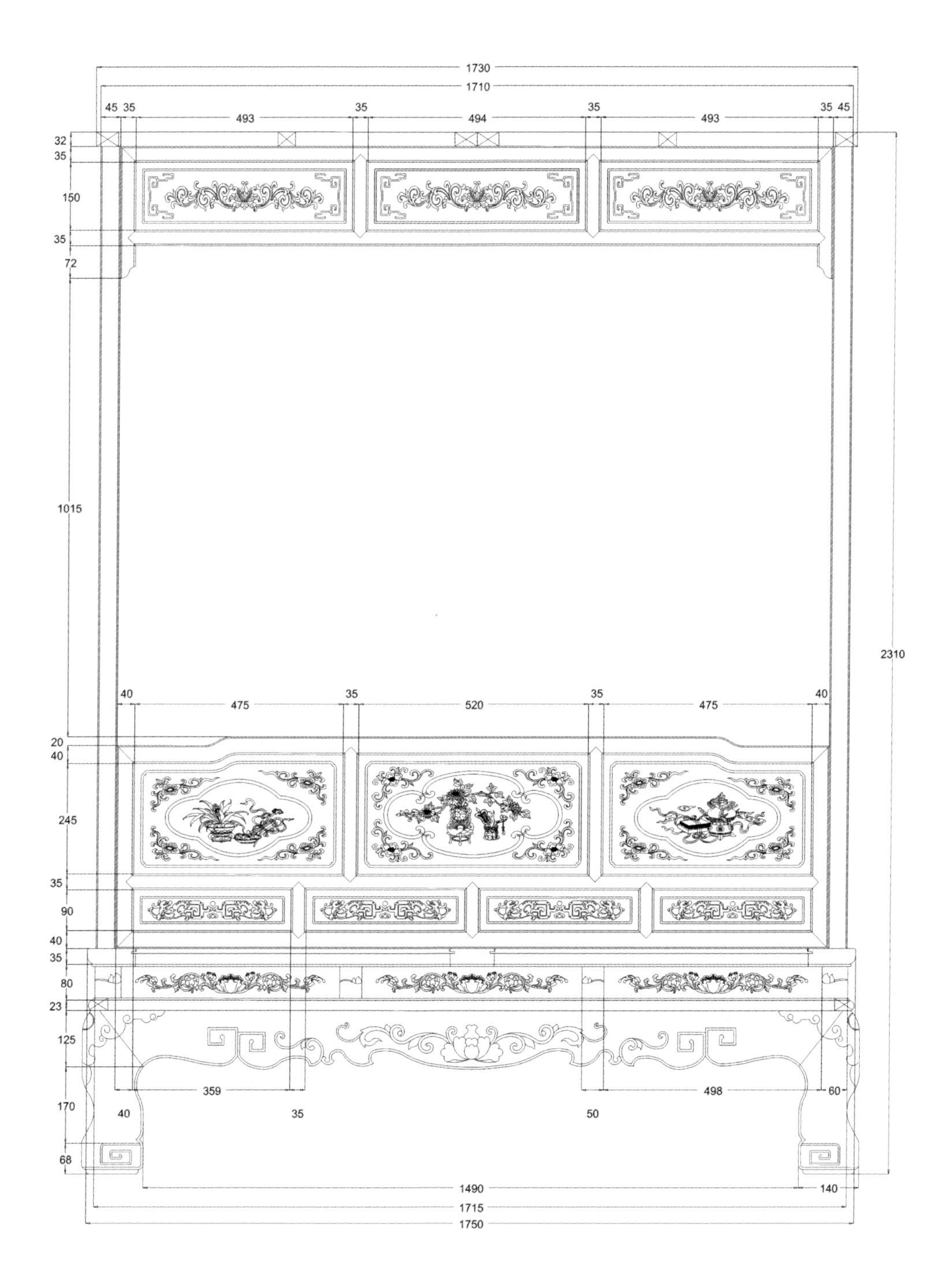
1730
1710
45
35
493
35
494
35
493
35
45
32
35
150
35
72
1015
2310
40
475
35
520
35
475
40
20
40
245
35
90
40
35
80
23
125
359
498
60
170
40
35
50
68
1490
140
1715
1750

※ 花鸟月洞床雕刻图

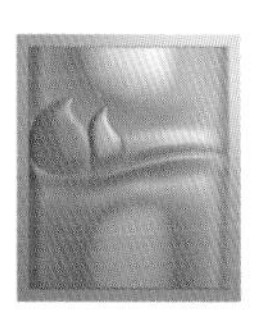

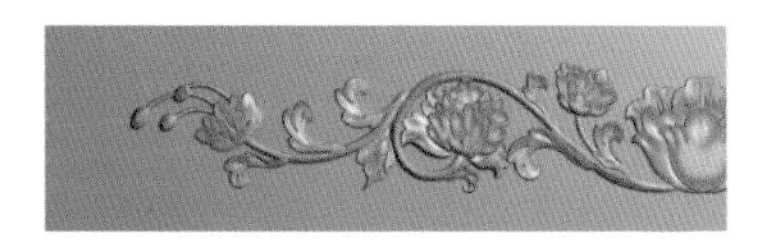

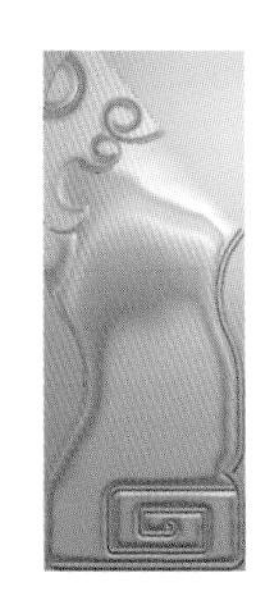

莲花瓶

青鸟翠竹

螭龙纹

西番莲

卷草纹

花鸟纹

背板

※ 花鸟罗汉床

◆款式点评：

此床是典型的罗汉床样式。床腿呈三弯式，与牙板相连，牙板处雕刻有卷草纹样。牙板上是束腰，束腰雕饰有缠枝莲纹样。束腰以上是床板，床板三面安有床帏，床帏以回纹和卷草纹镂空。背板呈山字形，中间雕有花鸟等图案。整器显得庄重大方，生动灵活。

◆图纹寓意：

卷草纹最早出现在汉代，风格简练朴实，节奏感强；到了唐代卷草纹以牡丹的枝叶为主，采用曲卷多变的线条，花朵繁复华丽，层次丰富；叶片曲卷，富有弹性；叶脉旋转翻滚，富有动感。但是无论是什么样式的卷草纹，都象征着生生不息，绵绵不绝，生命力旺盛的含义。缠枝莲是我国常见的吉祥纹样之一，又名“万寿藤”，寓意吉庆。因结构连绵不断，故又具“生生不息”之意。

◆文化点评：

罗汉床在明代比较常见，是一种床铺为独板，左右、后面装有围栏，但不带床架的榻。罗汉床一般都陈设在王公贵族的厅堂中，给人一种庄严肃穆的感觉。这种床可以分为五围屏带踏板罗汉床、五围屏罗汉床、三围屏罗汉床。早期罗汉床的特点是五屏围子，前置踏板，有托泥，三弯腿宽厚，截面呈矩尺形。到了中期，前踏板消失，三弯腿一改其臃肿之态，腿足出现兽形状。发展到晚期，罗汉床仅三屏，床面的三边设有矮围子，围子的做法有繁有简，最简洁质朴的做法是三块光素的整板，正中较高两侧稍低，有的在整板上加一些浮雕图案。复杂一些的做法是透空做法，四边加框中间做各种几何图案或花纹，如万字、十字加套方等，其形式犹如建筑的挡板。但一般不设托泥，三弯腿变成了马蹄足，显得异常庄重、严肃，是一种十分讲究的家具。

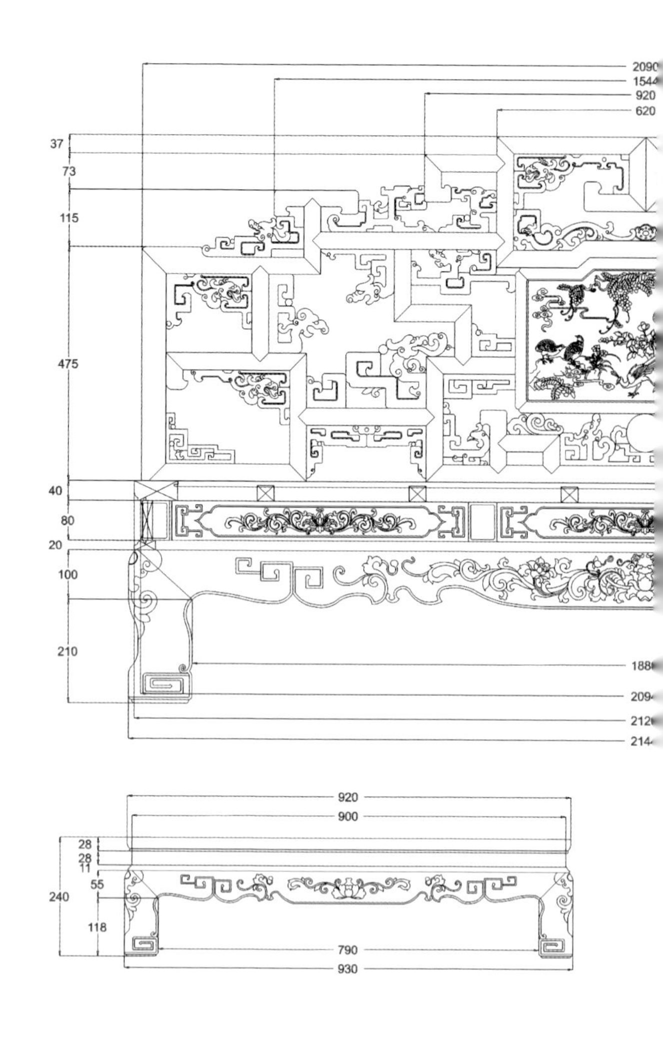
2090
1544
920
620
37
73
115
475
40
80
20
100
210
1880
2094
2120
2144
920
900
28
28
11
55
240
118
790
930

花鸟罗汉床

——cad 图

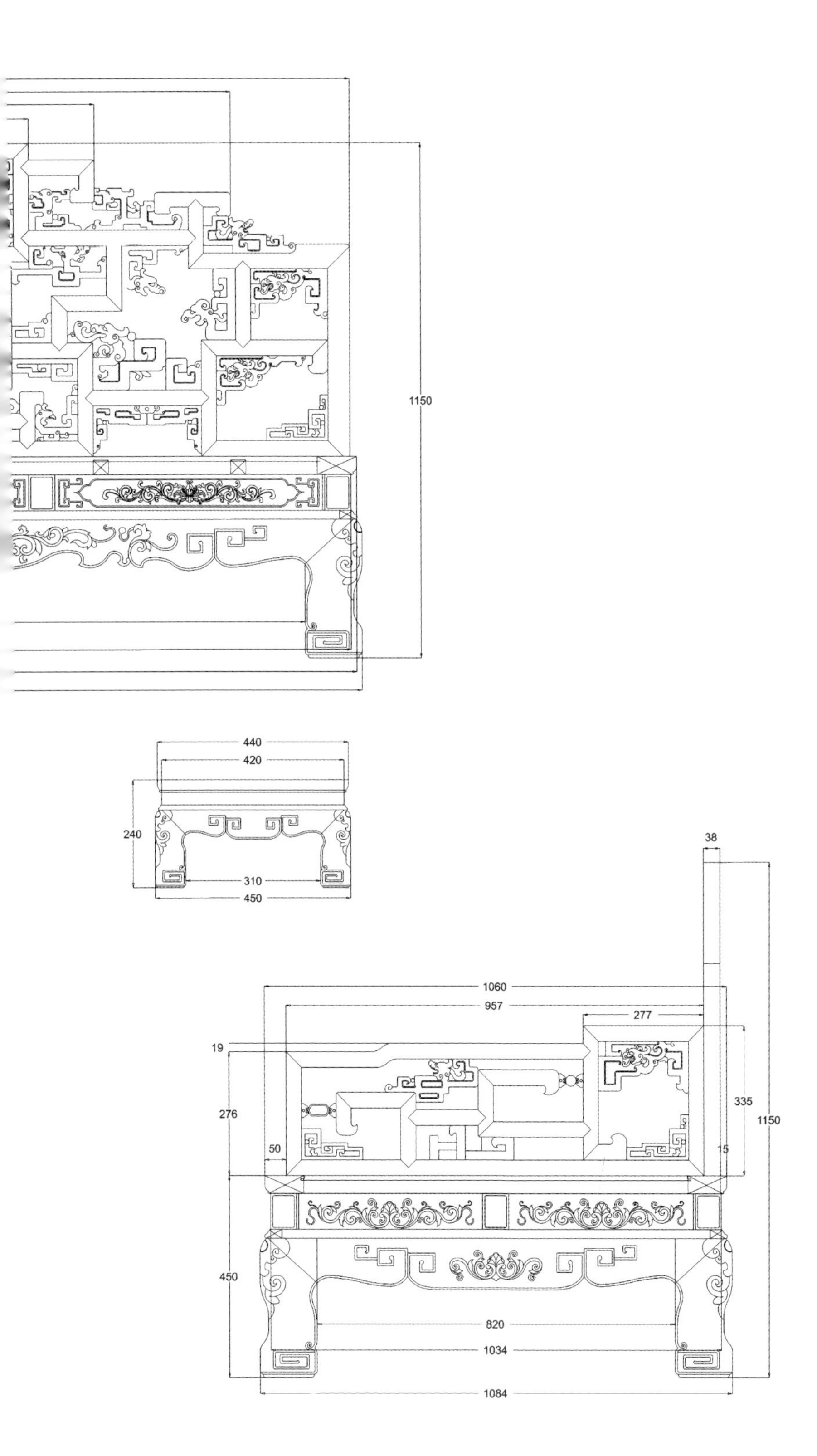
1150
440
420
240
310
450
38
1060
957
277
19
276
335
1150
50
15
450
820
1034
1084

※ 花鸟罗汉床雕刻图

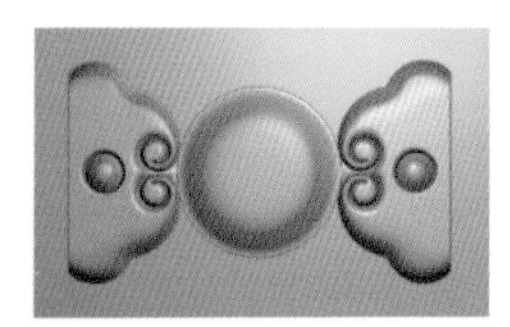

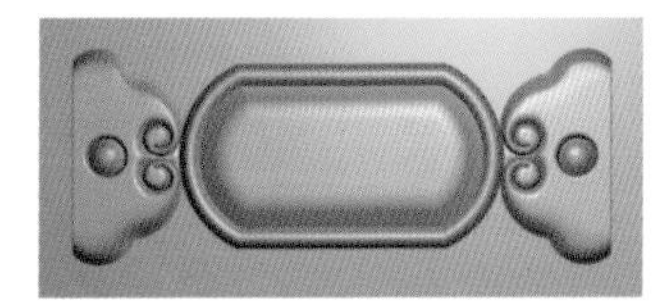

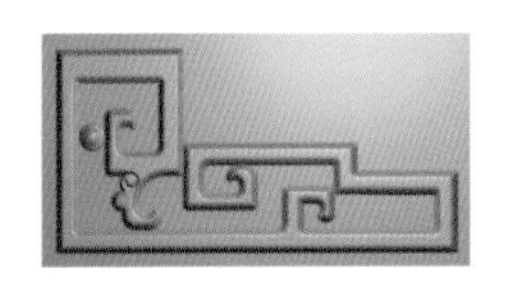

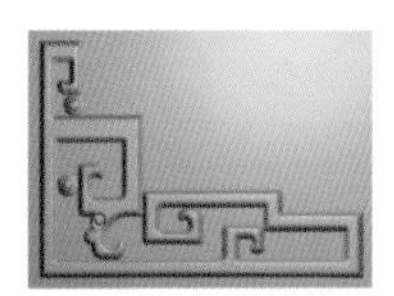

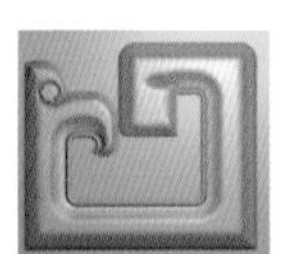

花鸟图

缠枝莲纹

螭龙卷草纹

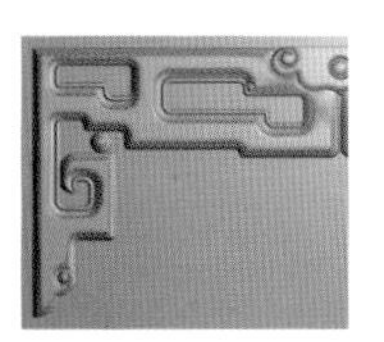

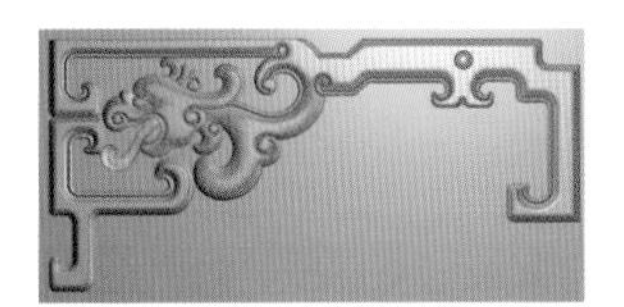

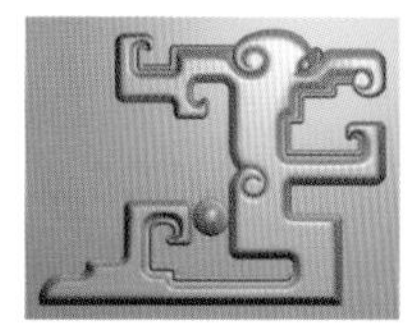
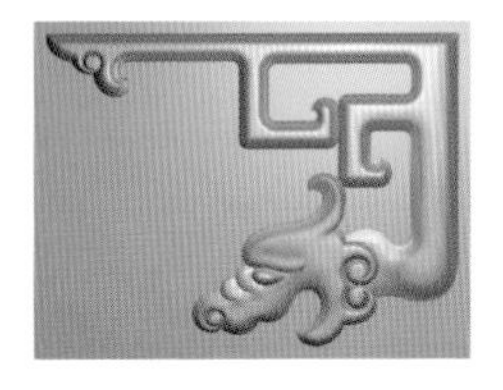
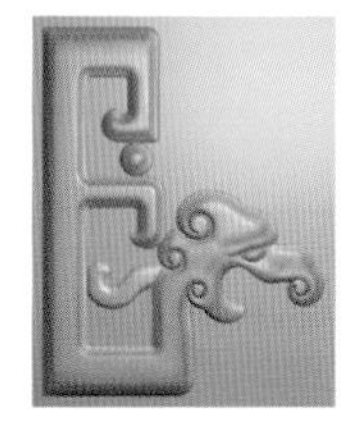
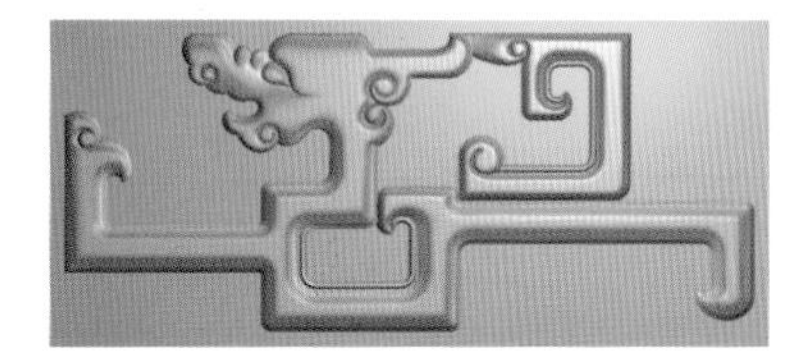
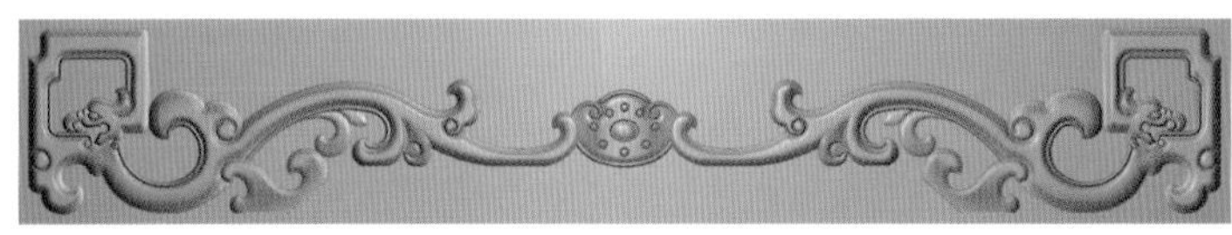
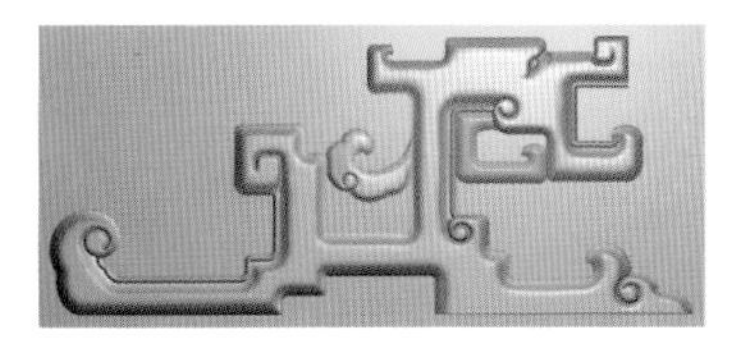
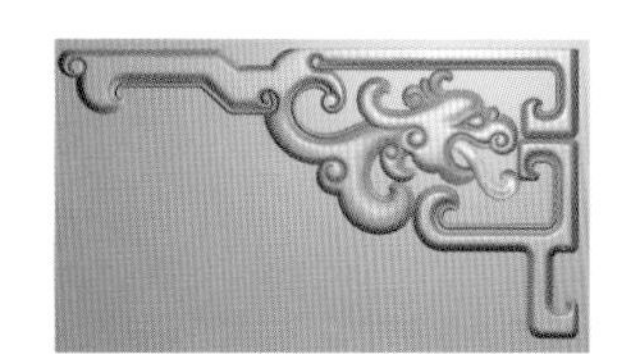
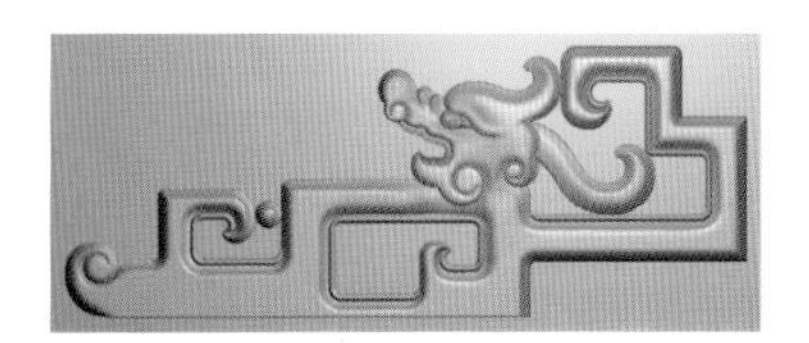
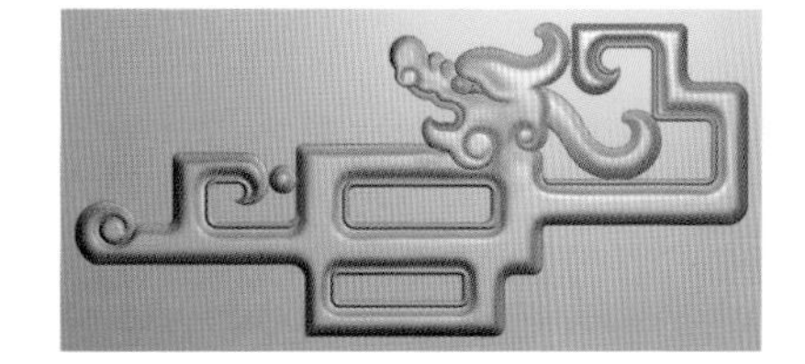
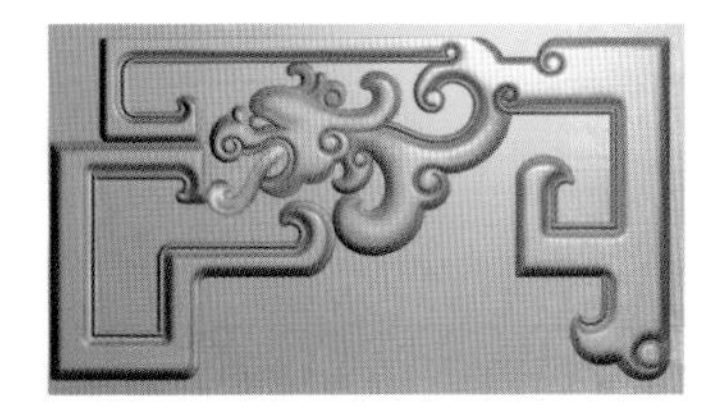

※ 螭龙罗汉床

◆款式点评：

此床使用三屏状床帏，背板和扶手处皆雕有西番莲和回纹边框，边框之间是螭龙纹样。扶手和背板相连，背板下方有镂空，雕有螭龙纹；背板侧边皆雕有回纹；面板下束腰，腰部雕有螭龙纹样。回纹马蹄床腿，牙板雕有蝙蝠，仙桃和西番莲纹样。

◆图纹寓意：

螭龙纹是一种典型的传统装饰纹样，常被用于房屋门窗、家具、瓷器和服饰上。螭是古代传说中的一种动物，属蛟龙类。螭龙纹比龙纹更适于装饰，形状多遍变，因此它成为了最常见的花纹之一。螭纹寓意极为广泛，大都具有吉祥之意。回纹是由古代陶器和青铜器上的雷纹衍化来的几何纹样，是由横竖短线折绕组成的方形或圆形的回环状花纹，形如“回”字。回纹在传统纹样中极为常见，这种纹样象征了绵长悠远，富贵不断。

◆文化点评：

罗汉床最初是僧人打坐用的，后来逐渐演变成普通的坐卧家具。明代的罗汉床款式多样，一般是三面围子，围子上面可以雕刻很多图案，下面有脚踏，上面有一个小几，可以在罗汉床上铺设枕头，坐垫，清闲时间，邀三五好友品茶，下棋，累了可以靠在罗汉床上小憩，非常的方便。

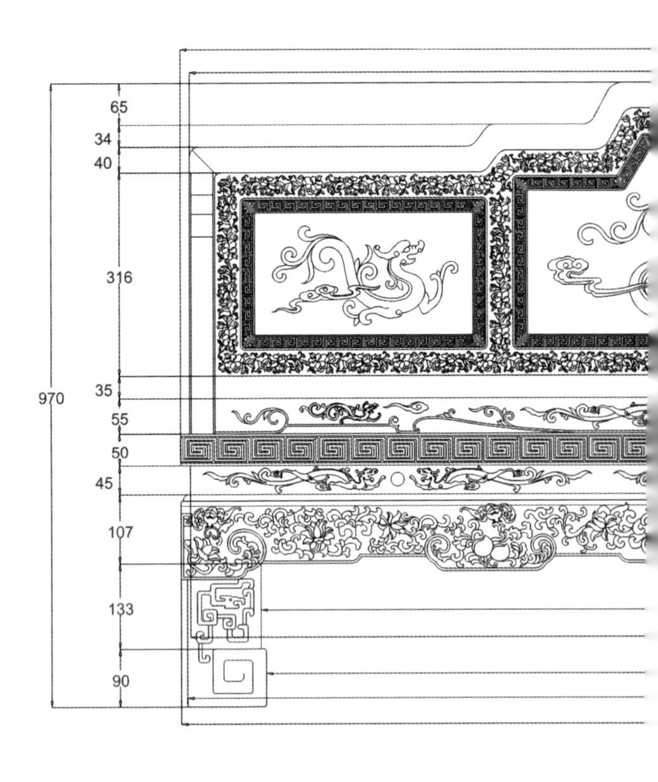
65
34
40
316
970
35
55
50
45
107
133
90

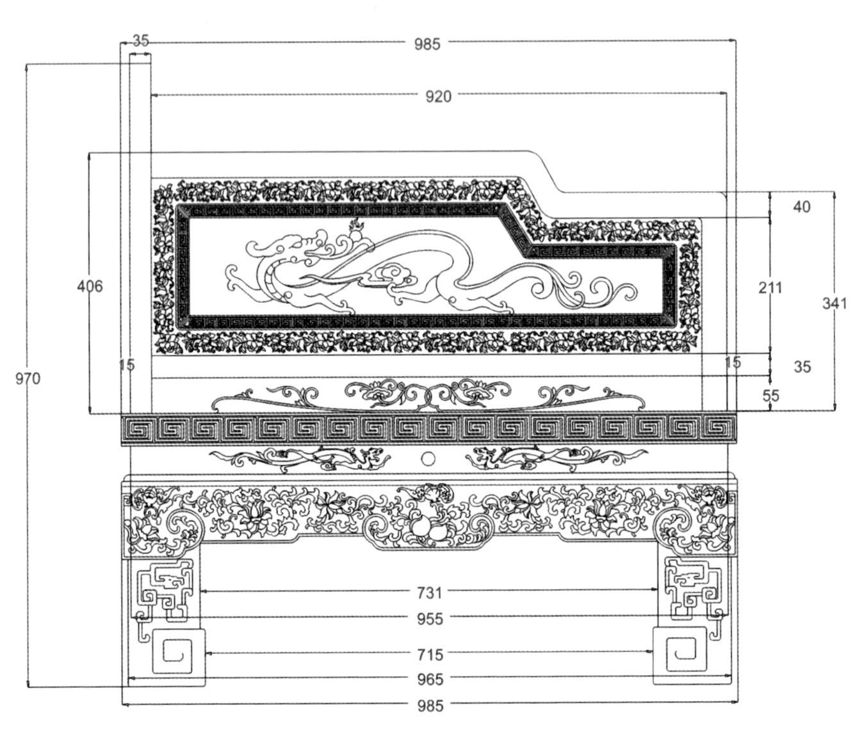
35
985
920
406
970
15
15
40
211
341
35
55
731
955
715
965
985

螭龙罗汉床

——cad 图

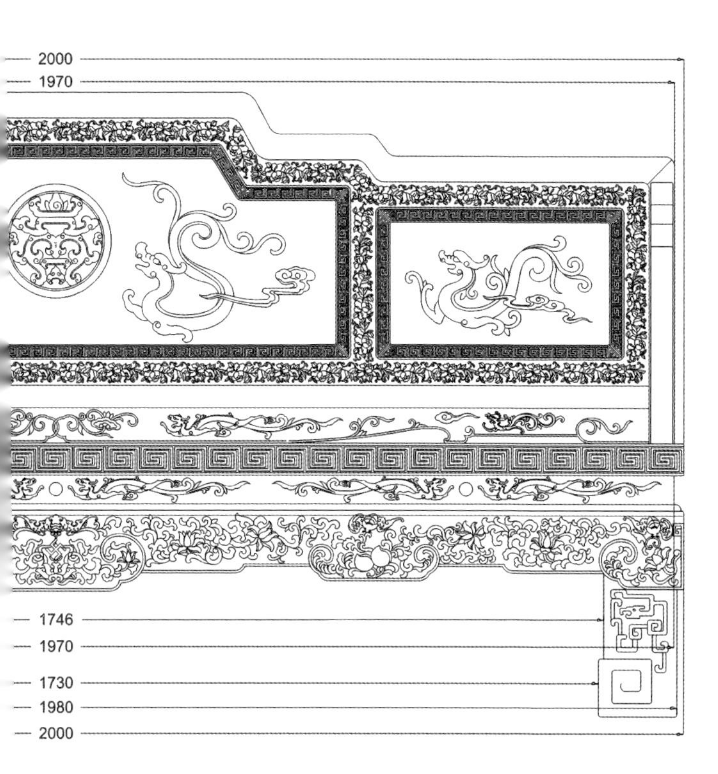
2000
1970
1746
1970
1730
1980
2000

※ 螭龙罗汉床雕刻图

螭龙纹

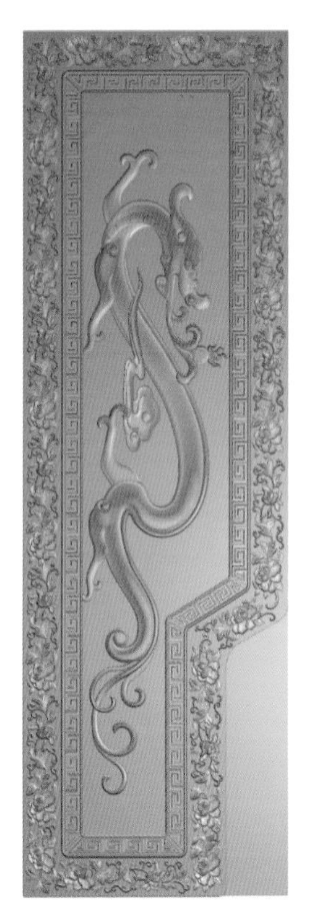

回纹

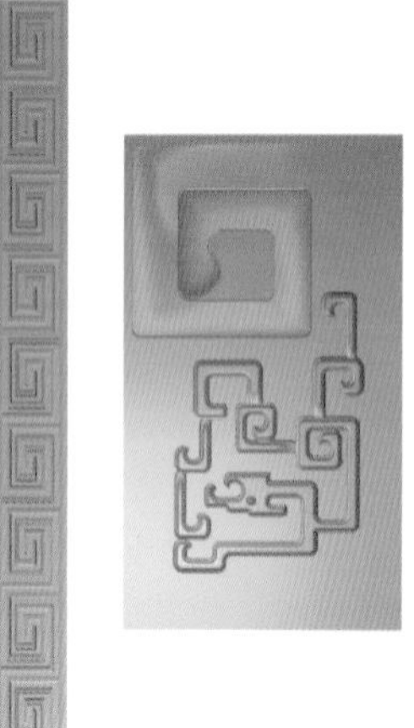

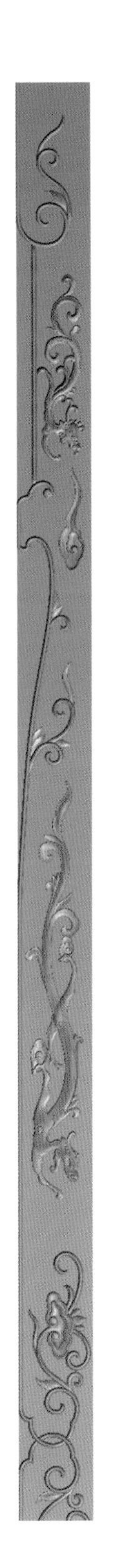
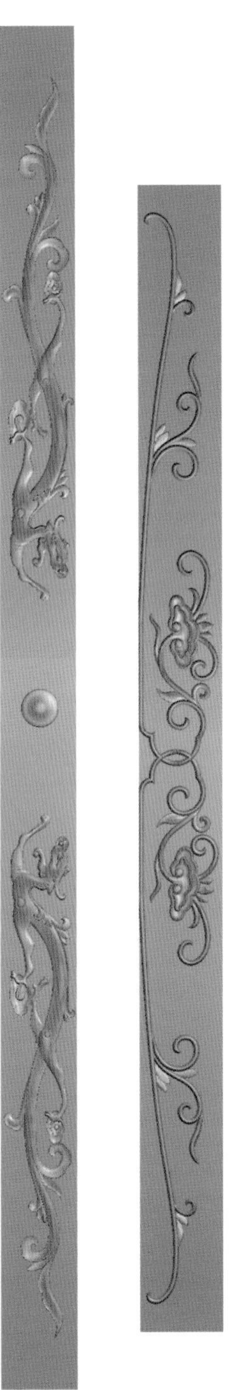

西番莲纹

※ 拐子纹罗汉床

◆图纹寓意：

“拐子龙纹”，又称“拐子纹”，起源于草龙纹，实质是龙纹的一种。其实，拐子龙纹是变体的龙纹，高度简化的龙头，而龙身为回纹与卷草纹的结合体，这种式样是最常见的拐子龙纹。线条横竖分明的回纹与弯曲翻转的卷草纹巧妙地结合在一起，使拐子龙纹增添了几分柔和，避免了线条呆板僵硬，又恰当地凸显了纹饰的硬朗、挺拔，因此拐子龙纹是刚柔并济的图案纹饰。

◆款式点评：

此床三屏式床帏，搭脑呈卷书状，以回纹和两肩相连。背板和扶手处皆镶有拐子纹。面板下束腰，床腿和牙板皆以回纹镂空；下接托泥，托泥角处有云纹装饰。

◆文化点评：

罗汉床，又叫弥勒榻。这种家具体形一般较大，分为有无束腰和有束腰两种类型。有束腰且牙条中部较宽，曲线弧度较大的，俗称“罗汉肚皮”，故又称“罗汉床”。罗汉床一直是备受欢迎的实用家具。到了现代，一些喜欢追求中国传统文化的消费者非常喜欢购买这样一款家具摆放的家中，不仅实用而且很能体现主人高雅的品位。

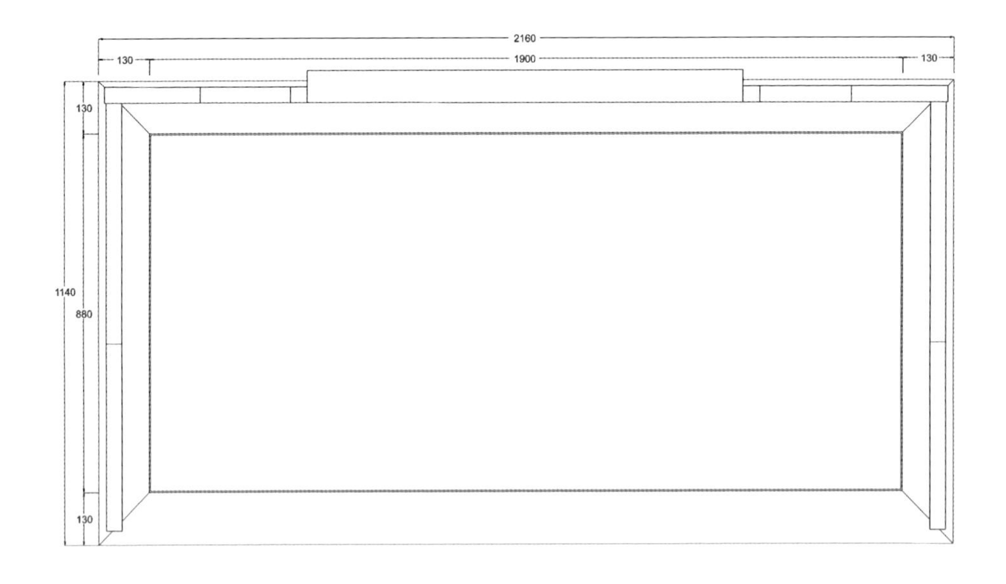
2160
130
1900
130
130
1140
880
130

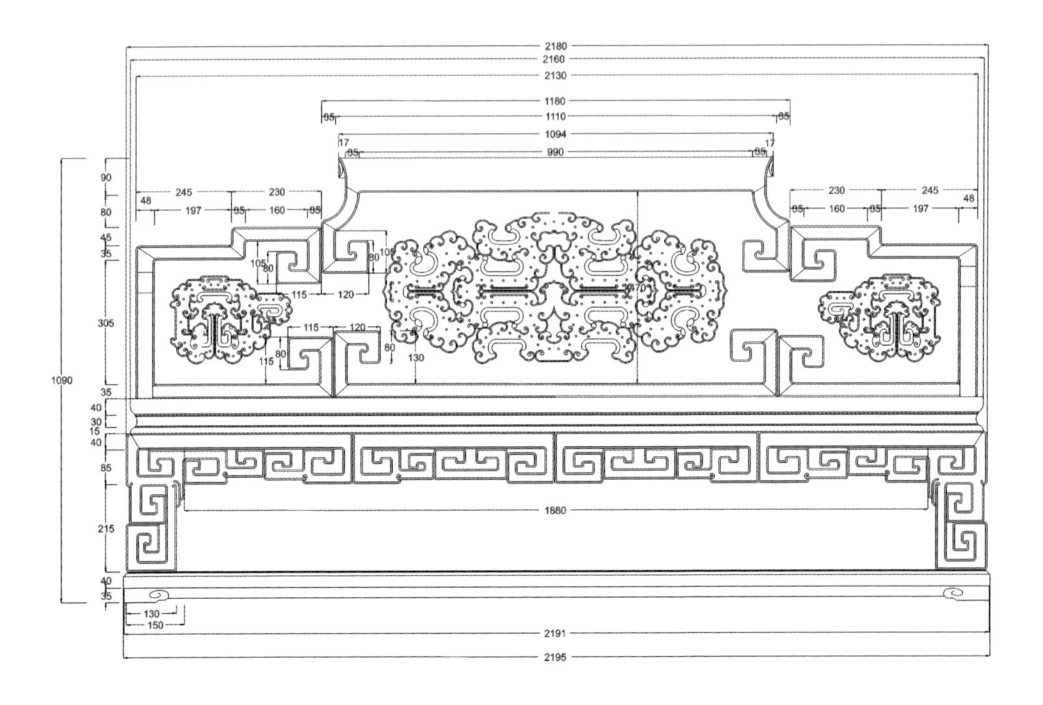
2180
2160
2130
1180
95
1110
95
1094
17
95
990
95
17
90
80
45
35
305
35
40
30
15
40
85
215
40
35
1090
48
245
230
197
95
160
95
230
245
48
95
160
95
197
105
80
115
120
80
105
115
120
80
115
80
130
1880
130
150
2191
2195

拐子纹罗汉床

——cad 图

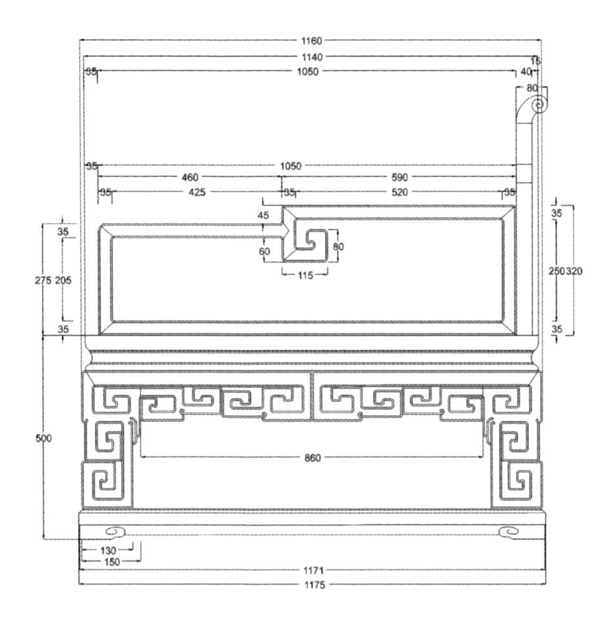
1160
1140
35
1050
15
40
80
35
1050
460
590
35
425
35
520
35
45
60
80
115
35
275 205
35
35
250 320
35
500
860
130
150
1171
1175

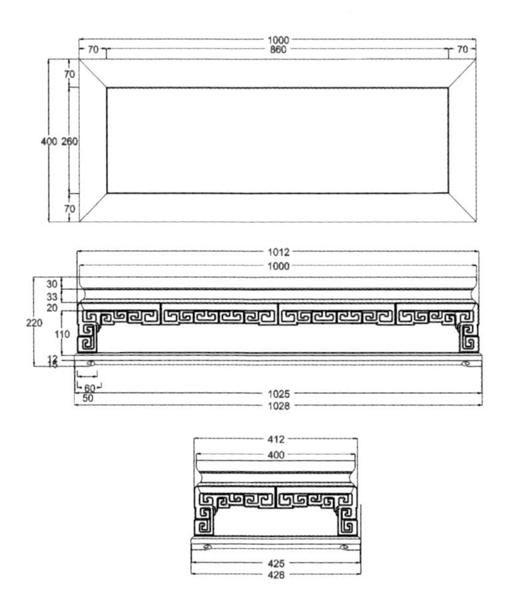
1000
70
860
70
70
400 260
70
1012
1000
30
33
20
220
110
12
15
60
50
1025
1028
412
400
425
428

※ 拐子纹罗汉床雕刻图

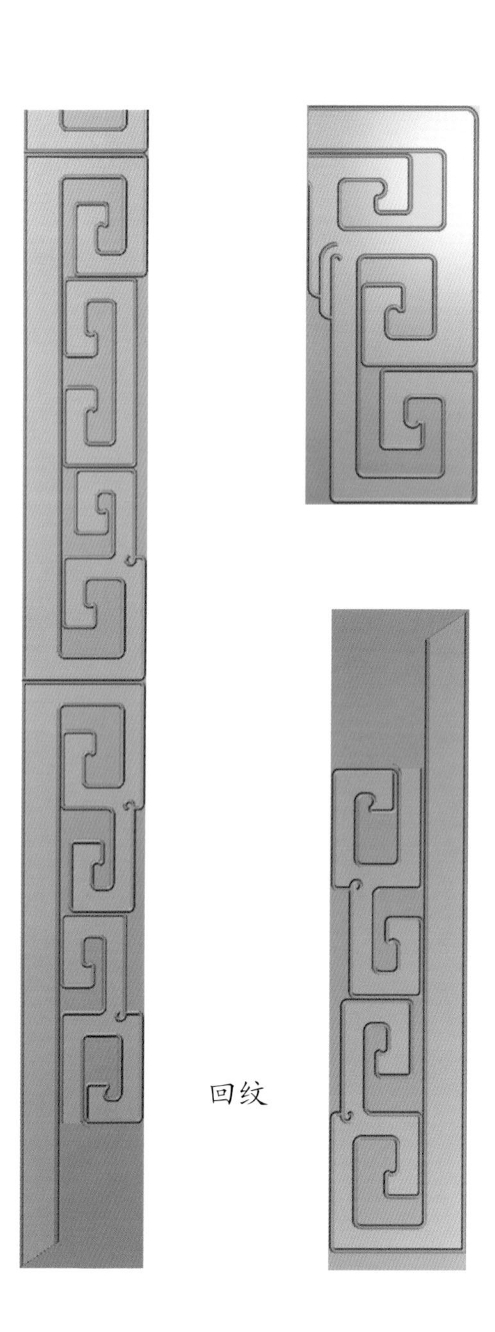

回纹

拐子龙纹

拐子龙纹

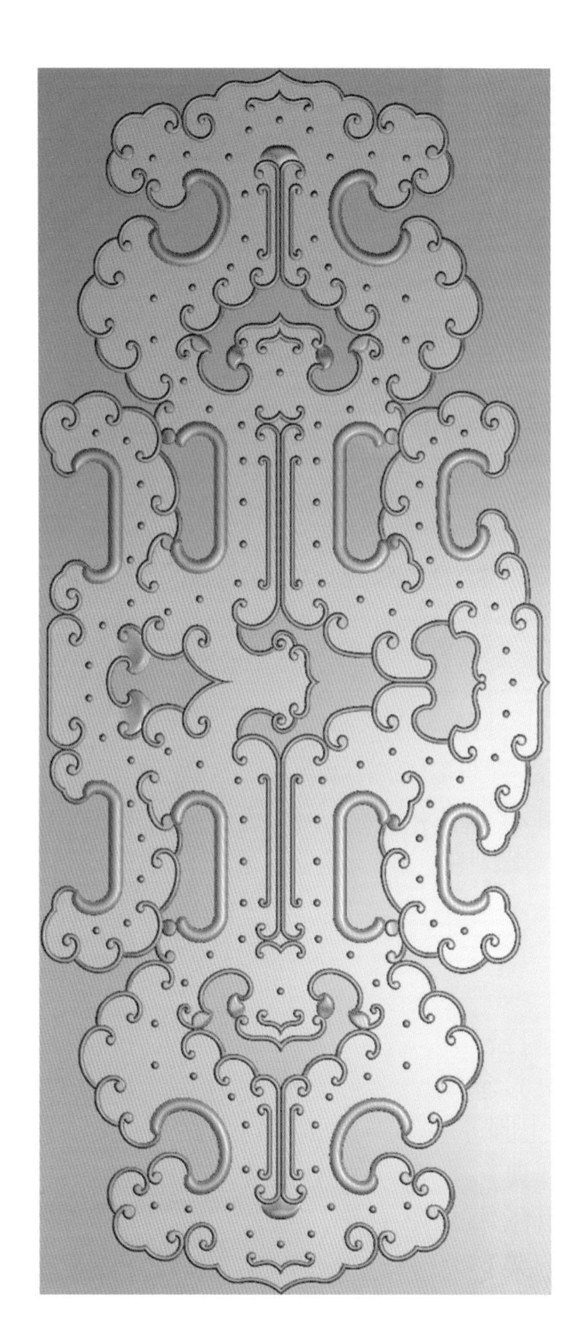

※ 贵妃床

◆文化点评：

贵妃床是古时候皇室贵族门第才得以使用的家具，通常可以放在客厅、书房或卧室。贵妃床上有各式不同雕刻花纹，贵妃床也和架子床一样，不只用来睡觉，也可摆上小茶几品茗，虽然其以实木制成的床板有点硬，但铺上卧垫就很舒适了，特别是铺上这上如此色彩鲜艳的布艺，更是会贵妃床增添妩媚多娇，另外如果在床柱上围上丝绸，当清风吹拂的时候，她的温柔气质绝对是不可忽略的一种美！

◆款式点评：

此床背板成曲线状，和两侧扶手相连，背板镂空，雕有线形纹饰；面板下束腰，三弯腿，腿部雕刻有瑞兽纹样。脚榻面板光素，三弯腿加彭牙，牙板光素，腿部亦雕有瑞兽纹样。

◆图纹寓意：

在家居上雕有瑞兽图案，也是古典家具常见的装饰手法。不管什么形式的瑞兽，在家具装饰中都具有守护的含义。在这款贵妃床中雕刻的是麒麟纹样。相传麒麟是最喜欢帮助好人，对有孝道积善的人特别照顾，故有“仁兽”之称。当麒麟见到坏人的时候，便会追着这人来咬。麒麟的头部似龙，其身似鹿身，满身长满麒甲片，尾毛卷须，神态十分生动。象征了祥瑞和守护的寓意。

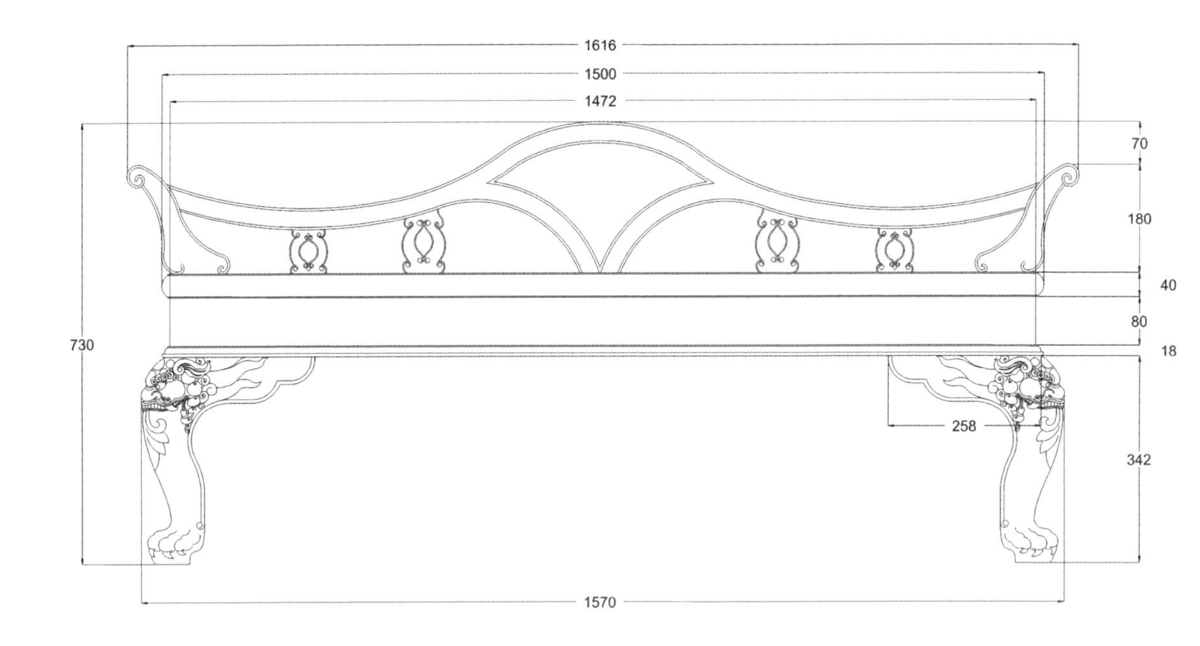
1616
1500
1472
70
180
40
80
18
730
258
342
1570

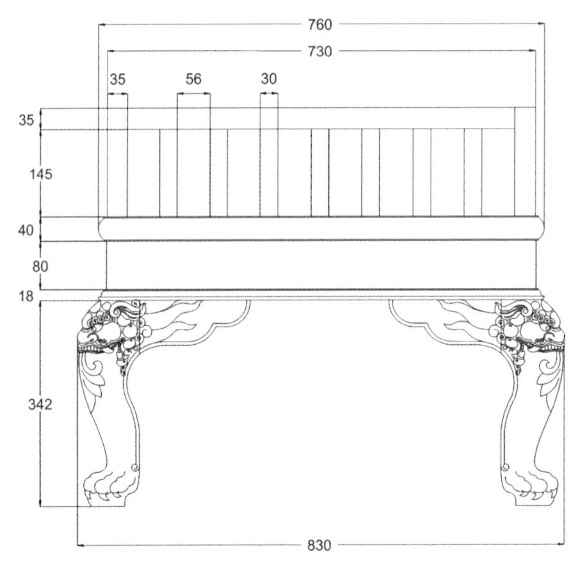
760
730
35
56
30
35
145
40
80
18
342
830

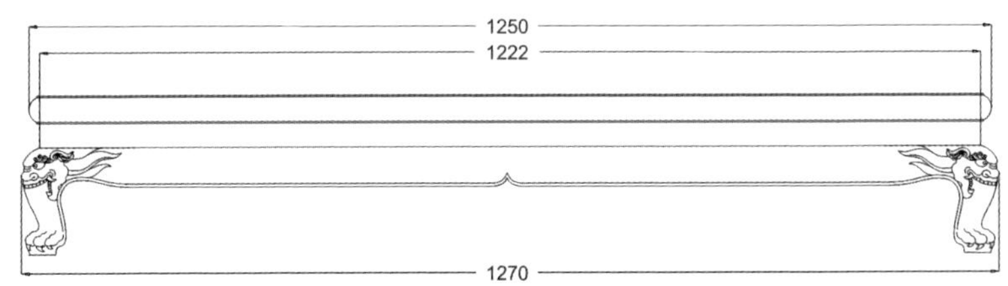
1250
1222
1270

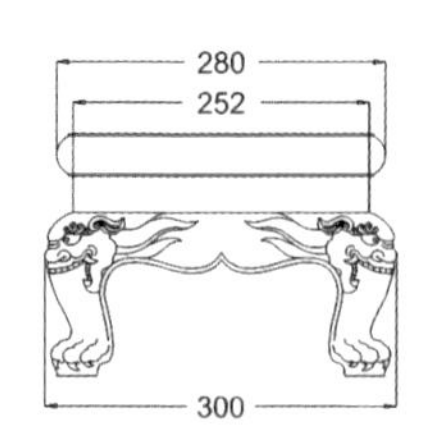
280
252
300

贵妃床

——cad 图

※ 贵妃床雕刻图

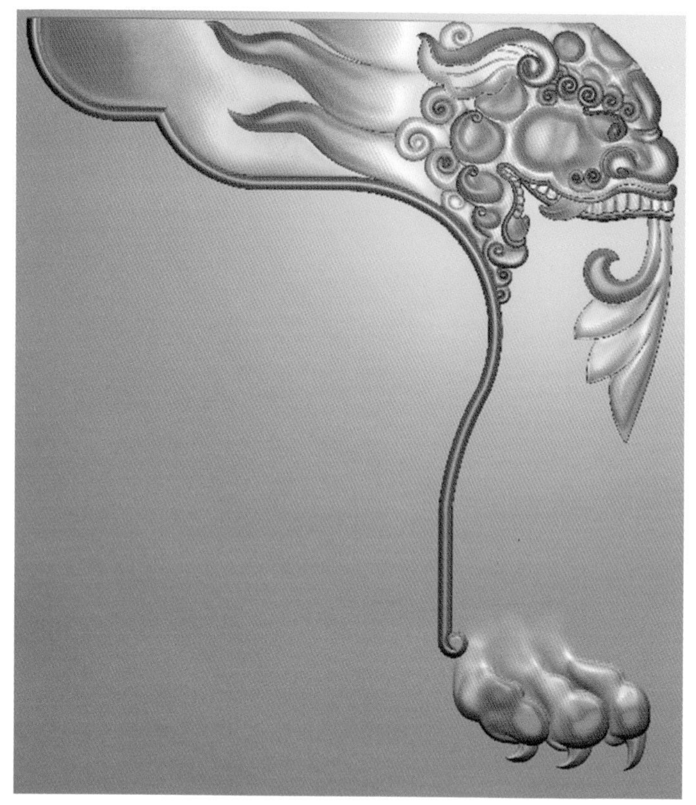

瑞兽纹

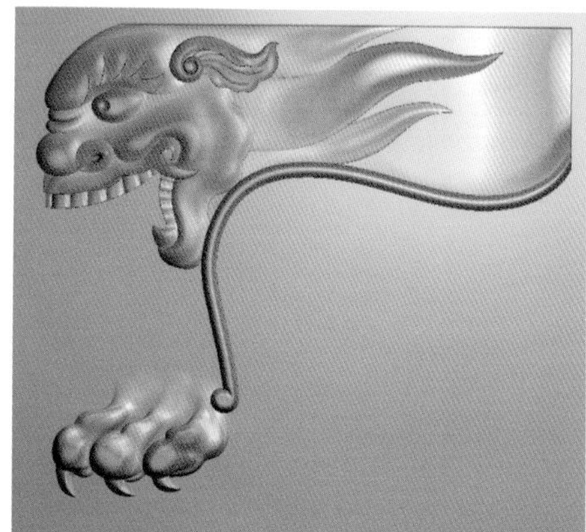

瑞兽纹

※ 曲尺罗汉床

◆文化点评：

罗汉床是指左右及后面装有围栏的一种床。围栏多用小木做榫拼接而成，最简单者用三块整板做成。后背稍高，两头做出阶梯形软圆角。既朴实又典雅。这类床的形制有大有小，通常把较大的称床，较小的称“榻”。又有“弥勒榻”之称是一种专门的坐具。明清两代皇宫和各王府的殿堂里都有陈设。这种榻都是单独陈设，很少成对，且都摆在正殿明间，近代人们多称它为“宝座”。

◆款式点评：

背板和扶手处皆以棂格状镂空，中间留有圆形空白，下方雕有卷草纹样；面板光素，内翻式马蹄，安有罗锅枨，牙板处雕有回纹。脚榻面板素净，高束腰，内翻马蹄，通体无雕饰。

◆图纹寓意：

卷草纹最早出现在汉代，风格简练朴实，节奏感强；到了唐代卷草纹以牡丹的枝叶为主，采用曲卷多变的线条，花朵繁复华丽，层次丰富；叶片曲卷，富有弹性；叶脉旋转翻滚，富有动感。但是无论是什么样式的卷草纹，都象征着生生不息，绵绵不绝，生命力旺盛的含义。回纹则代表了富贵不到头的美好寓意。

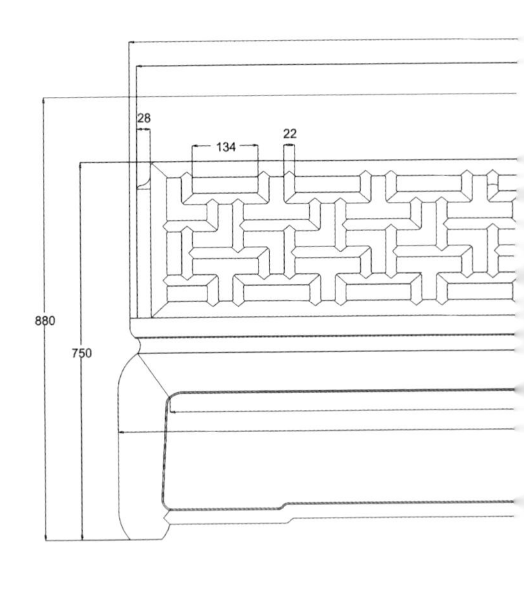
28
134
22
880
750

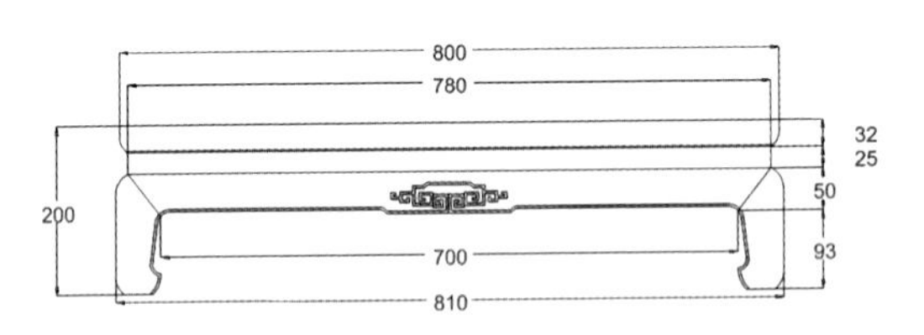
800
780
32
25
200
50
93
700
810

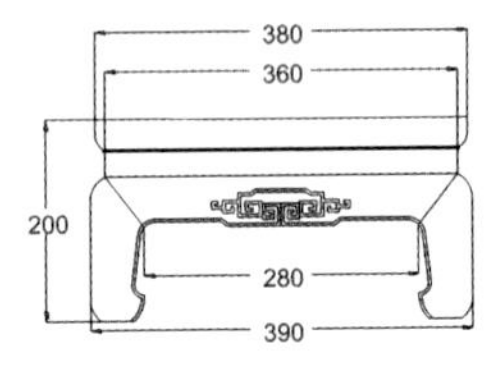
380
360
200
280
390

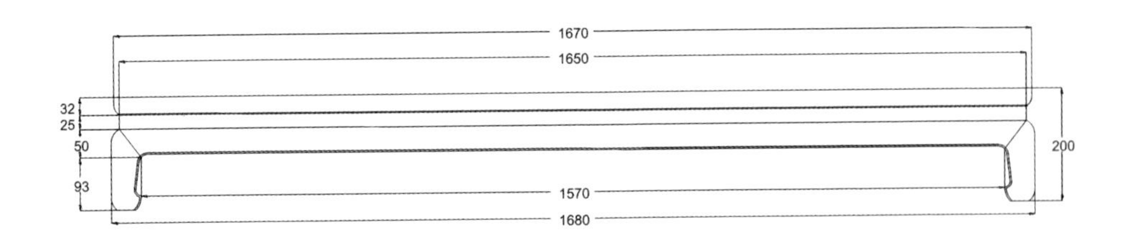
1670
1650
32
25
50
93
200
1570
1680

曲尺罗汉床

——cad 图

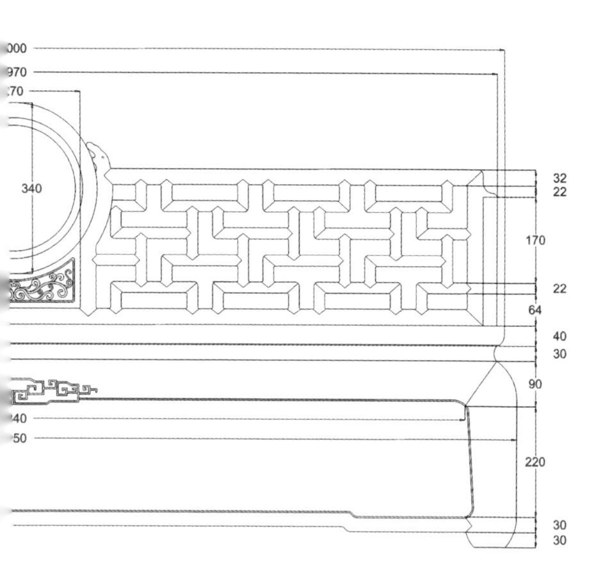

000
970
170
340
32
22
170
22
64
40
30
90
40
50
220
30
30

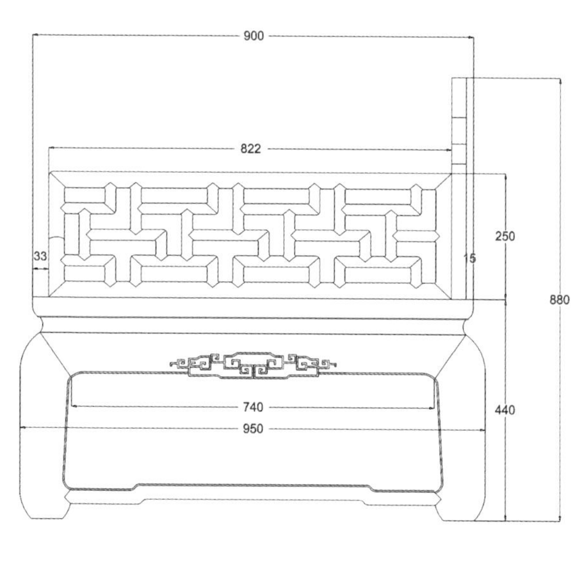

900
822
250
33
15
880
740
950
440

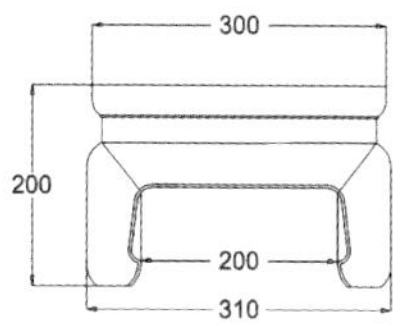

300
200
200
310

※ 曲尺罗汉床雕刻图

卷草纹

回纹

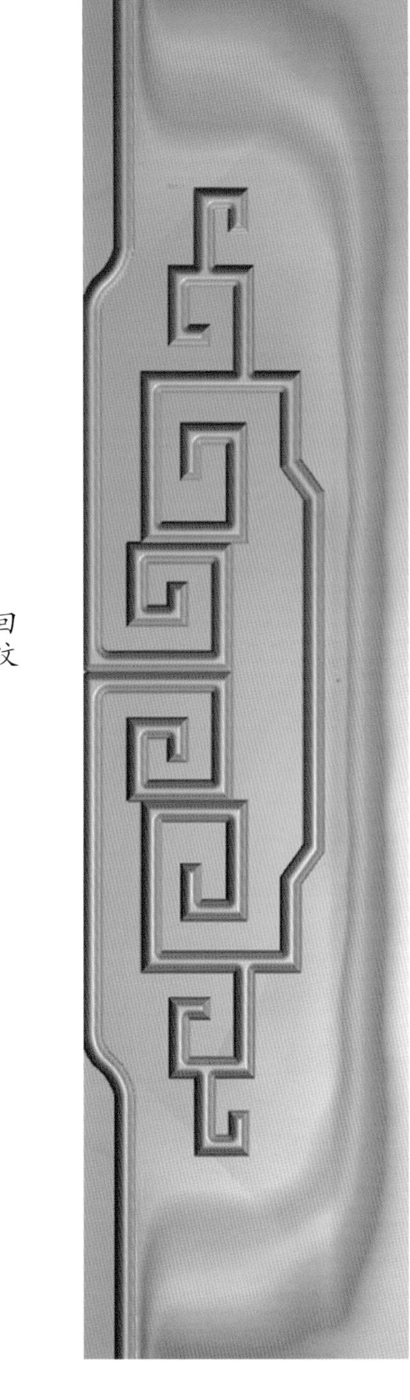

※ 三屏罗汉床

◆图纹寓意：

牙板上的卷草纹图案具有明清两代趋向繁缛、纤弱的特点，以柔和的曲线组成连续的草叶纹样，扶手等处的回纹象征了富贵长久，几何纹样的曲线代表的是富贵不断头的美好寓意。螭龙是龙的一种，属于蛟龙类，是常见的古典装饰纹样之一。螭龙纹的寓意和龙大致相同，包含的都是人们对美好生活的向往很追求。

◆款式点评：

此床造型优美华丽，面上后左右三面装有围子，围板上雕有螭龙纹样。围子处装饰有回纹。面下有束腰，牙板与床腿相连，三弯腿，牙板和床腿处皆装饰有卷草纹样，形式经典，样式大方美观。

◆文化点评：

“罗汉床”是中国古代卧式家具中的一种，据《长物志》记载：罗汉床高尺许，长四尺，可供坐卧，三面靠背，后面与两旁相等。中国古代卧式家具共四种形式，分别有榻、罗汉床、架子床、拔步床。前两种供睡眠和坐卧功能；后两种只作为卧具，供睡眠所用。

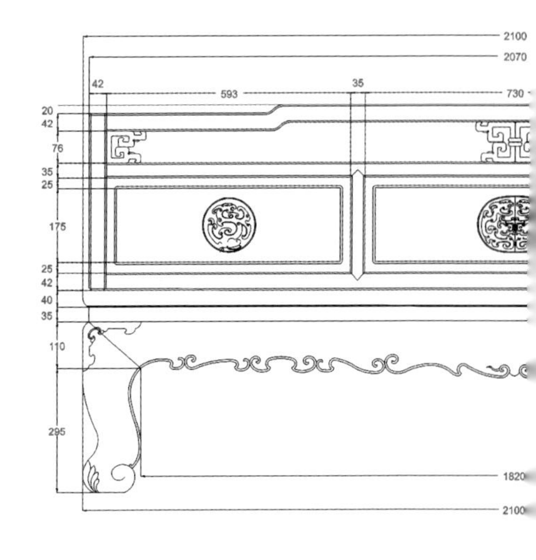
2100
2070
42
593
35
730
20
42
76
35
25
175
25
42
40
35
110
295
1820
2100

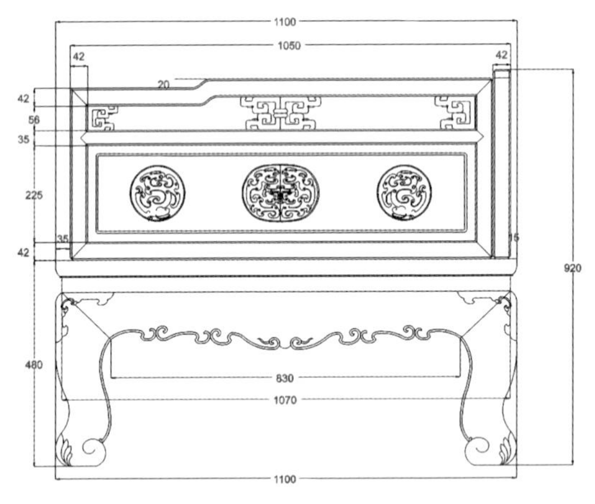
1100
1050
42
42
20
42
56
35
225
35
42
15
920
480
830
1070
1100

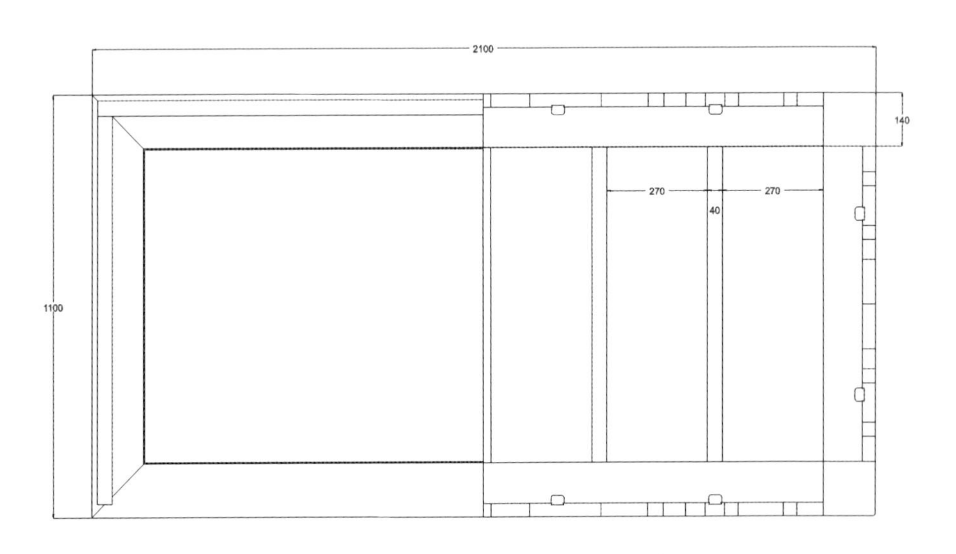
2100
140
270
270
40
1100

三屏罗汉床

——cad 图

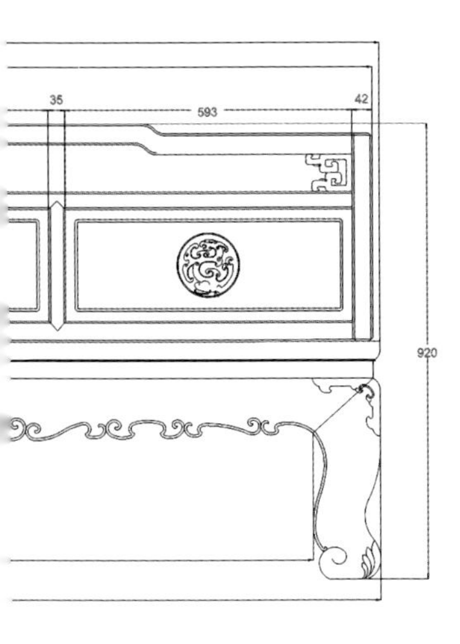
35
593
42
920

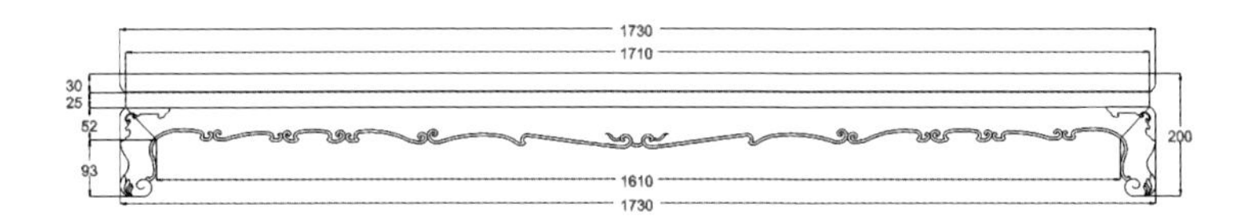
1730
1710
30
25
52
93
200
1610
1730

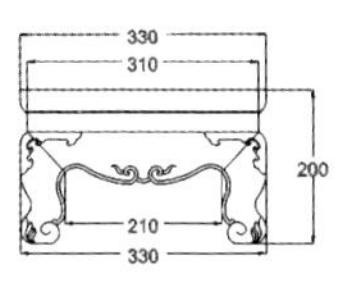
330
310
200
210
330

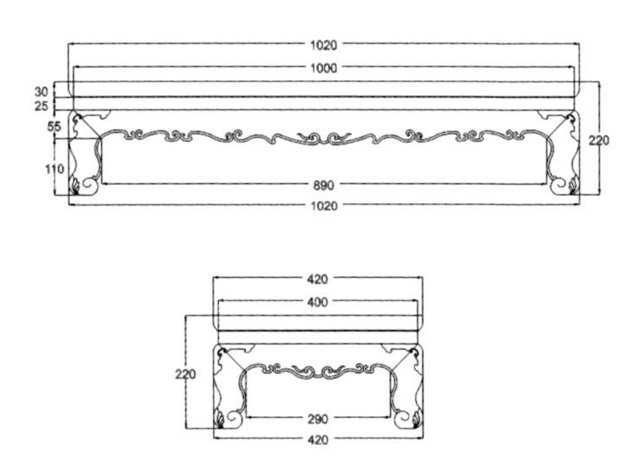
1020
1000
30
25
55
110
220
890
1020
420
400
220
290
420

※ 三屏罗汉床雕刻图

螭龙纹

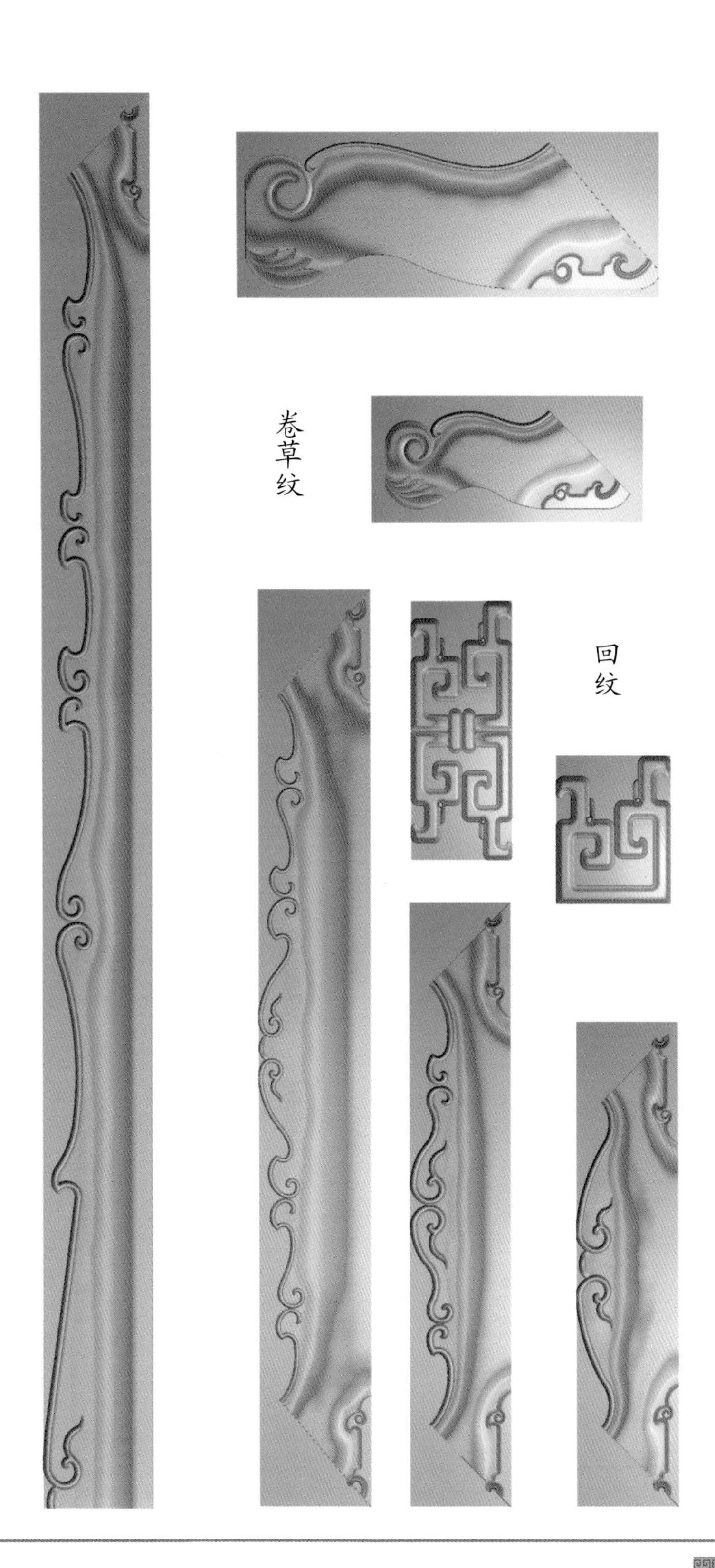
卷草纹
回纹

※ 自在罗汉床

◆款式点评：

此床采用三屏状床帏，面板下束腰，彭牙鼓腿内弯马蹄。整床装饰通体光素，造型古朴优美，给人一种自然优雅，清丽脱俗之感。

◆文化点评：

正时至今日，将罗汉床取而代之的是西式沙发，舒服有余，功能却不足。而今世界流行简约之风，与明式家具风格不谋而合，家居风格又开始趋向明式，罗汉床亦在家居中重现。罗汉床的三面部设围子，有三屏风式、五屏风式、七屏风式等，围子与床板之间以传统的榫卯结构连接，可活拆活装。罗汉床跟罗汉是否有关，已经无从查考，虽称之为床，用途却不仅睡觉那么简单。罗汉床的用途，需从人类起居方式开始谈起。两千多年以前，欧洲广大地区气候偏阴冷，亚洲地区气候普遍较为干燥，则欧洲人习惯离地有一定距离的垂足坐，而亚洲人习惯席地而坐。许多古代席地坐的习俗及文字至今仍有所保留，如我们常说的筵席、席位、主席等。

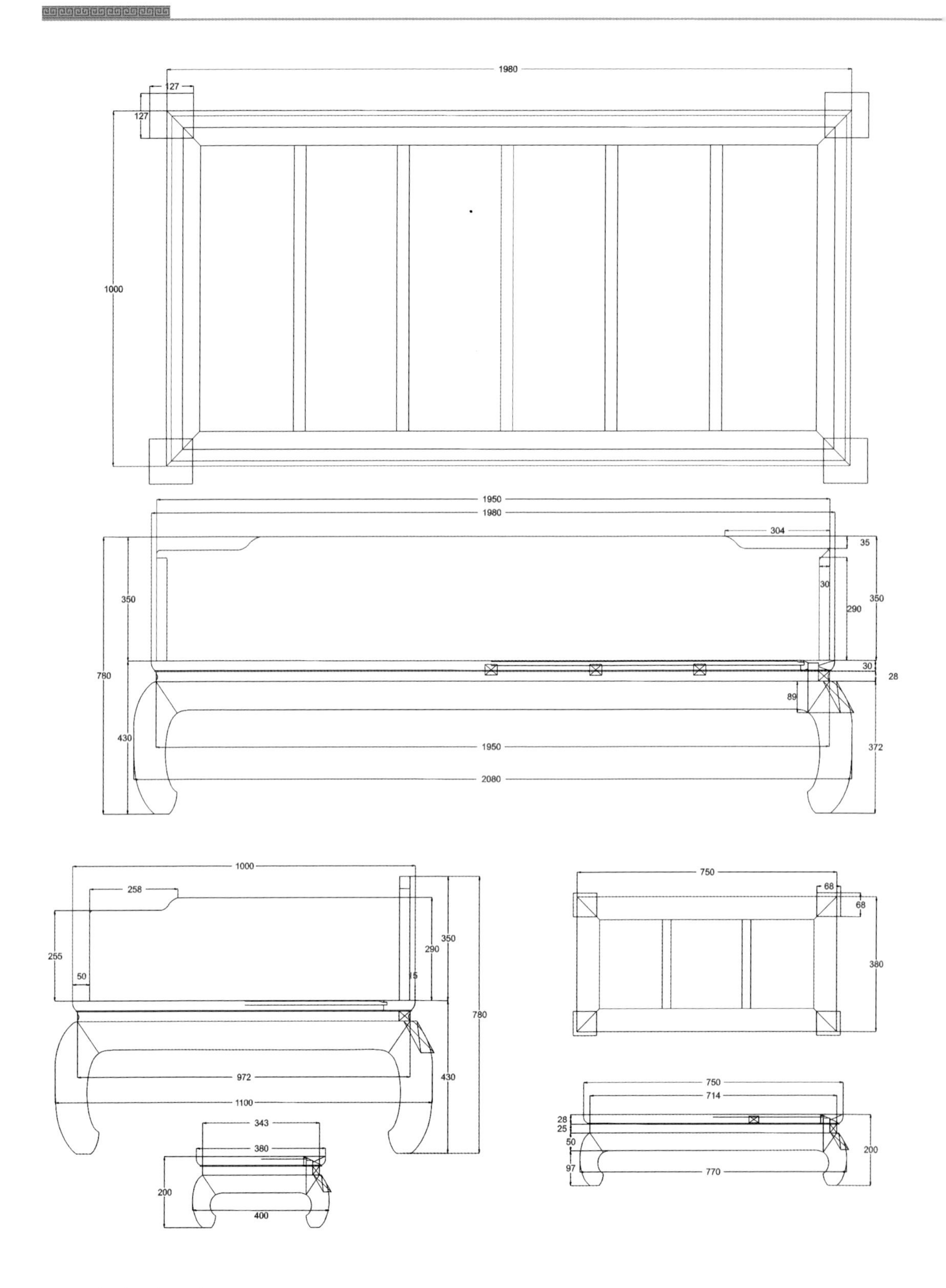

1980
127
127
1000
1950
1980
304
35
350
30
290
350
30
28
780
89
430
1950
372
2080
1000
258
255
50
290
350
15
780
972
430
1100
343
380
200
400
750
68
68
380
750
714
28
25
50
200
97
770

自在罗汉床

——cad 图